林业文苑

第 15 辑

河南省珍稀树种引种与栽培

孟庆法　田朝阳　主编

中国林業出版社

图书在版编目（CIP）数据

河南省珍稀树种引种与栽培/孟庆法，田朝阳主编．—北京：中国林业出版社，2009.12

（林业文苑·第15辑）

ISBN 978-7-5038-5531-3

Ⅰ.①河… Ⅱ.①孟… ②田… Ⅲ.①珍贵树种-引种-河南省 ②珍贵树种-栽培-河南省 Ⅳ.①S79

中国版本图书馆CIP数据核字（2009）第211147号

出版 中国林业出版社（100009 北京西城区刘海胡同7号）

网址 www.cfph.com.cn

E-mail forestbook@163.com **电话** 010－83222880

发行 中国林业出版社

印刷 北京林业大学印刷厂

版次 2009年12月第1版

印次 2009年12月第1次

开本 880mm×1230mm 1/32

印张 10.25 **彩插** 8面

字数 278千字

印数 1～1 000册

定价 45.00元

《河南省珍稀树种引种与栽培》
编委会

主　　编：孟庆法　田朝阳

副 主 编：卫汉山　侯怀恩　马兴旗　董建国
袁启占　夏丰昌　张尚武

编写人员：李　民　刘荷芬　焦喜可　王明庚　赵凤兰
王洪友　杨栓温　高红莉　郭春长　陈付合
徐焕军　樊军科　彭连同　王文军

审　　稿：朱长山

河南省珍稀树种

引种与栽培

孟庆法 田朝阳 主编

陈俊愉书

2009.10.24

于北京

中国工程院院士、世界植物品种登录权威

陈俊愉先生为本书题写书名

前 言

由资源和环境问题引起的生态危机正日益严重地威胁着人类的生存和发展。生物多样性是资源和环境的重要组成部分，是人类赖以生存的条件和经济社会持续发展的基础。中国是一个物种多样性极丰富的国家，尤其在植物资源上，拥有对现在和未来的中国和全世界人民都具有极大价值的极为丰富的基因资源。积极保护和合理开发利用这些珍贵资源，是缓解或解除生态危机的有效途径，也是广大林业和生态科学工作者面临的长期且艰巨的任务。

河南位于我国中东部的黄河中下游地区，总土地面积16.7万km^2，占全国总面积的1.74%。优越的地理位置及得天独厚的自然条件，不但孕育了河南丰富多彩的自然植被和植物资源，而且还决定了河南是我国各类植物引种驯化的天然场所。

河南省对珍稀树种的引种驯化工作始于新中国成立以后，前期主要是配合国家林业及科研部门的统一部署而开展的一些工作，如对水杉、马褂木、银杏、厚朴、黄檗、秃杉等进行了引种驯化及栽培试验，也取得了许多宝贵经验和技术积累。自20世纪90年代中后期以来，我们在河南省科技厅的支持下，分别在河南孟州黄河农业园区、河南省科学院珍稀植物工程技术研究中心郑州试验基地、济源古轵生态苑试验基地等处，对省内外260多种珍稀树种及野生乡土树种进行了较为广泛的引种和试验观察，有80多种取得了较好的引种效果。

本书所指的珍稀树种主要包括以下四类：1999年国务院公布的《国家重点保护野生植物名录》(第一批)中，河南现存的木本种类及部分虽分布在外省但河南已进行成功引种驯化的种类；1992年原国家林业部公布的《国家珍贵树种名录》中河南现存的种类；河南省人民政府2005年公布的《河南省重点保护植物名录》中的木本种类；虽未列入以上名录，但有特殊开发利用价值且河南资源比较稀少的种类。

本书总结整理了52种，包括国家Ⅰ级重点保护野生植物5种，国家Ⅱ级重点保护野生植物14种，河南省级重点保护植物19种，其他具有特殊开发利用价值的乡土树种14种。这其中含有国家一级珍贵树种7种，国家二级珍贵树种11种。对国内引种驯化早、推广范围广、技术较成熟的树种，如银杏、水杉、香樟、厚朴、水曲柳等共12种，我们以整理资料为主，充分利用了前人，尤其是河南省内同行的研究成果和经验；其他40种，我们则进行了较系统的试验、观察和总结。

本书是作者及其项目组多年从事珍稀树种引种驯化试验研究工作的总结，也是河南省众多一线林业科研及生产人员长期艰苦工作的具体体现。在本书的编写过程中，自始至终得到河南农业大学卢炯林教授的指导。在野外调查过程中，还得到内乡宝天曼自然保护区管理局、商城金刚台自然保护区、商城黄柏山林场、栾川老君山林场、洛宁全宝山林场、济源蟒河林场、济源黄楝树林场等单位的大力协助，并提供了大量第一手资料。同时，本书还得到河南省科技厅、河南省林业厅、河南省科学院等相关单位领导的大力支持。本书所涉及大量的野外调查、引种驯化栽培试验等科研工作，以及本书的编辑和出版，得到了河南省农业科技成果转化项目“刺楸规模化繁育和栽培研究与示范”及河南省预研专项“河南省野生景观植物资源调查及开发利用研究”等项目资金的资助。全书由朱长山教授审稿。书中照片除连香树由马兴旗同志拍摄外，其余均由孟庆法同志拍摄。借此向对这项工作提供指导、帮助和做出贡献的同志表示诚挚的谢意。

由于作者水平所限，书中错误和遗漏在所难免，敬请读者批评指正。

编　者

2009年10月

桐柏山素雅的流苏

太行山美丽的猬实

金钱槭育苗

山白树育苗

朵椒1年生苗

西南卫矛
日光温室育苗

黑壳楠温室育苗

刺楸日光温室育苗

刺楸露地育苗

美丽的
秤锤树开花状

黄河岸边的2年生秤锤树苗

秤锤树扦插育苗

繁花似锦的金丝楸

黄河边3年生
香果树生长茂盛

黄河岸边的2年生香果树

济源连香树苗木基地
繁育的3年生苗

济源黄楝树林场连香树行道树

桐柏山洁白的四照花

商城黄柏山奇特的青钱柳结果状

郑州邙山的珙桐已能开花结果

目　录

第一篇　总　论

第二篇　分　论

第一篇　总　论

一、河南省珍稀树种的自然环境

河南位于我国黄河中下游华北大平原的南端，东接山东、安徽，北临山西、河北，西靠陕西，南界湖北。地理坐标介于东经110°21′~116°39′，北纬31°23′~36°22′，东西长约580km，南北宽约530km，总面积约16.7万km^2，占全国总面积的1.74%。河南地处中原腹地，在地理位置上有南北过渡特征，也有东西转折特点。河南自古即为南北交通要道，而今更是我国铁路、公路网系交叉的主要通道，故有“九州腹地，十省通衢”的誉称，因而也成为我国历史上开发最早的地区之一。在占全国总面积1.74%的土地上，生活着占全国7.5%的人口，是一个人口密度较大的省份。

（一）地貌条件

地貌影响热量和水分的重新分配，对地表物质的迁移和土壤形成有重要的作用，在很大程度上决定着植物的分布与生长发育，是植物地理环境，地域差异的重要标志之一。

1. 地貌轮廓

地貌是自然地理景观中最基本的要素之一，它与珍稀树种的分布及生存有着极为直接和密切的关系。河南是一个山丘和平原分界明显，面积大致对半的省份。它刚好位于我国第二级地貌台阶和第三级地貌台阶的过渡地带。西部的太行山、崤山、嵩山、熊耳山、外方山与伏牛山等，山峰海拔近2000m，系我国第二级地貌台阶的前缘。南阳盆地及其以东的山地丘陵、东部黄淮平原为第三级地貌台阶的后部。而豫西中山与东部平原之间，有一广阔的低山丘陵地带，则构成这两级地貌台阶过渡的边坡。此外，南部边境的桐柏-大别山低山丘陵区，系我国第三级地貌台阶中的一个横向突起，成为长江和淮河两大水系的分水岭。华北平原和江汉平原虽通过南阳盆地这条通道相连，但二者有着明显不同的地貌特征。因此，河南在全国地貌中的位置不仅具有由西向东降低的特点，而且又有自北向南明显过渡的性质。

河南地貌总的轮廓为：西部山地，东部平原。地势由西向东呈阶梯状下降，由中山、低山、丘陵过渡到平原。中山一般海拔在1000m以上，高者超过2000m；低山海拔500～1000m；丘陵低于500m；平原海拔在200m以下，其中绝大部分在100m以下。西南部的南阳盆地为河南省最大的山间盆地。淮河以南，地势自南向北明显降低，由中山、低山、丘陵过渡到起伏平原。

从形态看，各种常态地貌，如山地、丘陵、平原、盆地等均有很好发育，并都占有较大面积。其中山地面积约4.4万km^2，占全省总面积的26.3%；丘陵3万km^2，占全省总面积的18%；平原和盆地面积合计9.3万km^2，占全省总面积的55.7%。

2. 地貌分区及评价

根据《河南自然条件与自然资源》一书的观点，结合植被自然分布特点，将河南地貌分为6个一级地貌区。

（1）东部堆积平原区：本区位于河南省东半部，北面和东面到省界，南面和西面与丘陵山地接壤，是华北平原的组成部分。本区地势西高东低，黄河从中部穿过，黄河也成为淮河流域和海河流域的分界线。区内地势平坦，土层深厚，日照充足，水资源丰富，是河南省著名的粮棉产区，也是河南省经济林及速生丰产林的主要发展区域。

（2）南阳盆地堆积平原区：南阳盆地位于豫西南，属南襄盆地的一部分。盆地的东、西、北三面为桐柏山和伏牛山环绕。区内地势平缓，土层深厚肥沃，水源丰富，雨量丰沛，光照充足，是河南省重要的粮食和经济作物产区之一。

（3）大别山、桐柏山侵蚀剥蚀低山丘陵区：本区位于河南省南部边境，包括桐柏山大部、大别山北部和南阳盆地东侧的低山丘陵区。该区高温多雨，岩石风化程度深，地表残积层厚，土质黏重，河流谷地十分发育。区内大部分为低山丘陵，中山面积仅占15%左右，海拔100～1500m。由于水热条件好，是河南省重要的经济林、用材林和水源涵养林生产基地，也是起源于热带、亚热带的珍稀树种在河南省内的集中分布区。

（4）伏牛山褶皱构造山地区：本区位于河南省西部。系秦岭东延进入河南省呈放射状分布，包括小秦岭、崤山、熊耳山、伏牛山、外方山等，通称伏牛山。该区地质构造复杂，山岭连绵起伏，地貌类型多种多样。区内最高海拔老鸦岔2413.8m，为河南省最高峰，其他主要山峰海拔多在1500m以上。伏牛山是河南省众多河流的发源地，也是我国暖温带和北亚热带在河南省的天然地理分界线。该区山高谷深，面积广大，是河南省林业生产和天然林保护的主要区域，也是河南省植被类型最复杂，植物种类最丰富，名类珍稀树种分布最多的区域。

（5）三门峡、洛阳黄土台地丘陵区：本区位于三门峡－洛阳一带的黄土覆盖区，包括郑州以西，太行山以东、以南的豫西及豫北黄土区，其西部与陕西、甘肃、宁夏、山西黄土高原相连。区内沟壑纵横，梯田连绵，构成独特的黄土地貌景观。该区黄土土层深厚，土壤肥沃，但干旱和水土流失是农林业生产的限制因素，是河南省水土保持综合治理的重点区域。

（6）太行山断块构造山地区：本区位于河南省西北部，系太行山脉展布区。地貌类型由断块构造的中山和低山、侵蚀剥蚀的低山和丘陵组成，其间还分布有盆地和河流谷地。该区山高坡陡，干旱瘠薄，水土流失严重，自然植被发育不好，分布的珍稀树种也很单调，是河南省植树造林、封山育林的重点区域。

（二）气候条件

河南处于我国东部季风区的中部，大致以伏牛山主脊与淮河干流的连线为界，界南属北亚热带湿润区，界北属暖温带半湿润区。总的气候特点是；冬季寒冷少雨雪，春季干旱多风沙，夏季炎热多雨水，秋季晴爽，日照长。河南气候具有明显的过渡性和季风型特色，有多种气候类型，因而孕育了较为丰富的植物资源和生物种属。

1. 气 温

全省年平均气温一般在 12 ~ 15℃之间，呈由北向南递增，由东向西递减的趋势。最热月（7 月）平均气温 27 ~ 28℃，除豫西山地（25℃左右）外，各地差异不大；全省不少地区的极端最高气温可达 40℃以上，但维持时间一般较短，出现几率也甚少，对植物生长影响不大；最冷月（1 月）平均气温 -1 ~ 1℃；年极端最低气温 -14 ~ -10℃，极端最低气温不少地区可达 -20℃；各地无霜期 183 ~ 236 天，西北部山区无霜期较短，南阳和淮南地区无霜期较长。

2. 降水、湿度与蒸发

河南省年平均降水量 600 ~ 1200mm，且降水随地域变化较大，具有由南向北递减趋势。全省降水量在季节分配上也极度不均。夏季 6 ~ 8 月三个月是河南全省降水最多的季节，大部分地区降雨可占全年降水量的 50% ~ 60%，又以 7 ~ 8 月为最多；大部分地区冬季的降水量仅占全年降水量的 7% 以下；春秋两季降水量也只占全年降水量的 18% 左右。虽然植物生长季节的 4 ~ 10 月全省各地的降水量占全年降水量的 80% ~ 90%，非常有利于树木的生长发育，但冬季干冷和春夏之交的干热气候也往往成为珍稀植物引种驯化的主要限制条件。

河南省各地年平均相对湿度为 59% ~ 77%，以淮南相对湿度最大，达 77%，其次是淮北平原和南阳盆地，而豫西黄土丘陵地区和豫北平原是全省相对湿度较低的地区，仅有 59% ~ 70%。大多珍稀树种自然分布于山高林密之地，喜多云多雾环境，分布区空气相对湿度为 70% ~ 90%，所以，空气相对湿度较低也成为许多珍稀植物引种驯化的主要限制因子。

全省各地年蒸发量为 1300 ~ 2300mm，远远超过年降水量。在地域变化上，刚好与大气湿度相反，呈现由南往北、由西向东逐渐增加的规律性。年均蒸发量最高值为 2135.5mm，出现在郑州；年均蒸发量最小值为 1398mm，出现在信阳。从蒸发量年季节变化来看，以 6 月为最大，一般为 200 ~ 300mm，12 月与 1 月最少，通常为 50 ~

70mm。把河南省的降水量与蒸发量比较，蒸发量明显大于降水量。北中部地区年蒸发量大于降水量的2~3倍，淮南地区年蒸发量与降水量基本平衡，说明在北中部平原区引种珍稀植物比淮南地区要困难得多。

3. 日　照

河南省全年可得太阳照射总时数为4428.1~4432.3h，其中实际日照时数为2000~2600h，日照百分率为45%~58%。全年总辐射量为460~523kJ/cm^2，其中能被植物利用的部分，即光合有效辐射总量约230~259kJ/cm^2。

与全国相比，无论是日照时数，还是光合有效辐射均是大于南方而小于北方，呈现南北方过渡的特征。但我省的光辐射与温度条件配合较好，有效辐射可利用率较高。植物的生长发育与日照长短与强度密切相关，河南的日照条件既可满足长日照植物的要求，又可满足短日照植物的要求，为从省外引种各类珍稀树种提供了良好的日照条件。

4. 灾害性天气

河南省地处中纬度，冷暖气团交替频繁发生，大陆性季风气候特别显著，再加上森林覆被率低，水土流失严重，生态平衡失调，所以，暴雨、干旱、干热、风沙、霜冻等灾害频发，尤其暴雨、干旱、干热风等对珍稀树种的生长发育及引种驯化影响最大。

（1）暴雨：暴雨是河南省主要的灾害性天气之一。暴雨往往造成山丘地区严重的水土流失、山前平原的洪水威胁和低洼地区的内涝灾害。河南暴雨最多的地区是新县、信阳至桐柏一线，平均每年发生4次以上，年平均暴雨雨量达400mm以上；其次是淮河两岸及驻马店、确山、遂平一带和豫西山地的鲁山、豫东平原的永城等地，年平均发生3~4次；第三是豫东平原和南阳盆地，年平均发生2~3次，年降暴雨雨量250mm以上；豫西山区和太行山地年出现暴雨1~2次。从时间分布来，暴雨以6~9月较多，特别集中在7~8月，一般要占暴雨总次数的一半以上。

（2）干旱：干旱是河南最频繁、最普遍的气象灾害，素有“十年九旱”之说。据历史记载，在元、明、清三代的654年间，全省性“旱年”计305个，“大旱年”52个，“特大旱年”33个，合计干旱年份为390个，占三代总年份的60.4%。

就地域来看，以豫北地区干旱发生最频繁且最严重，豫东和豫中次之，豫东南又次之，豫西山区、豫西南和豫南出现次数最少，程度也最轻。从季节来看，春旱出现最频繁，约占37%，且旱期长，无透雨日一般有60~70天，最长达80~90天；初夏旱期居第二位，占29%，秋旱最少，占14%。

（3）干热风：河南各地每年都有不同程度的干热风发生，以豫东北平原地区发生最为严重，少者10年2~5次，多者10年6~8次，淮河以南和豫西山地发生较少，平均10年1~2次。就全省来看，呈由南向北、由西向东递增的趋势。就干热风的强度来看，轻度干热风出现的机率较多，而重度干热风较少。

干热风常盛发于5~6月间，此时正是树木生长和苗木出土后的需水盛期，而干热风的来临使土温增高，蒸发量加大，空气湿度和土壤水分迅速降低，常常使苗木枯萎、死亡。在平原地区营造防护林和实行农林间作，营建农林复合生态系统是预防和减轻干热风危害的有效途径。

（三）土壤条件

植物作为土壤形成的生物因素对土壤形成产生巨大的影响，反过来，土壤又作为植物群落组成的重要生态因子对植物的生长发育及群落的发展演替起重要作用。河南地处暖温带和亚热带的过渡地区，境内母质、地形、水文、地质条件等复杂多样，生物气候条件差异明显，人为活动频繁，因而，土壤在形成和分布上既有明显的地带性规律，也表现出不同的区域性特征。

1. 主要土壤类型

按《河南土壤地理》一书的分类，河南全省共有黄棕壤、黄褐土、棕壤、山地草甸土、褐土、潮土、砂姜黑土、沼泽土、盐土、盐碱土、碱土、水稻土、红黏土、风沙土、新积土、紫色土、火山灰土、石质土、粗骨土等19个土类，下有44个亚类，150个土属。这些土壤在地带性因素和非地带因素影响下，地区差异很明显。

2. 土壤的分布规律

从纬度地带性分布来看，河南省土壤的分布与生物气候带基本相吻合。大致以伏牛山主脉沿沙河、漯河至汾泉河一线为地带性土壤的分布界线，以南为黄棕壤、黄褐土带，以北为褐土带，但褐土主要分布于界线以北，京广铁路以西的低山丘陵与黄土丘陵区。

河南省土壤的经度地带性不明显。北半部自东向西气候由暖温带半湿润区向半干旱区过渡，但东侧的黄淮海平原受非地带性因素影响，广泛分布着潮土、砂姜黑土、风砂土、盐碱土等土壤，只有铁路线以西才有地带性褐土的分布；南半部东西两侧均有地带性土壤黄棕壤和黄褐土的分布。

河南省土壤的垂直性分布，因山体的海拔高度及所处的生物气候带不同而不同。山体愈高，相对高差愈大，土壤的垂直分带越明显，垂直带谱结构亦愈完整。如在暖温带区，北部的太行山，以林县四方脑为例，海拔1200m以下为褐土带，1200~1500m为棕壤带，1500m以上为山地草甸土；豫西山地，以灵宝小秦岭为例，海拔1200m以下为褐土带，1200~2200m为棕壤带，2200m以上为山地草甸土。在亚热带区，伏牛山以老君山南坡为例，海拔1300m以下为黄棕壤，1300~2100m为棕壤带，2100以上为山地草甸土；大别山以金刚台为例，海拔1300m以下为黄棕壤，1300~1500m为棕壤带，1500m以上为山地草甸土。在各山体的垂直带谱中，夹杂有石质土、粗骨土和紫色土等。

（四）水文条件

河南省地表水和地下水资源较为丰富，全省流域面积在100km^{2}以上的河流有465条，其中1000km^{2}以上的河流有51条，10000km^{2}以上的河流有7条。全省总径流量为352亿m^3，占全国总径流量的1.3%。

1. 主要河流水系

河南全省河流分属于黄河、淮河、海河和长江四大水系。黄河为过境河流，在河南境内长约700km，流域面积3.62万km^2，占全省总面积的21.7%。黄河在河南境内的主要支流有五条，即伊河、洛河、沁河、丹河和漭河。就水质而言，黄河各支流河水可作为生活用水和良好的工业与农业用水，黄河干流河水属钙质重碳酸盐水，是良好的灌溉用水。淮河是河南省内的主要河流，发源于桐柏山北麓，东经长台关、息县、淮滨入安徽，在河南境内长约340km，流域面积为9.135万km^2，占全省总面积的54.7%。淮河在河南境内支流众多，仅流域面积达100km^2以上的河流就有260多条，有干弱支强之势。除贾鲁河、沱河属钠质氯化物重碳酸盐水，水质较差外，其他支流均为钙质重碳酸盐水，是良好的灌溉用水。河南西南部的唐河、白河和丹江是汉水的主要支流，经湖北流入汉水，又注入长江。在河南省境内的流域面积为2.72万km^2，占全省土地面积的16.3%。汉水各支流多为钙质重碳酸盐水，是良好的灌溉用水。卫河发源于太行山，是海河的主要支流，在河南境内长400km，流域面积1.53万km^2，占河南省土地面积的9.2%。卫河发源于山西省高平县，支流众多，在河南境内就有大小支流30多条，其中较大的有安阳河、淇河等。卫河各支流的流量较小，有明显的丰枯水季节。卫河水系的水质一般较差，但仍可以作为灌溉用水。

2. 地下水

河南全省地下水资源共约222亿m^3，是全国地下水资源较丰富的省份之一。地下水水质大部分都比较好，矿化度都比较低，属钙质碳酸盐性水，是良好的灌溉用水。从山区、丘陵、山前倾斜平原直到黄河冲积扇形平原的前缘地带，矿化度逐渐增大，由小于0.5g/L、1~1.5g/L到2~3g/L。在平原东部个别地区可达3~5g/L。如在黄河故道两侧及背河洼地区的民权、封丘、延津等的一些地方，由于地势低洼，径流缓慢，蒸发强烈，盐碱土分布多，地下水多为咸苦水质，化学组成多为重碳酸盐氯化物水和重碳酸盐硫酸盐水，不适合生活及灌溉用水。

（五）植被条件及植物资源

1. 植被及植物资源概述

优越的自然条件，孕育了河南丰富多彩的自然植被和植物资源。河南全省有维管束植物 199 科，1107 属，3800 余种。其中，蕨类植物 29 科，73 属，255 种；裸子植物 10 科，25 属，75 种；被子植物 160 科，1009 属，3500 种。在河南现已查明的裸子植物和被子植物中，共有树木资源 92 科，320 属，1134 种（含亚种）。其中，裸子植物 8 科，24 属，42 种；被子植物 84 科，296 属，1192 种。

河南植被主要分为南暖温带落叶阔叶林地带和北亚热带常绿落叶阔叶林地带两个植被带，包括：黄淮海平原栽培植被区，豫西、豫西北山地、丘陵、台地落叶阔叶林植被区，伏牛山南坡山地、丘陵、盆地常绿落叶阔叶林植被区，桐柏、大别山地、丘陵、平原常绿落叶阔叶林植被区等四大植被区。

2. 河南植被的地带性分布规律

河南全省由于地形地貌复杂，气候条件的过渡性特征明显，其植被的类型及分布也具有明显的水平地带性和垂直地带性。

1）河南植被的水平地带性分布规律

河南植被的纬度地带性分布规律较径向分布规律明显。

（1）河南植被的纬度地带性分布规律：河南从南到北跨越约 5 个纬度，植被的地带性变化规律是以伏牛山主脊－淮河干流一线为分界线，以南为亚热带常绿、落叶阔叶混交林地带，以北为南暖温带落叶阔叶林地带。两植被带内因地区不同也存在差异。

①北亚热带常绿、落叶阔叶林地带：包括伏牛山南坡、桐柏及大别山地、南阳盆地及淮南平原等。在该地带西部的伏牛山南坡，主要植被以落叶阔叶林为主体，从低海拔到高海拔分别有麻栎、栓皮栎、油松、马尾松、短柄枹、锐齿槲栎、白桦、山杨、化香、漆树、太白冷杉、云杉、铁杉等，反映了该植被带由暖温带向亚热带过渡的特色。在该地带南部的桐柏及大别山区是河南水热资源最丰

富的地区，其植被明显反映出北亚热带常绿、落叶阔叶林的地带性特征。阔叶林主要为麻栎和栓皮栎林，但含有一定数量的常绿成分，如青冈栎、青栲。在沟谷地带则分布着亚热带的地带性植物，如大叶楠、黑壳楠、豹皮樟、枫香等。针叶林主要有马尾松、黄山松、杉木等亚热带地带性森林植被。南阳盆地及淮南平原以人工栽培植被为主。

②南暖温带落叶阔叶林地带：该地带包括豫东平原、伏牛山主脊以北的豫西山地、豫北太行山地等。该带西北高，东南低，地形复杂。该区山地的森林植被以华北植物区系的植被类型为主，主要有锐齿槲栎、短柄枹、白桦、坚桦、华山松、山杨、白皮松、千金榆、油松、侧柏等，还含有少量的华西区系成分、东北区系成分及一些高山耐寒植物成分。豫东及黄土丘陵地区以人工栽培植被为主。

（2）河南植被的径向分布规律：河南植被水平地带的径向分布规律不及纬向分布规律明显，但由于夏季受东南季风的影响，也导致有些植被类型呈径向的地带性分布。如东南部的大别山地区受东南季风影响较大，降水量较多，此地区的针叶林为黄山松，阔叶林虽仍以落叶栎林为主，但森林的组分则有一些要求水湿条件较高的白栎、青冈和樟科植物，这些植被具有华东区系植被的特征。而西部和西北部降水量较少，油松林、华山松林取代了黄山松林，阔叶林中没有喜温湿的华东区系成分，反而林下灌木和草本植物则含有很多华西区系的成分，如天目琼花、华桔竹、猬实等。此外，尚有一些华西区系组成的常绿灌丛，常见有粉红杜鹃、河南杜鹃灌丛等。

2）河南植被的垂直地带性分布规律

河南山地植被分布的垂直带谱都十分明显。随着山体的高度变化，其垂直带谱数量也有较大差别。

豫西山区的小秦岭是河南最高的山地，其植被的垂直带谱在南暖温带落叶阔叶林植被带有较强的代表性。在小秦岭海拔 600m 以下，植被为农田或侧柏林和荆条、酸枣灌丛；在海拔 600 ~ 1000m 的中低山为栓皮栎和油松林带；海拔 1000 ~ 1400m 为短柄枹林带；海拔 1400 ~ 1800m 为锐齿槲栎林带，其中含有少量的华山松成分；海拔 1800 ~ 2200m 的中山区为华山松林，云杉林和粉红杜鹃矮曲林带；海拔 2200m 以上为亚高山灌丛带，含有黄花柳灌丛、绣线菊灌丛、华西银腊梅灌丛和亚高山草甸等植被类型。

大别山、桐柏山地区植被垂直带谱代表河南省南部的植被垂直分布规律。由于大别山、桐柏山地区海拔一般在 1000m 以下，所以植被垂直带较少，但因所处地理位置在北亚热带向暖温带的过渡地区，所以每个垂直带内的植被类型较其他山体垂直带更为复杂多样，植被类型的亚热带色彩更为鲜明。海拔 400m 以下为农田（有水稻、小麦等）或马尾松林、杉木林带，并含有油茶林、油桐林、桂竹林和茶园；海拔 400 ~ 800m 为栓皮栎林和马尾松林带，其中含有麻栎林、枫香林、杉木林和毛竹林；海拔 800m 以上为黄山松林带，内含栓皮栎林以及杉木林、水杉林、毛竹林（1000m 以下）。

二、河南省珍稀树种的资源现状

（一）河南省珍稀树种资源及分布

根据1999年国务院批准公布的《国家重点保护野生植物名录》（第一批）中河南分布的木本植物及河南省人民政府2005年1号文公布的《河南省重点保护植物名录》中的木本植物统计，河南省自然分布的国家级珍稀树种共12科，23种，其中国家Ⅰ级有3种，包括银杏 *Ginkgo biloba*、红豆杉 *Taxus chinensis* 和南方红豆杉 *Taxus mairei*，国家Ⅱ级有20种，包括秦岭冷杉 *Abies chensiensis*、连香树 *Cercidiphyllum japonicum*、香果树 *Emmenopterys henryi* 等（表1）；河南省级重点保护珍稀树种共26科，65种，包括巴山冷杉 *Abies fargesii*、青檀 *Pteroceltis tatarinowii*、金钱槭 *Dipteronia sinensis* 等。

另据我们对河南省珍稀树种的分布情况调查统计可知（表2），河南省的各类珍稀树种集中分布于太行山区、伏牛山区、桐柏及大别山区，而在面积占全省一半的广大平原地区基本已绝迹。伏牛山由于山体高大，沟壑纵横，南北坡气候过渡交错，集中了河南省珍稀树种的大部分种类，种数达72种，占全省珍稀树种总数的82%；大别山由于特殊的地形地貌及丰沛的雨热条件，也保存和分布着较丰富的珍稀树种资源，总种数56种，占全省总数的64%；桐柏山和太行山由于海拔较低、山体较小或水热等气候条件相对较差，珍稀树种种数分别只有27种和20种，占总数的31%和23%。

珍稀树种的引种及栽培情况反映其开发利用程度。从对国家级珍稀树种在河南的引种栽培情况可以看出，已进行较普遍引种栽培的占16.7%，仅个别地方进行零星栽培且多处于试验阶段的占总数的50%，目前仍未进行过人工引种栽培的种类占33.3%。说明超过

表 1　河南省国家级重点保护树种资源及栽培情况

类别	序号	树种名称	科别	保护级别	自然分布	引种栽培及生长情况
自然分布种类	1	银杏 *Ginkgo biloba*	银杏科	Ⅰ	济源市、嵩县	全省栽培普遍，生长良好
	2	秦岭冷杉 *Abies chensiensis*	松科	Ⅱ	伏牛山 1800m 以上	未栽培
	3	大果青杆 *Picea neoveitchii*	松科	Ⅱ	内乡宝天曼 1700m	未栽培
	4	大别五针松 *Pinus dabeshanensis*	松科	Ⅱ	商城金刚台 900 ~ 1100m	未栽培
	5	金钱松 *Pseudolarix amabilis*	松科	Ⅱ	商城、固始、新县	信阳有栽培，生长正常
	6	红豆杉 *Taxus chinensis*	红豆杉科	Ⅰ	大别山、伏牛山	零星栽培，苗期需遮荫
	7	南方红豆杉 *Taxus mairei*	红豆杉科	Ⅰ	大别山、伏牛山、太行山	零星栽培，苗期需遮荫
	8	香榧 *Torreya grandis*	红豆杉科	Ⅱ	商城黄柏山	未栽培
	9	球果香榧 *Torreya farges*	红豆杉科	Ⅱ	伏牛山南部	未栽培
	10	连香树 *Cercidiphyllum japonicum*	连香树科	Ⅱ	太行山、伏牛山	零星栽培，表现不好
	11	浙江樟 *Cinnamomum japonicum*	樟科	Ⅱ	伏牛山、大别山、桐柏山	未栽培
	12	楠木 *Phoebe zhennan*	樟科	Ⅱ	伏牛山、大别山	未栽培
	13	润楠 *Machilus pingii*	樟科	Ⅱ	大别山	未栽培
	14	闽楠 *Phoebe bournei*	樟科	Ⅱ	大别山	未栽培
	15	花榈木 *Ormosia henryi*	豆科	Ⅱ	伏牛山、大别山、桐柏山	未栽培
	16	红豆树 *Ormosia hosiei*	豆科	Ⅱ	伏牛山、大别山、桐柏山	未栽培
	11	厚朴 *Magnolia officinalis*	木兰科	Ⅱ	商城、新县	南部零星栽培，生长正常
	18	水青树 *Tetracentron sinense*	木兰科	Ⅱ	伏牛山、大别山	未栽培
	19	水曲柳 *Fraxinus mandshurica*	木犀科	Ⅱ	伏牛山 1500m 以上	零星栽培，生长正常
	20	香果树 *Emmenopterys henryi*	茜草科	Ⅱ	伏牛山、大别山、桐柏山	零星栽培，病害严重
	21	川黄檗 *Phellodendron chinense*	芸香科	Ⅱ	伏牛山、大别山、桐柏山	山区有栽培，生长良好
	22	秤锤树 *Sinojackia xylocarpa*	安息香科	Ⅱ	商城黄柏山	零星栽培，繁殖生长良好
	23	榉树 *Zelkova schneideriana*	榆树科	Ⅱ	伏牛山、大别山、桐柏山	各城市栽培，生长良好

（续）

类别	序号	树种名称	科别	保护级别	自然分布	引种栽培及生长情况
引种栽培种类	24	苏铁 *Cycas revoluta*	苏铁科	Ⅰ	华南至西南地区	各地保护栽培，生长良好
	25	水杉 *Metasequoia glyptostroboides*	杉科	Ⅰ	湖北、四川、湖南等	全省栽培普遍，生长良好
	26	水松 *Glyptostrobus pensilis*	杉科	Ⅰ	福建、广东、广西、云南	鸡公山有栽培，生长良好
	27	秃杉 *Taiwania flousiana*	杉科	Ⅱ	台湾、贵州、云南	鸡公山有栽培，生长良好
	28	普陀鹅耳枥 *Carpinus putoensis*	桦木科	Ⅰ	浙江舟山	周口有栽培，生长良好
	29	伯乐树 *Bretschneidera sinensis*	伯乐树科	Ⅰ	华东、华中及西南地区	郑州有栽培，可生长
	30	香樟 *Cinnamomum camphora*	樟科	Ⅱ	长江流域以南	全省各城市栽培，需防冻
	31	凹叶厚朴 *Magnolia biloba*	木兰科	Ⅱ	华东及华南各省	河南南部栽培，生长正常
	32	鹅掌楸 *Liriodendron chinensis*	木兰科	Ⅱ	长江流域以南	全省栽培普遍，生长良好
	33	毛红椿 *Toona sureni* var. *pubescens*	楝科	Ⅱ	华东、华南及西南各省	郑州南阳栽培，生长良好
	34	喜树 *Camptotheca acuminata*	蓝果树科	Ⅱ	华东、华中及西南地区	各城市栽培，生长良好
	35	珙桐 *Davidia involucrata*	蓝果树科	Ⅰ	湖北、四川、贵州	郑州、周口栽培，需保护
	36	黄檗 *Phellodendron amurense*	芸香科	Ⅱ	东北及华北	济源嵩县栽培，生长良好

80%的珍稀树种还没有得到很好的开发利用，引种驯化工作任重而道远。

表 2　河南省珍稀树种分布情况统计表

保护类别		总种数	太行山	伏牛山	桐柏山	大别山
国家重点保护类	Ⅰ级	3	3	3	1	3
	Ⅱ级	20	2	12	6	15
河南省重点保护类		65	15	57	20	38

（二）资源特点分析

通过调查和分析可以知道，河南省珍稀树种资源有以下特点：

（1）种类丰富，单种属较多，起源古老。河南较为独特的自然地理环境和适宜的生物气候条件，为树木的生长繁衍提供了良好的场所，保存和生长着丰富的珍稀树种资源。据统计，在河南省分布的 1134 种树木中，各级珍稀、濒危保护树种就有 88 种，占总数的 7.8%。在这些树种中，许多是起源于第三纪古热带植物区系的残遗种，如香果树、银鹊树、猬实 *Kolkwitzia amabilis* 等，还有许多单种属、单种科及寡种属植物，如银杏、水青树、香果树、青檀、猬实、连香树、金钱槭、杜仲 *Eucommic ulmoides*、山白树 *Sinowilsonia henryi*、领春木 *Euptelea pleiospermum* 等。这些孤寡的原始类群，在系统发育上处于原始和孤立的地位，或表现出分类上的奇特性和古老性。

（2）区系成分复杂，过渡性特征突出。河南历史上正处于我国植物种群南北及东西大迁移的通道上，植物区系成分相互渗透交错，具有复杂多样的过渡性特征。如既有热带华南成分的闽楠、桢楠等；又有亚热带西南成分的连香树、南方红豆杉、香果树、金钱槭、华榛 *Corylus chinensis* 等，华东成分的金钱松、天目木姜子 *Litsea auriculata*，华中成分的青檀、山白树、杜仲、青钱柳 *Cyclocarya paliurus*、紫茎 *Stewartia sinensis* 等；有暖温带西北成分的秦岭冷杉、猬实等；还有寒温带东北成分的水曲柳、胡桃楸 *Juglans mandshurica* 等。河南不仅是许多现存亚热带珍稀树种分布的北界，如香果树、天目木姜子、楠木、香榧等，还是一些温带珍稀树种分布的南界，如胡桃楸、水曲柳等。

（3）种群数量差异较大，保护任务艰巨。由于各树种的起源及生物、生态学特性的差异，使得河南省分布的珍稀野生树种种群间的数量变动幅度较大。有些树种的数量可达数万至数十万株，在各分布区有成片相对稳定的群落，暂时还没有灭绝的危险，如香果树、青檀，领春木、金钱槭、山白树等；有的树种虽有一定的种群数量，但没有形成稳定的群落结构，或以幼苗幼树为主的幼龄种群所占比重较大，或仅有大树和衰老树，种群更新受阻，如华榛、胡桃楸等；有的种则植株极少或仅存零星分布的几株，且生境极其严格，随时都有灭绝的危险，如南方红豆杉、水青树、大果青杄、秦岭冷杉、大别五针松等；有的树种在河南已经灭绝或正在灭绝，如秤锤树等，在省内进行的相关调查中已相当长时间没有被发现，我们这次调查也未发现其踪迹。

（三）河南省珍稀树种致濒原因分析

我们把近几年的调查情况与20世纪80年代以来的调查资料比较可以看出，河南省珍稀树种的保护现状仍不容乐观，一些过去记载或采集过的种类如秤锤树已很多年找不到，许多种类也仅能见到零星的几株，已经陷入濒危或灭绝的境地。分析其原因主要有以下三个方面：

（1）内在原因：在物种的系统发育过程中，由于其本身遗传特性及其与生境长期自然选择的结果，形成了生态适应性差、适生生境狭窄、自然繁殖能力下降等特性，成为许多珍稀树种的共性，这也是珍稀树种种群衰退的主要原因。许多种类常年不开花，或开花不结实，或虽结实但种胚不发育或发育不全，致使天然繁殖更新困难。如香果树种子是具休眠特性的光敏种子，在林分郁闭下不能发芽；连香树、天目木姜子等为雌雄异株树种，由于种群数量稀少，母树不能很好授粉，使其有性繁殖受阻。

（2）人为因素：人类各项经济活动是珍稀树种致濒的主要外因，

而且随着经济的快速发展，人为因素的影响会愈来愈大。首先表现在各项经济开发活动干扰带来的或即将带来的天然植被的破坏及植物生境的改变，如各种公路铁路的修建、山区旅游开发、矿产开发等活动，都将直接或间接造成周围珍稀树种的灭绝，如在桐柏山旅游区建设中，由于修路和修建旅游设施对植被的破坏，直接导致仅有1株的珍稀树种川黄檗灭绝死亡；在伏牛山的多处旅游开发中，人为活动导致大片秦岭冷杉的死亡。其次为了获取木材或其他林副产品有选择性的砍伐和采挖，是导致珍稀树种灭绝的直接原因。如南阳部分山区百姓把紫茎作为烙花筷的上等原料，进行选择性的砍伐，威胁着这种珍稀树种的生存；伏牛山区农民为了采种而砍伐或毁损红豆杉、刺楸 *Kalopanax septemlobus*、铜钱树 *Paliurus hemsleyanus* 等珍稀树种的事件时有发生；不法商人为满足城市园林绿化的畸形需求而大肆盗挖连香树、金钱槭、七叶树 *Aesculus chinensis*、猥实等珍稀树种等。另外，缺乏科学规划的用不断扩大的人工林种群替代天然森林植被、盲目引种造成的外来物种入侵等因素也对珍稀树种濒危有重要影响。

（3）自然灾害：自然灾害同样是珍稀树种致濒的一个重要外因。严重的森林火灾会毁掉大面积的森林植被，珍稀树种的生境会遭到毁灭性破坏，使其陷入濒危状态。森林病虫害大发生会严重影响珍稀树种的正常生长发育及开花、结实，使原本就繁殖更新比较困难的珍稀树种更加困难，如河南仅有几株的大果青杆，年年开花结果，而种子全被云杉象鼻虫蛀食，虽树下果球遍地，但却见不到一株更新小苗。晚霜会使即将或正在开花的树木产生冻害，造成种实绝收。另外，全球气候变暖、降水量的持续减少等大范围的气候变化对珍稀树种的生存也将产生严重影响。

三、珍稀树种的引种与栽培技术

(一) 珍稀树种引种驯化理论及意义

1. 引种驯化概念

本书所指珍稀树种的引种驯化包括本地野生珍稀树种资源的开发利用和引进外来珍稀树种两个方面。开发利用本地珍稀树种资源是指通过一定的人工驯化和培育措施，改变野生珍稀树种的某些习性，使之适应新的栽培环境条件，并加以推广应用的工作。外来珍稀树种的引种是指从省外引进本省并未自然分布的珍稀树种，通过驯化培育，选择优良者加以繁殖和利用的工作。

引种驯化又分为直接引种和间接引种。直接引种是指易境栽培的树种，在引入地新的环境条件下能够正常生长发育，并产生经济效果；间接引种则是指树种易地栽培之后，在新的环境条件下不能正常生长发育，只有通过特别的选育和栽培措施，才能使其生长发育良好，达到预期目的。

每个树种有其一定的自然分布区，但并不等于就是它的全部适生区。因为各树种自然分布区的形成常常受其发展历史、传播条件和地理障碍等多种因素的影响。如我国Ⅰ级保护野生植物水杉，自然分布区仅限于湖北利川、四川石柱和湖南龙山相毗邻的一个极其狭窄的范围。但自1941年水杉被发现后，立即引起了世界的轰动。至20世纪90年代，全世界引种水杉的国家和地区已达80多个，从北极圈附近，经过赤道，直到南纬41°，都可见到引种的水杉，足见其生态适应能力之强。因此，引种时应充分考虑树种的起源、世代发展的历史以及逐步同化的环境条件，分析各树种的迁移潜力及其遗传特性对环境的适应能力。在此基础上，通过试验，进一步摸索各树种的适生环境条件与适应能力，对各树种的生长发育表现作出评判，确定其在引入地引种栽培的可行性。

珍稀树种的引种驯化是一项复杂的系统工程，其工作范畴包括遗传材料的选择与引进、培育驯化、经营管理、遗传改良和新产品利用等方面的试验研究和生产实践。不但要研究树种的起源、产地与引入地的立地条件与差异，还要掌握树种的生态特性与生物学特性，以确定必要的引种驯化栽培技术措施。因此，珍稀树种引种驯化是一个涉及生态、分类、造林、遗传育种等多门学科的综合性工作。

珍稀树种之所以珍稀，除了有特殊利用价值外，要么是对生境要求苛刻，分布范围狭窄，自然资源稀少；要么是自然更新受阻。因此，珍稀树种的引种驯化相较于其他植物有其自身的特殊性，工作会更加困难，时间会更长。

2. 引种驯化理论

植物的引种驯化虽然历史悠久，但总的表现是引种驯化实践甚多，而理论研究较少。直到1859年英国生物学家查理·达尔文的巨著《物种起源》发表后，在其生物进化理论的影响和指导下，植物引种驯化理论才取得实质性进展。从20世纪开始，国内外出现的植物引种驯化理论有数十种之多。

古代对植物引种驯化理论的研究是从我国后魏贾思勰开始的，在其所著的《齐民要术》中曾提出“习以成性”的原理。即认为环境条件可以影响植物的本性，改变植物的适应性，并将植物的习性变为本性。到了元朝，王祯在1313年刊印的《王祯农书》中提出了“土地不宜”的原理，认为“九州之内，田各有等，土各有差，山川阻隔，风气不同，凡物之种，各有所宜”，明确提出了引种植物要受土壤条件的限制。明朝的徐光启在他1639年编印的《农政全书》中，提出了“三致其种”的理论，其基本论点是：引种植物要反复的试验研究，试验成功，再行推广；同时，强调农业栽培技术在引种工作中的重要作用。徐光启的“一切通过试验”的思想，对我国古代的植物引种驯化理论的发展影响巨大。

19世纪中期，达尔文的进化论确立了“优胜劣汰，适者生存”的原理，奠定了现代植物引种驯化的理论基础。在随后的100多年间，相继出现了德国林学家 Mayr 所提出“气候相似论”、苏联总植物园提出的“生态历史分析法”、苏联植物地理学家瓦维洛夫根据栽培植物起源中心的理论提出了“植物地理学差示法”、以及巴西 Golfari 提出的“生态因子综合分析法”等，分别从不同角度阐述了植物引种驯化的理论和方法。

从以上各种引种理论方法和实践中可以看出，要引种一个树种，受树木的生物学因素、系统发育历史因素、环境方面的气候因素、土壤因素、栽培技术因素的综合影响和制约。这些因素既相互联系又相互制约，反映了树木与环境之间复杂的生态关系。这就催生了树木引种驯化基本理论——“因素论”的产生。

这就要求我们在树种引种驯化实践中，既要了解树种本身，又要了解环境。了解树种就是要了解树种的生物学特性和系统发育历史，从而了解树木的适应性，以便能因树引种或因地引种；了解环境包括气候、土壤和应引进树种的需要而改善气候和土壤条件的栽培技术。在环境对树种的生态作用和树种对环境的生态适应的交织进程中，运用有效的栽培技术，诱导引进的树种产生引种变异，形成新的适应，即沿着环境变——树种变的方向发展，达到引进树种与环境条件的协调一致，使引种驯化的树种能够正常生长发育，这就是树种引种驯化因素论的核心。

3. 珍稀树种引种驯化的意义

珍稀树种引种驯化有利于环境保护和生物多样性保护，有利于合理保护和开发利用我国丰富珍贵的植物资源。环境保护和生物多样性保护是我国的一项基本国策，也是当今世界共同关注的重大问题之一。我国是世界上物种最丰富的国家之一，但相关调查表明，我国目前约有 15%~20% 的高等植物，即 4000~5000 种正处于濒危和灭绝状态，形势非常严峻。因此，开展珍稀树种引种驯化可以实现多种珍稀树种的迁地保护和人工栽培，迅速增加其种群数量，解除其濒危状态。而且在城乡园林绿化和林业生态建设中对珍稀树种的大量应用，必将进一步丰富城乡生态系统的生物多样性，绿化美化生态环境，促进社会经济的可持续发展。

珍稀树种的引种驯化有利于林业、园林花木、特种经济林等行业的科技进步。珍稀树种引种驯化及人工栽培技术试验研究是一种农林业基础应用研究，尤其对林业、园林花卉、中药材产业等更为重要。我们知道，要使我们的产业健康持续发展，必须保持和提高企业的核心竞争力，而提高核心竞争力的必由之路是加强源头创新。珍稀树种大多具有较高的开发利用价值，实现起引种驯化和人工栽培，必将填补其在栽培和开发利用上的空白，可将多种过去从未开发过的珍稀树种推向国内外市场，为我们相关产业自主创新能力的提高发挥强有力的技术支撑作用。

（二）珍稀树种引种驯化试验研究方法

珍稀树种的引种驯化试验研究方法主要包括三个阶段，即：准备阶段、试验阶段和推广阶段。

1. 准备阶段

准备阶段的主要工作是选择确定引种驯化的原始材料，内容包括调查原始材料、采种和建立原始材料档案三个方面。

（1）调查原始材料：目的首先就是要了解该树种的自然分布和种内变异，确定合适的种源地。例如刺楸引种，其自然分布几乎遍及全国，全国各地的种源在种子萌发特性、年生长规律、苗期生长速度等方面差异很大，我们通过广泛的试验和比较，最终确定了秦岭—淮河一线以南、中亚热带以北的区域为刺楸在河南引种的最佳种源地。其次，是为了调查该树种的天然分布区与引进地之间的气候、土壤条件的差异，以便从中找出影响该树种引种的主要限制因子，采取适宜的栽培技术措施。如我们在连香树调查中了解到，河南天然分布的连香树多生长于海拔较高、背阴、冷凉多雾的环境中，而引种到低海拔的平原地区最主要的限制因子就是干热的气候条件，只要针对这一限制因子采取必要的措施就能取得成功。

（2）采种：原始材料调查清楚后就要在确定的种源地进行采种和采条。不同种源地不同类型的种源要分别编号，不能混杂。对采集的种子要进行品质鉴定，如种子颜色、种子饱满度、有仁率、种胚发育程度等。对采种母树要详细记载，如树高、胸径、病虫害情况、结实情况、立地情况等。

采收的果实要及时调制，以保持种子的生命力。首先是干燥脱粒。果实干燥脱粒的方法因果实种类不同而各异，球果类和荚果类果实可置于日光下曝晒干燥后用棍棒敲打后脱粒，如水杉、秦岭冷杉、巨紫荆等；蒴果类因果实含水量高，可先阴干后用棍棒敲打脱粒，如金丝楸、西南卫矛、香果树等；翅果类果实有的需阴干，如金钱槭、杜仲等，有的可曝晒，如水曲柳等，调制时不需去翅即可；坚果类果实含水量较高的如七叶树等，忌在阳光下曝晒，采种后及时进行水选或粒选，然后摊于阴凉处阴干；含水量低的小坚果，如喜树、普陀鹅耳枥等，可摊开晒干后用木棒敲打后脱粒；肉质类果实包括浆果、核果、聚花果及浆果状核果，如秤锤树、南方红豆杉、银杏、香樟、珙桐、灯台树等，采种后容易发酵腐烂，应抓紧调制，方法是将果实捣烂后在水中淘洗并取出种子，去除果皮、果肉及渣滓，将纯净种子摊于通风干燥处阴干。其次是种子的贮藏。经过干燥脱粒的种子，如不立即播种就必须进行贮藏。贮藏的方法主要有干藏和湿藏两大类。干藏是指将气干的种子贮藏在干燥的环境中，使种子在贮藏期间经常保持干燥状态。凡安全含水量低的种子均可采用此法。干藏包括普通干藏、低温干藏、密封干藏、低温密封干藏、超低温贮藏、超干贮藏等，最常用的是普通干藏。河南珍稀树种中适宜干藏的种子有：金钱松、大别五针松、华山松、水杉、青檀、领春木、连香树、枫香、毛红椿、山桐子、金丝楸、香果树等。湿藏就是把种子置于湿润、适度低温和通气的环境中贮藏。适用于安全含水量高的种子。同时，湿藏也是解除种子休眠的有效方法之一，特别是对内源性休眠的解除。湿藏的方法包括坑藏、堆藏、雪藏和流水贮藏等，最常用的是坑藏。河南珍稀树种中适宜湿藏的种子有：银杏、秦岭冷杉、三尖杉、南方红豆杉、青钱柳、黑壳楠、香樟、刺楸、灯台树、秤锤树等。另外，榉树、山白树、黄檗、巨紫荆、金钱槭、喜树、猬实等几种树种既可以干藏也可以湿藏，不过湿藏更有利于种子萌发和出苗整齐。

在采种的同时，对采种母树周围的土壤也要取样，分析其原生地土壤的理化性质及肥力状况，为引种地采取合适的引种驯化技术措施如选地、施肥等提供参考。

（3）建立原始材料档案：这项工作是树木引种的基础性工作，它对全面反映原始材料的状况，分析研究引种驯化效果，确定引种驯化栽培技术有重要作用。目前，常用档案卡片式，填写要求准确、规范、完整，最基本的一些项目见表3。

表3　珍稀树种引种原始材料档案卡片

索引号：

<table>
<tr><td colspan="3">树种名称</td><td colspan="3"></td><td>编号</td><td colspan="3"></td></tr>
<tr><td colspan="3">原始材料名称</td><td colspan="3"></td><td>数量</td><td colspan="3"></td></tr>
<tr><td colspan="3">产地</td><td colspan="7">省　市　县　乡　村（林场）</td></tr>
<tr><td rowspan="7">母树特点</td><td colspan="2">立地环境</td><td colspan="7"></td></tr>
<tr><td colspan="2">树形特点</td><td colspan="7"></td></tr>
<tr><td colspan="2">起源及树龄</td><td colspan="7"></td></tr>
<tr><td colspan="2">海拔高度</td><td colspan="7"></td></tr>
<tr><td rowspan="3">物候</td><td>萌芽期</td><td colspan="2">月　旬</td><td colspan="2">展叶期</td><td colspan="3">月　旬</td></tr>
<tr><td>开花期</td><td colspan="2">月　旬</td><td colspan="2">休眠期</td><td colspan="3">月　旬</td></tr>
<tr><td>落叶期</td><td colspan="2">月　旬</td><td colspan="2">果熟期</td><td colspan="3">月　旬</td></tr>
<tr><td rowspan="4">土壤特点</td><td colspan="2">土样号</td><td colspan="7"></td></tr>
<tr><td colspan="2">名称</td><td colspan="7"></td></tr>
<tr><td colspan="2">pH 值及湿度</td><td colspan="7"></td></tr>
<tr><td colspan="2">养分分析</td><td colspan="7"></td></tr>
<tr><td rowspan="3">气候特点</td><td colspan="2">气温（℃）</td><td>年平均</td><td colspan="2"></td><td>最低</td><td></td><td>最高</td><td></td></tr>
<tr><td colspan="2">降水（mm）</td><td>年降水</td><td colspan="2"></td><td colspan="2">降水分配特点</td><td colspan="2"></td></tr>
<tr><td colspan="2">气候描述</td><td colspan="7"></td></tr>
<tr><td rowspan="6">原始材料特点</td><td colspan="2">采集方法</td><td colspan="7"></td></tr>
<tr><td colspan="2">采集日期</td><td colspan="7"></td></tr>
<tr><td colspan="2">采集时特征</td><td colspan="7"></td></tr>
<tr><td colspan="2">处理方法</td><td colspan="7"></td></tr>
<tr><td colspan="2">贮运技术</td><td colspan="7"></td></tr>
<tr><td colspan="2">贮藏后性状</td><td colspan="7"></td></tr>
<tr><td colspan="2">采样人</td><td></td><td>贮藏人</td><td colspan="3"></td><td>记录人</td><td colspan="2"></td></tr>
</table>

2. 试验研究阶段

试验研究阶段的主要工作包括建立种源预试圃、建立种源比较圃和开展区域化栽培试验等。

建立种源预试圃是通过前期预试栽培，繁殖原始材料，观察引进树种的物候特性，初步考察引进树种的生态适应性。其特点是规模较小，探索性较强，同一苗圃试验的树种较多，工作量较大。一般的试验内容有：选定栽培方法、种子的催芽或插条的催根、播种与扦插时间选择、播种及扦插方法的确定、幼苗出土前后的管理技术、幼苗的水肥管理、越冬或越夏技术措施等。通过规范的预试栽培，对预试树种的生态适应性及生长规律，如抗寒性、抗旱性、抗涝性、耐荫性、抗病性、年生长速度及年生长节律等作出初步鉴定。引种预试栽培是一项探索性极强的工作，应建立严格的预试档案，每一个步骤，每一个环节都要认真记载，以便为日后栽培技术措施的制定提供参考。预试试验基本的记载内容见表4，其具体内容和表格形式可因树种不同而具体设计。

建立种源比较圃是通过比较试验，对优良种源、优良类型等进行繁殖，建立无性繁殖圃；通过栽培驯化，进一步探索其生长发育规律及丰产栽培技术。种源比较圃是一种定位试验，要求较长时间的相对稳定；乔木树种每试验小区面积不应小于667m^2，株数不应小于30～50株；定植株行距的设计基本上和正常造林设计相同，以便形成稳定的林分结构。经过种源比较圃多年的驯化栽培，对引种树种的生长发育情况、天然更新情况、利用价值情况及生态适应性等方面进行驯化程度的鉴定，确定大面积引种推广的可能性及可行性。

区域化引种栽培试验是在完成或基本完成种源比较试验的前提下开始的，目的是在较大范围内的不同生态类型区进行较大规模的种源比较栽培试验，最终确定引种树种适宜的推广栽培范围。区域化引种栽培试验每个试验点的规模应具有生产的代表性，乔木树种栽培面积应在0.67万～6.7万m^2。每个试验点可不安排重复试验，但在同一生态类型区可多安排一些试验点，各点之间相互验证，这样试验结果对推广的指导意义会更大。区域化栽培试验结束时，应对每个试验点的树木生长量指标，生态适应性及相关栽培技术进行鉴定，通过鉴定后才能推广种植。

表 4　珍稀树种引种苗期管理技术档案

整理日期：

<table>
<tr><td colspan="2">树种名称</td><td colspan="3"></td><td colspan="5">原始材料名称</td><td colspan="5"></td></tr>
<tr><td colspan="2">育苗地点</td><td colspan="3"></td><td colspan="5">原始材料来源</td><td colspan="5"></td></tr>
<tr><td colspan="2">育苗面积</td><td colspan="3"></td><td colspan="5">种子千粒重及播种量</td><td colspan="5"></td></tr>
<tr><td colspan="2">整地及播种方法</td><td colspan="3"></td><td colspan="5">底肥施用情况</td><td colspan="5"></td></tr>
<tr><td colspan="2">播种日期</td><td colspan="3"></td><td colspan="5">出苗日期</td><td colspan="5"></td></tr>
<tr><td colspan="15">管理技术</td></tr>
<tr><td colspan="2">覆盖日期</td><td colspan="3"></td><td colspan="5">揭除覆盖物日期</td><td colspan="5"></td></tr>
<tr><td colspan="2">搭荫棚日期</td><td colspan="3"></td><td colspan="5">拆荫棚日期</td><td colspan="5"></td></tr>
<tr><td rowspan="2">出苗期喷水情况</td><td>次数</td><td></td><td></td><td></td><td></td><td></td><td></td><td></td><td></td><td></td><td></td><td></td><td></td><td></td></tr>
<tr><td>日/月</td><td></td><td></td><td></td><td></td><td></td><td></td><td></td><td></td><td></td><td></td><td></td><td></td><td></td></tr>
<tr><td rowspan="2">出苗后灌溉情况</td><td>次数</td><td></td><td></td><td></td><td></td><td></td><td></td><td></td><td></td><td></td><td></td><td></td><td></td><td></td></tr>
<tr><td>日/月</td><td></td><td></td><td></td><td></td><td></td><td></td><td></td><td></td><td></td><td></td><td></td><td></td><td></td></tr>
<tr><td colspan="2">追肥情况</td><td colspan="13"></td></tr>
<tr><td colspan="2">打药或洗苗</td><td colspan="13"></td></tr>
<tr><td colspan="2">松土除草</td><td colspan="13"></td></tr>
<tr><td colspan="2">越冬措施</td><td colspan="13"></td></tr>
<tr><td colspan="2">其他技术</td><td colspan="13"></td></tr>
<tr><td colspan="2">整理人</td><td colspan="6"></td><td colspan="2">记载人</td><td colspan="5"></td></tr>
</table>

3. 推广应用阶段

引种驯化试验成功的珍稀树种，应尽快在林业生产及生态建设上推广应用。推广的过程是一种扩大栽培的过程，必须有充足的种苗作保证。为了保证苗木的质量，目前常采用建立无性系种子园和采穗圃两种形式来进行良种繁殖。同时，在推广过程中，也不能生搬硬套原产地的栽培技术，应根据引种地的自然条件和引种试验过程中积累的实际经验，制定切实可行的栽培技术。

珍稀树种的引种驯化和推广，需要经过较长的年限，是一项长期且艰苦细致的工作。对历年积累的资料，要进行系统的整理，全面的分析和总结，从中找出规律性的东西，以逐步丰富珍稀植物引种驯化的理论和实践。

（三）珍稀树种引种驯化栽培技术

珍稀树种引种驯化栽培技术，是在引种驯化理论指导下，完成珍稀树种引种驯化任务的重要技术手段。栽培技术是一种人为措施，是采取顺应、保护、改造和保证等必要措施，为引种树种的生长发育创造适宜的生存条件，使之在新的环境中能成活、成林、繁衍生息。

目前，常用的引种驯化栽培技术有以下四类：

1. 顺应性的引种驯化栽培技术

顺应性引种驯化栽培技术是树木引种驯化的基础，通过引进种子或无性系等，进行顺其习性、应其需要的驯化栽培，以实现树木引种驯化的预期目标。主要技术包括：

（1）引进种子，播种育苗，选优驯化栽培。充分利用实生苗可塑性大、适应性强和性状分离明显的特点，在选优的基础上，采用丰产栽培技术作定向培育，可以稳定树木的优良性状，增强抗逆性，强化适应性，提高生长量，达到选优驯化的目的。

（2）引进无性系，保证优良性状稳定。利用无性系后代性状稳定的特点，引进优良品种或类型。

（3）引进树木组织，进行体外培养。充分利用树木细胞的全能性和再生性，引进优良品种或类型，利用现代生物技术进行大量繁殖。

（4）选择种源，确定引种范围。种源选择是一项提高引种效果和林木产量的重要技术措施。开展广泛的种源引种试验，确定最适宜的引种范围，可以起到事半功倍的效果。

（5）调节日照，改变生长节律。在栽培上采取长日照和短日照处理措施，能显著提高引种树木的适应性。

（6）改变播种期，适应新环境。采取打破或强迫种子休眠的措施，改变种子的播种期，以适应引进地的环境条件。

2. 保护性引种驯化栽培技术

保护性的引种驯化栽培技术又叫小气候驯化法，主要是选择适宜的小地形或改造栽培小环境，为引进树种创造一个基本的生存条件，使引进树种能够正常生长发育，直到开花结果。

保护性引种驯化栽培技术措施主要包括两个方面：

（1）在引种初期要重视引种地的选择，要认真研究各珍稀树种的生物学特性，然后去选择适宜的引种地点，努力做到因树制宜，适地适树。

（2）采取措施，防止风害、冻害、干旱和高温等灾害的发生。珍稀树种一般为森林树种，多数分布范围狭窄，对生境条件要求苛刻，在引种时，应找到影响该树种正常生长发育的主要限制因素，有目的地采取针对性的保护措施。

在树种引种驯化初期，由于树木幼苗娇嫩，保护性引种驯化栽培技术就显得尤为重要。例如我们生产实践中常用的夏季搭荫棚、冬春建拱棚、设立风障、树干涂白、及时灌溉等措施，均属于保护性栽培技术的范畴。

3. 改造性的引种驯化栽培技术

改造性的引种驯化栽培技术是指改变被引种树种的某些习性，使之适应引入地立地条件的技术措施。这种方法是在直接引种难以成功或效果不理想时必须采用的，其特点是技术比较复杂，时间周期会更长。

珍稀树种的改造性引种驯化栽培技术，目前常用的有对种苗进行处理增强其抗性，逐渐引种、循序渐进等多种方法。对种苗处理增强抗性的方法的原理是因为种子或苗木的遗传性及可塑性大，容易接受外界环境的改变，利用其这种特性，经过必要的处理，提高树木种苗抵抗不良环境的能力，以达到引种的预期目的。例如对种子进行低温处理可增强其抗寒性；在播种前浸种催芽时，对种子进行抗旱性锻炼提高其抗旱性；对树苗施用植物生长调节剂、化肥、微量元素、稀土元素等化学处理方法，能提高树苗的多种抗性。引种地与原产地条件差异大，用种子引种方法难以奏效时，就要采用逐渐引种、循序渐进的方法。这种方法的特点是逐代迁移驯化，保护、改造和选择相结合，使被引树木逐渐获得对引进地生态条件的适应性，达到引种驯化的目的。

4. 保证性的引种驯化栽培技术

树木在生存的土壤和气候条件都适宜时才能正常生长发育。但每种树木甚至同一树种的不同品种对土壤和气候条件的要求并不一致。因此，就有一个调节树木生存条件的任务，这个任务要由保证性的引种驯化栽培技术来完成。

保证性引种驯化栽培技术主要包括以下内容：

（1）细致整地，施足底肥。通过改善土壤的物理性状和化学性状，为引种树种提供良好的土壤环境。

（2）适时中耕，合理灌溉。通过松土除草，合理灌溉，提高土壤的保水和透气性能，做到天旱地不旱，天涝地不涝，天寒地不寒，保证树木体内的水分平衡。

（3）适时适量因树追肥。根据树木的生物学特性和土壤条件，适时适量追肥，使土壤肥料元素协调，使引种树木无生理性病害。

（4）加强保护，防治病虫害的发生。根据“栽是基础，管是关键”的原则，做好保护工作，防止病虫害侵染树木。

由于树种的生物学与生态学特性不同，其适宜的引种驯化栽培技术也各异。有的易引种驯化的树种，如银杏、水杉等，可能仅需要保证性的栽培技术就可取得成功，而大多数对生境要求严格的树种，如连香树、珙桐、香果树等，当引种到自然分布区以外时，可能就需要综合运用多种引种驯化栽培技术才能奏效。

第二篇　分　论

一、银　杏

〖别名〗白果树、公孙树、鸭掌树、鸭脚树

〖学名〗*Ginkgo biloba* L.

〖科属〗银杏科，银杏属

银杏为我国特产的单种科孑遗植物。起源于古生代石炭纪末期，繁盛于中生代的三叠纪和侏罗纪，当时仅银杏属就有20种以上，分布遍及全世界，衰退于白垩纪和新生代的第三纪，至新生代第四纪冰川期后，全球除我国以外，皆已灭绝，仅遗银杏一种成为“活化石”植物。在1992年国家林业部公布的《国家珍贵树种名录》中，列为国家一级珍贵树种；在1999年国务院公布的《国家重点保护野生植物名录》（第一批）中，列为国家Ⅰ级重点保护野生植物。

【引种与开发价值】

银杏是一种多用途树种。银杏的古老起源及在分类上所处的特殊地位，注定了它在科研上的价值，它是研究裸子植物的系统发育及古生物、古地理、古气候的重要活化石之一；银杏边材淡黄色，心材淡黄褐色，质轻软，结构细，纹理直，富弹性，有光泽，易加工，不翘不裂，是雕刻、工艺品、建筑、家具及室内装饰等的优良用材；银杏树干高大挺拔，树姿雄伟壮丽，叶形奇特秀美，秋色金黄一片，寿命长，病虫少，是深受我国和世界人民喜爱的园林树种；银杏种子营养丰富，可供食用，种仁和叶片还是重要的药用原料。

【形态特征】

落叶大乔木，高达40m，胸径达4m以上。幼树树皮淡灰褐色，浅纵裂，老则灰褐色，深纵裂。枝有长短之分。叶在长枝上螺旋状散生，在短枝上3～5（～8）枚簇生，扇形，有二叉状叶脉，叶缘上部有深浅不一的波状缺刻，或呈二裂状，基部楔形，有长柄。雌雄异株，球花生于短枝顶端、叶腋或苞腋；雄球花4～6，有短柄，呈柔荑花序状，雄蕊（实为小孢子叶）多数，螺旋状排列，花药（实为花粉囊）2；雌球花有长柄，顶端常分2叉，各生一盘状珠座，每珠座着生1直立胚珠。种子核果状，椭圆形，径约2cm；外种皮肉质，熟时呈淡黄色或橙黄色，被白粉，有臭味；中种皮骨质，白色；内种皮膜质，红褐色。花期4～5月，种子成熟9～10月。

【地理分布与生境】

我国是银杏的分布中心。银杏的分布界限不十分明显，在北纬22°～42°，东经97°～124°的我国温带、暖温带和亚热带地区都有银杏分布。由于受各种因素影响，多数呈间断分布。在垂直分布上，大多分布于海拔400～1000m，在云南、四川等省可达3000m左右。到目前为止，尚未发现原始的银杏林。但在浙江西天目山，约位于北纬30°20′，东经119°25′，海拔300～1100m的山谷中，有零散分布呈野生状态的银杏；其他在湖北神农架、安徽与河南交界的大别山区及浙江瑞安等原始亚热带次生林中也生长着古老的银杏树。

银杏在河南全省各地均有分布，常生长于名胜古迹及庙宇寺院中。如济源市王屋山紫薇宫的一株古银杏树树高35.5m，胸围9.1m，冠幅达32m；嵩县白河乡的上寺、下寺村，有210多株大树组成的古银杏树群，集中成片状分布于山村周围，其中有164株胸围在3～5.6m，树高11.2～29m，测定树龄为272～618年，其数量之多，树龄之长，为国内所罕见。部分生长在山谷、沟壑中的古银杏树群落已逸为半野生状态。

在我国，银杏于2000多年前已有栽培，三国时期已很兴盛，到秦汉时期已广泛种植于南北各地。从宋代时银杏传到日本开始，到目前，银杏在日本、朝鲜及欧美各国已广泛引种栽培，其现代分布区域正在日益扩大。

【生物学与生态学特性】

银杏在长期系统演化过程中与环境条件相互适应的结果，形成了能够广泛适应不同生态环境的遗传特性。银杏对气候的适应范围较广，年平均温度8～20℃，最低温度－20℃以上，年降水量700～

1500mm 地区内都适合其生长，但大多数银杏生产地区的年平均温度为 14 ~ 18℃，在高温高湿的低纬度地区，银杏虽能生存，但生长缓慢，发育受阻，不能形成商品性生产。银杏为喜光树种，不耐庇荫，在阴坡生长的银杏常生长发育不良。

银杏为深根性树种，对酸性、中性、钙质土及轻微盐碱土有广泛的适应性，最喜深厚肥沃、排水良好的砂壤土。在干旱瘠薄、过度潮湿黏重或含盐量太高的土壤上生长不良。银杏对二氧化硫、氯气、氟化氢的抗性都较差，但对臭氧的抗性较强，因此，在城乡绿化或生产栽培时，应注意选择远离污染源的地区。银杏寿命极长，可达千年以上。银杏发育缓慢，种子苗约需 20 年才能开花结果，40 年后开始进入结实盛期，结实期很长。

【栽培技术】

1. 种子育苗

(1) 采种及种子贮藏：选择 50 年生左右的授粉良好、丰产性及抗逆性强、生长健壮的母树采种。当银杏果实外果皮由绿色转为淡黄色或橙黄色时进行采收，采后堆沤数天，待外种皮充分腐烂后，搓洗冲淘干净，置于通风阴凉处阴干。银杏种子忌曝晒和干燥，否则种仁严重失水而失去生命力；沙藏可促使种子完成生理后熟过程，有利于种子萌发。在干燥背阴处挖 50 ~ 60cm 深的沙藏坑，将晾干的银杏种子与干净的湿河沙按 1∶3 的比例拌匀，放入沙藏坑中，上盖 10cm 厚的粗河沙。沙藏期间，经常检查坑内湿度和透气情况。沙藏时间在河南地区 90 ~ 120 天。银杏种子因品种和产地不同，差异较大，千粒重变化为 1600 ~ 3500g。

(2) 催芽和播种：播种前半个月，从坑中取出混沙的种子，选择背风向阳处建造一南低北高的阳畦状催芽床，下面垫砖或草苫，以利透水透气，上铺混沙的种子，厚度以 20cm 为宜，种子上覆盖塑料薄膜。阴雨天或晚上要加盖草苫，以利保温，每 2 ~ 3 天翻动1 次，使上下受热均匀，并视情况适时补充水分。约经 10 ~ 15 天，当有 10% ~ 20% 种子露白时即可播种。播种时间以 3 月上、中旬为宜。播种采用平畦开沟条播，行距 25 ~ 30cm，点播株距 5 ~ 8cm，覆土厚度

3～4cm，然后稍加镇压。播后20～30天开始陆续出苗，银杏为子叶留土型。播种量40～50kg/667m^2。

（3）苗期管理：银杏苗出土后要加强田间管理。首先要加强水肥管理。在4～5月出苗期和苗木生长初期，由于苗木地上部分生长缓慢，但地下根系生长迅速，因此，要保证土壤水肥供应，施肥以复合肥为主；在6～8月苗木速生期，对水肥需求旺盛，施肥要以氮肥为主，辅助以磷钾复合肥；从9月上旬开始，苗木生长速度明显下降，肥料以磷钾复合肥为主，控制氮肥和水分，促使苗木木质化。其次要注意病虫害防治。在出苗期由于苗木根茎尚未木质化，非常容易受到地老虎、蛴螬等害虫的危害，防治不及时，极易造成缺苗断垄。可用50%的敌百虫可湿性粉剂按1∶100的比例拌麦麸或米糠制成毒饵，于傍晚时分撒入苗床进行诱杀。6～8月，河南地区高温多雨，银杏幼苗易发茎腐病，除要加强中耕除草、及时排水除涝，有效改善土壤通透条件外，还要每间隔10～15天喷洒1次甲基托布津、多菌灵等杀菌剂800～1000倍液，预防病害的发生。

2. 嫁接育苗

为保持优选品种的优良特性，或为了提早结果，多采用嫁接方法繁殖苗木。接穗多选用优良品种，20～30年生健壮母树的中上部2～3年生枝条，接穗长度20～30cm为宜，砧木选用1年生苗木、5～10年生苗木或大树高接换头均可，嫁接时间以春季雨水到清明前后为最好，这期间多用切腹接、插皮接等枝接的办法；也可于夏秋季进行芽接，成活率均可达到90%。

3. 栽培技术

根据用途不同，其栽培技术有很大差别。目前银杏最普遍的造林方式主要有果用林、叶用林、用材林和城乡园林绿化四种。

果用林以生产干果为目的，是银杏生产经营的传统项目，历史悠久。一般选用2～3年生的实生苗作砧木，以本地适生的优良品种作接穗进行嫁接繁殖。果用银杏园定植密度为50～120株/667m^2。定植时，适量配置雄株作授粉树是提高产量的有效办法。银杏树大多树势强健，枝条坚韧，因此在整形修剪上多采用开心形树冠，以拉枝为主，不宜重剪重修。要进行严格的水肥管理，定植时要施足底肥；以后每年要根据树龄和结实情况，分别于冬春季发芽前和5～8月生长季节增施1次有机肥和2～3次复合速效肥。配合施肥要适时灌溉，以保证树木正常发育。

银杏叶用林是近些年新发展起来的生产经营项目，也是银杏生产中见效快、收益高的项目，目前在国内外已得到广泛推广应用。一般用2年生实生苗，按40cm×100cm的株行距定植，每667m^2栽植1600株左右，在管理措施上，采用严格的集约化和规模化管理，以提高叶片的产量和质量。

银杏用材林以培养木材为经营目的。由于银杏生长缓慢，其生长速度与立地条件又有直接关系，所以，要首先进行优良品种的选择，要选择树形通直高大，生长速度较快，树体强健的优良单株作采种母树来培育苗木。其次，要选择地势平坦、土层深厚肥沃的沟谷、山前缓坡作为造林地，忌选阴坡、干旱瘠薄的山脊及严重水渍地作造林地，定植密度以30～40株/667m^2为宜，可植为纯林，也可与速生阔叶树种混交。

园林绿化栽培。银杏树姿雄伟高大，叶形奇特典雅，秋叶金黄一片，历来是深受人民喜爱的观赏树种，尤其是改革开放30多年来，用量越来越大，范围越来越广。由于银杏生长较慢，绿化一般用大规格苗木种植，胸径6～15cm不等。定植时间为秋末冬初的10～11月或春季2～3月。定植方法用带土球移植，由于银杏移栽缓苗期较长，树形恢复较慢，故一般要求带大土球，尽量不修枝或少修枝，以利尽快发挥防护及观赏作用。

【适生范围】

银杏生态适应性强，除黄河沿岸部分重盐碱地、黄淮南部部分低洼易涝的砂姜黑土地及豫南地区的低洼易涝地外，河南全省大部分地区均可种植，以伏牛山南坡、桐柏山和大别山的浅山丘陵区最为适生。

二、秦岭冷杉

〖别名〗杉松、陕西冷杉

〖学名〗*Abies chensiensis* Van Tiegh.

〖科属〗松科，冷杉属

秦岭冷杉为我国特有珍稀濒危植物，自然分布区狭窄，种群数量稀少。在1992年出版的《中国植物红皮书》第一册中，被列为渐危种；在1992年国家林业部发布的《国家珍贵树种名录》中，被列为国家二级珍贵树种；在1999年8月4日国务院公布的《国家重点保护野生植物名录》（第一批）中，被列为国家Ⅱ级重点保护野生植物。

【引种与开发价值】

秦岭冷杉是一种具有多种用途和科研价值的珍稀树种。其木材边心材区别不明显，材色黄白稍带微红，无正常树脂道，纹理通直，均匀细致，材质轻软，易于加工，切面光滑，不具气味，木材气干很快，但有轻度干裂和翘曲，耐腐性较差。是建筑、家具、电杆、板材和造纸的上好材料。

秦岭冷杉树姿挺拔，树冠塔形，枝壮叶浓，常年翠绿，具有极高的观赏价值，可作为城市园林绿化树种开发利用。

另外，秦岭冷杉球果可入药，称“松墨子”，具平肝息风、调经活血、止血、安神定志等功效。其枝、叶含精油1.74%。针叶含粗蛋白1.67%，总糖14.13%，还原糖1.99%，氨基酸8.15mg/100g，维生素C 55.0mg/100g，粗脂肪4.57%，粗纤维23.30%，在精油、食品、饮料、药物、保健品、饲料添加剂等生产方面，具有较大的开发潜力。

【形态特征】

常绿乔木，高达40m。枝轮生，有圆形叶痕，1年生枝淡黄灰色、淡黄色或淡褐黄色，无毛或凹槽中疏生细毛，2~3年生枝淡黄灰色或灰色。叶螺旋状着生，条形，扁平，基部扭转排成两列状，长1.5~4.8cm，宽3~4mm，上面亮绿，中脉凹下，下面有2条白色气孔带，中脉隆起。果枝之叶先端尖或钝，树脂道2个，中生或近中生，营养枝及幼树之叶先端微凹或2裂，树脂道边生。球花生于去年生枝叶腋；球果圆柱形或卵状圆柱形，长7~11cm，径3~4cm，近无梗，熟前绿色，熟时褐色，中部种鳞肾形，背面外露部分密生短毛，苞鳞长约为种鳞的3/4，不露出。种子倒三角状椭圆形，长约8mm，种翅倒三角形，宽大，上部宽约1cm，连同种子长约1.3cm。花期4~5月，球果9~10月成熟。

【地理分布与生境】

秦岭冷杉仅岛屿化分布于我国北亚热带与暖温带过渡地带的中高山地区，包括河南西部、陕西南部、湖北西北部、甘肃南部、四川北部等，秦岭南坡是该树种分布最集中的地方，以陕西宁陕及佛坪两县分布数量较多。垂直分布在海拔1350~2500m范围内。在各分布区多零星散生，很少能见到纯林。在河南，秦岭冷杉主要分布于鲁山石人山，内乡宝天曼，嵩县白云山，龙池曼，栾川老君山，灵宝小秦岭等地，多生于海拔1800~2400m的山坡及山脊两侧。

在自然群落中，秦岭冷杉主要散生于针阔叶混交林内。其伴生乔木有华山松、锐齿栎、坚桦、辽东栎、暖木、铁杉、千金榆、五角枫、血皮槭、红桦等；伴生灌木有秦岭小檗、六道木、桦叶荚蒾、钓樟、胡枝子、灰栒子、太白杜鹃、照山白、箭竹等；伴生草本有结缕草、阔叶苔草、藜芦、山牛蒡、鬼灯檠、糙苏、铃兰、阿尔泰银莲花、蕨类等。

【生物学与生态学特性】

秦岭冷杉喜温凉湿润气候，较耐寒冷。在河南小秦岭分布区，年平均气温8℃，1月平均气温约-3℃；极端最低气温-30℃。年均降水量900mm左右，年平均相对湿度80%~90%；全年无霜期仅约 140 天。秦岭冷杉喜土层深厚、肥沃、富含腐殖质的微酸性土壤，怕干旱瘠薄之地。在小秦岭天然分布区，秦岭冷杉主要生长于棕壤和暗棕壤上，其母质为花岗岩、片麻岩和灰岩等的风化物，pH 值 6.2～7.0，有机质含量 1.5%～4.7%。秦岭冷杉为较耐荫树种，天然分布的秦岭冷杉多生长于阴坡、半阴坡或山凹、谷底；幼苗及幼树耐荫，在林冠下、林窗地及灌丛中能正常更新和生长，10 年生以后逐渐喜光，在遮荫条件下不能生长或生长不良。

河南分布的秦岭冷杉，由于多生长于高寒山脊之处，环境恶劣，生长十分缓慢，且多偏冠或树体矮小。据灵宝小秦岭 133 年生解析木资料，树高 14.5m，带皮胸径 31.7cm，带皮材积 $0.617m^3$；内乡宝天曼 180 年生解析木资料，树高 12.6m，胸径 24.3cm，材积 $0.3050m^3$。而生长于陕西秦岭中心分布区的秦岭冷杉生长速度要快得多，如陕西宁西 84 年生解析木资料，树高 24.3m，胸径 63cm，材积 $2.7574m^3$；110 年生解析木，树高 30.4m，胸径 44.8m，材积 $2.5306m^3$。以上各个解析木测定时，均未达到数量成熟龄，说明秦岭冷杉是一种寿命较长的树种。

秦岭冷杉开始正常结实年龄在 25～40 年，大多成龄树不结实，只有少数生长在光照充足地段的成龄植株能够正常结实，而且结实量少，结实间隔期长，一般为 3～5 年。

【栽培技术】

1. 种子育苗

（1）采种与种子处理：选择树干通直高大，生长健壮，树龄 50～100 年生的大树作采种母树。9 月底至 10 月上中旬，当球果由绿色渐变为黄褐色，种鳞即将张开时应适时采种。球果采回后，先薄摊于通风干燥的室内 2～3 周，使种子完成生理后熟阶段，然后移到室外置阳光下曝晒，使种鳞张开，种子自动脱出，筛除种鳞、苞鳞和中轴等杂物，然后用手工揉搓去翅。种子千粒重 43.2g，每千克有种子 2 万～3 万粒。秦岭冷杉种子具休眠特性，冬季需在室外挖坑低温沙藏，可有效打破其休眠。

（2）育苗地选择与整地：秦岭冷杉为高山树种，应选择海拔

1000m 以上，阴坡或半阴坡，土层深厚、肥沃且排水良好的土地作育苗地。冬前深翻 1 次，深度约 30cm；开春浅耕细耙，结合浅耕每 667m^2 施全元素复合肥 50kg，或腐熟饼肥 250～300kg。每 667m^2 施入硫酸亚铁 10～15kg 进行土壤消毒。作成高床，床面高 10～15cm，宽 80～100cm，步道宽 30cm。

（3）催芽与播种：播种一般于春季 3～4 月进行。播种前先用 30～40℃温水浸种 1～2 天，每天换水 1～2 次，捞出控水，用 0.5% 的高锰酸钾溶液浸种消毒 2h，捞出后密封 0.5h，然后用清水冲洗干净。将消过毒的种子与湿沙混匀，置阳畦或日光温室内催芽，催芽温度以 15～25℃为宜，当种子裂嘴露白时即可播种。条播，行距 15～20cm，播幅 10cm 左右，播后覆土 1cm，并稍作镇压。然后支小拱棚或覆地膜。每 667m^2 播种量 250kg。

（4）苗期管理：播种后 20～30 天苗木出土，应及时撤除拱棚或地膜，随即搭荫棚或铺树枝遮荫，8 月底后撤除荫棚，炼苗过冬。秦岭冷杉幼苗生长缓慢，病虫害防治是育苗成败的关键。苗木出齐后，应每 7～10 天用代森锌 500～1000 倍液，50% 甲基托布津或多菌灵 800～1000 倍液喷雾 1 次，以防止立枯病的发生。如有虫害，可用辛硫磷等杀虫剂防治。根据苗木生长情况，6～8 月可施追肥 2～3 次，每 667m^2 每次追施尿素 3kg 即可，施肥后及时灌水。苗木越冬可用消过毒的锯末在行间覆盖 3～4cm，也可用玉米秸等覆盖。

当年生苗高 2.5cm 左右，地径 0.15cm。在圃需培育 3～5 年方可出圃造林。

2. 栽培及保护措施

秦岭冷杉是河南的珍贵乡土树种，资源稀少，如小秦岭保护区仅有 195 株。而且随着各保护区旅游业的发展及其他经济活动的开展，对秦岭冷杉的生存环境形成了严重的威胁，鲁山石人山、嵩县白云山等地枯死植株日渐增多，自然更新又严重受阻，种群已处于濒危状态，如不加以保护，将有在河南灭绝的危险。

（1）对现有天然群落进行定向抚育。采取人工干预措施，砍除部分华山松、桦木等非目的树种，为秦岭冷杉生长发育创造适宜环境。对成熟或过熟林分实行采育择伐或间伐，并进行必要的人工促进更新措施，以保证群落向有利于秦岭冷杉的方向演替。

（2）营造人工林，逐步扩大其种群数量。选择适宜的立地条件，进行规模化的育苗和造林。

（3）加强保护。将秦岭冷杉分布区划为重点保护区域，严格规范旅游及各类经济活动，减少人为因素对其生存环境的影响。

（4）加大科学研究力度。国内对秦岭冷杉的研究才刚刚起步，而且多停留在理论上，有必要就群落特征、生物学及生态学特性、人工繁殖及栽培等方面开展深入调查和试验研究，找出其致濒原因，早日解除其濒危状态。

【适生范围】

秦岭冷杉是新引种驯化树种，在陕西秦岭、湖北神农架已有一定面积的人工林，西安植物园也已成功引种栽培，生长表现良好。可以在河南伏牛山海拔 1000m 以上适宜立地条件下进行种植，也可以尝试逐步向低海拔地区引种，作为各大中城市的园林绿化树种。

三、金钱松

〖学名〗*Pseudolarix amabilis*（Nelson）Rehd.

〖科属〗松科，金钱松属

金钱松是我国特有的单种属植物。据化石资料推测，金钱松可能起源于白垩纪中晚期，曾广布于北纬33°~52°之间，经更新世冰川期后，各地金钱松相继灭绝，仅在我国长江中下游幸存下来，是古热带区系的典型残遗种。金钱松由 Robert Fortune 于 1853 年在我国浙江东部采到标本，于 1919 年由 Rehder 正式定名为 *Pseudolarix amabilis*（Nelson）Rehd.。在 1999 年 8 月 4 日国务院公布的《国家重点保护野生植物名录》（第一批）中，被列为国家Ⅱ级重点保护野生植物，在《中国植物红皮书》中被定为稀有种。

【引种与开发价值】

金钱松木材黄白色、浅黄褐色或黄褐色，边心材不明显，纹理直，结构粗，质脆，轻软，强度适中，耐腐，切削易，削面光滑，油漆及胶结性好，钉着力中等，是建筑、船舶、家具、纸浆及包装等优良用材。金钱松的根皮及近根皮药用，中药名土槿皮，性辛温，有毒，可止痒杀虫，主治手足癣、神经性皮炎，湿疹等。

金钱松树干通直，树姿优美，叶轮状排列，状如金钱，入秋变黄，美轮美奂，是世界著名的五大珍贵观赏树木之一。

金钱松是我国特有的单种属古老植物，对研究松科植物的系统发育、古生态、古气候等方面具有重要价值。

【形态特征】

落叶乔木，高达 40cm，胸径达 1m。树冠阔圆锥形，树皮赤褐色，呈狭长鳞片状剥离。枝有长枝和短枝之分，大枝不规则轮生，平展。冬芽圆锥状卵形，芽鳞先端长尖。叶条形，扁平柔软，在长枝上螺旋状排列，在短枝上 15～30 枚，辐射平展，簇生，呈圆盘状，长 2～5.5cm，宽 1.5～4mm，表面中脉不隆起，背面中脉隆起明显，有两条气孔带。雄球花簇生于短枝顶端，雌球花单生于短枝顶端。球果淡红褐色，卵形或倒卵形，直立，长 6～7.5cm，径 4～5cm，有短柄，当年成熟；种鳞卵状披针形，木质，基部心形，先端有凹缺，熟时脱落；苞鳞小，不露出。种子卵圆形，白色，连同上部宽大的种翅几与种鳞等长。花期 4～5 月，球果 11 月成熟。

【地理分布与生境】

金钱松零星分布于我国长江中下游各省的温暖地区，东起江苏宜兴、溧阳，浙江东部天台山、西北部的西天目山及安吉，福建的蒲城及永安；西至湖北西部的利川及四川东部的万县；南起湖南安化、新化、莲源；北至河南固始、商城，安徽霍山、岳西、黄山、绩溪等。在海拔高度上，自海拔 100～2300m 均有分布，常生长于海拔 1500m 以下的常绿阔叶和落叶阔叶混交林中，以海拔 1000m 以上生长较好。另外，作为绿化树种，金钱松目前已被世界许多国家和地区成功引种。

金钱松为亚热带树种，河南为其自然分布区的北缘。在河南商城旗架岭、固始武庙乡黄岭村山坡上有零星分布。自 20 世纪 60 年代始，河南大别山区各县林业单位，如信阳鸡公山林场、商城黄柏山林场、新县林场等对金钱松进行了多次引种栽培和试验，各引种点林木多生长良好，保存完整。

金钱松喜生于沟谷、山脚等土壤深厚之地，常见伴生树种有柳杉、榧树、枫香、紫楠、青冈栎，甜槠，绵槠等。

【生物学与生态学特性】

金钱松喜温暖湿润的气候和深厚、肥沃、排水良好的酸性或中性土壤，能耐短时低温，但不耐干旱瘠薄，也不耐盐碱及低洼涝渍。其分布区年平均气温为 13～17℃，最冷月（1 月）平均气温 2～5℃，最热月（7 月）平均气温 27～29℃，极端最低气温 －18～－15℃；年降水量 1200～1800mm；土壤为黄壤或黄棕壤，pH 值 4.5～6。金钱松为喜光性树种，幼苗稍耐庇荫。深根性，根系发达，抗风力强，枝条坚韧，抗雪压。

金钱松为生长速度中庸偏快的树种。10年生以下根系扩展迅速，但地上部分生长缓慢，10～30年生间生长速度最快，条件适宜年高生长可达1m，胸径生长可达1cm；30年后生长速度趋缓。江苏宜兴8年生金钱松，平均高6m，最高9.5m，平均胸径6cm，最大胸径达12cm。河南新县14年生金钱松，平均高9.0m，年均高生长量0.6m，平均胸径11.5cm，年均胸径生长量0.77cm；最大胸径16.2cm，最大树高15.0m，冠幅达6.5m，生长旺盛。

金钱松15～18年生开始开花结实，25年以后进入正常结实期，幼树球果内的种子多为秕粒。研究证明，从幼龄树（18～50年生）和大龄树（130年生）上采集的种子培育的幼苗长势均较差，故采种应选择50～100年生的壮龄树。

【栽培技术】

1. 苗木繁育

（1）实生苗培育：

①采种与种子贮藏：采种应选择50～100年生，生长健壮的壮龄树作采种母树。10月中下旬，当球果由青绿色转为黄褐色时应及时采收，过迟种鳞开裂与种子一起脱落。球果采摘后，堆放室内通风干燥处，使种鳞自然开裂后，抖出种子，揉去种翅，筛除秕粒和细粒种子，堆放室内通风处阴干后装袋低温干藏。丰年球果出种率高，可达16%～20%，种子千粒重40～50g，每千克种子有2万～2.5万粒，发芽率可达75%；歉年则出种率低于10%，千粒重低于30g，发芽率不足30%。

②播种：金钱松为菌根性树种，育苗地在播种前最好用金钱松林下原菌根土接种。播种于3月上中旬进行，先将种子用1%的40℃烧碱水搓洗脱脂，用清水冲洗干净后，再用30～40℃的温水浸种1昼夜，捞出控水待播。采用开沟条播，行距20cm，开沟深3cm，宽5～7cm，沟底铺菌根土约1cm，播后仍用菌根土覆盖1～2cm。播种量15～17kg/667m^2。播种2周后开始发芽，30天内出齐苗。

③苗期管理：苗木出土后要及时遮荫。高温季节应适时浇水，

经常保持苗床湿润，以利菌丝繁殖，促进苗木生长。在4～6月苗木未木质化前，易发生立枯病，应每间隔7～10天用多菌灵、甲基托布津等喷雾预防1次。1年生苗高可达10cm左右，2年生苗高可至30cm以上，产苗量8万～12万株/667m^2。

（2）扦播育苗：扦播育苗可于秋季10～11月进行，也可于春季2～3月进行，从生长健壮的幼龄母树上采集插穗，插穗长10～15cm，顶端应有3～5个饱满芽，剪好后用浓度为50mg/kg的ABT生根粉1号溶液浸泡插穗下部10～12h，随即扦插。插后在插床上扎拱棚覆膜，以利保温保湿，再在拱棚上搭遮阳网。苗木发芽生根后逐步撤除遮阳网，增加光照，促进苗木生长。

（3）嫁接育苗：金钱松嫁接繁殖主要用于建立良种无性系种子园，嫁接时间宜于春季3～4月芽苞即将萌动时进行。从10年生以下优良母树上采集1～2年生健壮枝条作接穗，选用5年生金钱松种子苗作砧木，主梢、侧枝均可嫁接，但最好在1年生枝条上嫁接，成活易，长势旺。用贴枝接或削芽接法均可。操作得当，成活率可达70%，当年抽生新梢可达40～50cm，最长可至1m以上。

2. 栽培技术

金钱松栽植时间于秋末冬初的10～11月或春季2～3月均可。山区造林用2～3年生苗为宜。株行距1.7～2m，每667m^2栽植200～240株。栽植时苗木要带土球，要有菌根土，这是苗木生长和成活的关键。加强抚育管理，6～7年可郁闭成林，15年生时可第1次间伐，每667m^2保留120～150株；20～25年生时可进行第2次间伐，每667m^2保留60～80株。约50年为1个轮伐期。

城乡园林绿化用苗，应培育成胸径3～5cm的大苗，移栽时也必须带土球进行。

【适生范围】

河南大别山区是金钱松分布的最北边界，从近几十年大别山各县对金钱松的引种效果来看，大部分生长发育良好，能正常开花结实，林下或林缘也可见到自然更新植株。另据报道，金钱松已引入陕西延安、山东泰山、北京等北方地区，其生长发育正常，充分说明该树种对生态环境有较强的适应性。因此，金钱松可以在大别山、桐柏山和伏牛山南坡中低山及丘陵地区适生立地下进行山区造林，也可以培育大苗尝试在全河南省城市园林绿化中应用。

四、白皮松

〖别名〗三针松、白骨松、蛇皮松、蟠龙松、虎皮松

〖学名〗*Pinus bungeana* Zucc. ex Endl.

〖科属〗松科，松属

白皮松是我国特有树种，也是东亚唯一的三针松，是起源比较古老的松属植物。白皮松经济及观赏价值高，生态适应性强，历来是我国西北、华北地区山区造林和城市园林绿化的优良树种。由于天然分布范围狭窄，野生资源稀少，在2005年1月4日河南省人民政府公布的《河南省重点保护植物名录》中，被列为河南省重点保护植物。

【引种与开发价值】

白皮松因树皮灰白而得名。其树形美观多姿，苍翠挺拔，树皮斑驳，别具特色，是华北地区城市和庭园绿化、美化的著名树种。其木材有很高的利用价值，边材黄白色，心材黄褐色，纹理细而均匀，质地较轻（气干容重0.486g/cm^3），年轮明晰，略有松脂气味，具有光泽，花纹美丽，加工容易，且经久不腐，多用作建筑板材，是制作家具、文具的上等材料。但因其生长缓慢，资源太少，木材极其珍贵。种子可食或榨油。球果壳入药，群众多用其煮水治哮喘。

【形态特征】

常绿乔木，高达30m，胸径达3m。主干明显或从树干近基部分为数干，树冠圆锥状卵形或圆头形。幼树树皮灰绿色，平滑，长大后树皮呈不规则片状剥落，内皮淡黄绿色，老皮淡褐灰色或灰白色，常黄、绿、褐、白相间呈斑鳞状。1年生枝灰绿色，光滑无毛。叶3针一束，粗壮，长5～10cm，边缘有细锯齿，树脂道4～7个，边生，或偶有边生与中生并存。球果卵圆形或圆锥状卵形，长5～7cm，径

4～6cm，熟时淡黄褐色；种鳞鳞盾多为菱形，有横脊，鳞脐背生有向外弯曲的刺。种子大，褐色，卵形，长约1.2cm，宽约0.7cm，具翅，翅长约0.6cm。花期4～5月，球果翌年10月成熟。

【地理分布与生境】

白皮松为我国特有树种。分布于山西、陕西、甘肃、河南、湖北、四川等省。在河南产于太行山和伏牛山，生于海拔800～1500m的石灰岩山地，耐干旱瘠薄。近年河北、北京、山东、辽宁南部、江苏、浙江等地均有栽培，北京应用广泛。

【生物学与生态学特性】

白皮松主要分布于我国中部偏西北地区，耐干旱瘠薄，适应性强，对海拔高度要求不严格，海拔100～1700m都能生长。白皮松多天然分布在气候冷凉的石山上，但在土层深厚、肥沃的钙质土或黄土上生长良好。能耐－30℃的干冷气候，在pH值7～8的土壤上生长良好。可在石灰岩地区正常生长，而在排水不良或积水地方不能生长。

白皮松属喜光树种，幼时稍耐荫。深根性，寿命长，可达数百年之久。沁阳的神农山和济源的深山区有大树生长。伴生乔木树种有华山松、槲栎、锐齿栎、五角枫、鹅耳枥、橿子栎、辽东栎等；灌木树种主要有连翘、多种荚蒾、六道木、照山白、栒子、溲疏、绣线菊、悬钩子、胡枝子等；草本植物主要有羊胡草、隐子草、苔草、唐松草和菊科草类。

白皮松实生苗及幼树生长十分缓慢。自然状态下1年生苗高生长仅3cm，2年生苗高5～10cm，4～6年生苗高10～30cm，10年生生长良好者可达1m；人工种植在条件好的地方，两年后生长加快，4～6年生苗高50～90cm，10年可达2m。

【栽培技术】

1. 采种和种子处理

选择20～60年生的生长快，干形好，抗性强的树木作为采种母树。当9～10月球果由绿色变黄绿色时即可采种。将采收的球果放在通风处，摊开晾晒，每天翻动1～2次。果鳞开裂时，轻轻敲打，种子全部脱出后，风干、去杂、贮藏。100kg 鲜球果可得净种 5～8kg，每千克有种子 6000～7200 粒。

白皮松种子发芽势差，播种前需催芽。将精选贮藏的种子于上冻前混湿沙 3～5 倍搅匀置于沙藏坑中常规沙藏。在 2 月下旬将种子连沙挖出，堆在背风向阳处，盖上薄膜催芽，经常上下翻动，以使种子受热均匀。每次翻堆时适当喷水并覆少量纯沙，避免种子外露。结合翻堆检查种子萌发情况，有 20% 的种子开裂发芽时播种最好。

2. 育　苗

白皮松育苗地应选择排水良好、有灌溉条件、地势平坦、土层深厚的砂壤土或壤土为好。重黏土、盐碱土或低洼积水的地方不能选作育苗地。

适当早播可减少松苗立枯病危害，以土壤完全解冻后播种最为适宜。

白皮松怕涝，应采用高床或高垄播。播前浇足底水，每 667m^2 用种子 70～100kg，可产苗 5 万～10 万株。按行距 30cm 开沟深 3～5cm，播后覆土 1.5～2.5cm，要求苗床表土平整，没有土块，上面可再覆 1cm 的湿锯末，可起保湿、保温和防板结作用，雨季避免表土飞溅，影响幼苗发育。播种后盖弓形塑料薄膜，能减少灌水，提高发芽率。待幼苗出齐后，逐步加大通风时间直至全部去掉。当年要多次浇水除草，或在杂草未出土之前，每 667m^2 喷 25% 的除草醚 0.5～1.0kg 或 50% 的西玛津 150g（兑水 60～150kg）喷与行间，连喷 2～3 次即可达到除草之目的。2 年生苗可以移植，移植过程中要保护好根系，避免吹干、损伤，随掘随栽，栽后踏实浇水。幼苗宜密植，株行距 10cm×25cm，培育 2 年即可用于造林。如培育大苗，株行距为 30cm×50cm，培育 3 年后带土进行第二次移植，株行距根据培育苗木规格要求而定。

现在一般都用营养钵育苗，初次育苗的营养钵的规格为 4.1cm×12cm，第 2 年春季、雨季均可移栽，成活率很高。

3. 造　林

白皮松多栽于公园、庭院和街道，作为绿化观赏和行道树种，均用大苗带土栽植，用草绳缠绕固土。如胸径大于12cm时，则用木板夹固根部移植。庭院绿化和行道树株距3~5m；山地造林多用3~5年生苗，株行距2m×2m，但最好用2年生营养钵苗，预先按鱼鳞坑式整好地，坑面50cm×50cm，呈反坡式，坑的规格为30cm×30cm×30cm，早春有墒时或雨季及时栽植。栽后每年抚育2~3次，连续抚育3~5年。

4. 主要病虫害防治

（1）松苗立枯病：对白皮松1~2年生幼苗危害最为严重，应提早预防。

（2）种蝇：播种后要注意种绳幼虫危害幼苗，所需基肥必须充分腐熟碾碎。

（3）松大蚜：危害苗木内枝和针叶，易招致黑霉病，影响苗木生长，造成树势衰弱，甚至死亡。松大蚜一般在冬季以卵在松针上越冬，翌年4月上旬为孵化盛期，一直危害到10月。防治方法：可在危害初期喷50%辛硫磷乳剂，每千克药加水2000kg。

【适生范围】

白皮松为河南省乡土珍稀树种，可以用于山区造林和城乡园林绿化。在山区，应选择海拔500~1000m的中低山区适宜立地条件下造林，特别适合豫西、豫北干旱石质山地的生态造林；在城市园林绿化中，应注意小环境的选择，应避开干热、高燥之处；白皮松对二氧化硫及烟尘的污染有较强的抗性，故也可以用于矿区及厂区绿化。

五、华山松

〖别名〗五针松、白松

〖学名〗*Pinus armandi* Franch.

〖科属〗松科，松属

华山松是我国西部中山、亚高山地区主要的森林树种之一，系第三纪孑遗植物，起源古老，有重要的科学研究价值。在2005年1月4日河南省人民政府公布的《河南重点保护植物名录》中被列为河南省重点保护植物。

【引种与开发价值】

华山松是我国中西部和西南部的重要用材树种。木材心边材区别明显，重量轻、纹理直、易加工，材质优良，是建筑、家具、细木工、雕刻等的上等材料。华山松树体高大挺拔，枝舒叶翠，冠型美观，是庭院和道路绿化的优良树种，在北京应用广泛。华山松经济价值比较高，种子含油42%，食用和工业用，还可炒食；树干能割取松脂，树皮可提制栲胶，针叶综合利用可提制芳香油、制隔音板、造纸和制绳索。华山松是天然林的主要组成树种之一，处于森林正向演替的重要阶段，在研究森林自然演替方面具有重要的科研价值。

【形态特征】

常绿乔木，高达35m，胸径达1m。树冠阔圆锥形。幼树树皮灰绿色或淡黄色，平滑；老年树皮裂成方形或长方形厚块片固着树上。小枝绿色或灰绿色，无毛。叶5针1束，长8~15cm，质柔软，边缘有细锯齿；树脂道多为3个，中生，或背面2个边生，腹面1个中生；叶鞘早落。球果圆锥状长卵形，长10~20cm，径5~8cm，下垂，成熟时黄色或褐黄色；种鳞张开，鳞盾边缘不反曲或微反曲，种子脱落。种子倒卵圆形，长 1～1.8cm，黄褐色、暗褐色或黑色，无翅或两侧及顶端具棱，稀具极短的木质翅。雄球花于 4 月上旬出现在嫩枝基部，4 月下旬大量开放撒粉；雌球花多在 4 月中旬出现在新梢顶部，一般在 4 月底 5 月初授粉。授粉后雌花体积并不显著增大，直至翌年 2 月下旬才开始发育，9 月中旬大部球果成熟，10 月初种子开始脱落。在同一地区的不同年份以及同一年份的不同植株，其物候期也可相差 10～15 天。

【地理分布与生境】

华山松的水平分布较广，约在北纬 23°30′～36°30′，东经 88°50′～113°之间，主要分布于山西南部、河南西部及北部、陕西秦岭以南、甘肃南部、湖北西南部、四川东部、贵州中部、云南中部、西藏等地，其中心分布区在川、滇、黔山地，秦巴山地和秦岭南坡，往往形成大面积的华山松林。垂直分布在海拔 1000～3000m 的山坡或山脊，其垂直分布有自东北向西南方向逐渐增高的趋势。

华山松在河南主要分布于豫西嵩山的登封，伏牛山区的灵宝、卢氏、嵩县、栾川、西峡、内乡、南召，豫北太行山区的济源等县、市，多生于海拔 1200～2300m 的山坡上，尤以悬崖和山脊两边为多。华山松在河南省的一些山区县已有较长的人工栽培历史，尤其是建国 60 年来，栾川、嵩县、卢氏、济源等地均营造有大面积的华山松人工林，且大多林相整齐，生长良好。在其自然分布区之外，近年来在北京、山东、陕西、江西、辽宁等地都有试验引种，不少地区取得成功。

华山松在河南中山区的群落组成，随立地条件的变化差异较大。在海拔较高的陡坡及山脊上，华山松的伴生树种主要有喜光、耐寒、抗风的槲栎、辽东栎、卫矛、杜鹃、箭竹、六道木等；在斜坡上分布的华山松伴生树种主要有山杨、白桦、红桦、椴树、五角枫、千金榆、连翘、胡枝子等；在山沟、谷底及平缓山麓分布的华山松伴生树种则为水曲柳、栓皮栎、麻栎、五角枫、漆树、五味子、胡颓子等。

【生物学与生态学特性】

华山松喜温和、凉爽、湿润的气候，高温及干燥是限制其分布的主导因素。华山松的自然分布区属于较高寒地带，年均温一般在15℃以下，年降水量600～1500mm，年平均相对温度大于70%。不同的水热状况对华山松的生长有很大影响。在太行山比较干燥的海拔800m以下生长的华山松，就远不如在海拔1500m左右比较温凉湿润的地带生长得好。华山松比较耐寒。在其分布区南部，－10～－7℃的低温对华山松生长没有不良影响，在其分布区北部，甚至可耐－35℃的绝对低温。但在某些地区冬季雪害、凌害（冰挂）严重，引起华山松大量折枝断梢，在一定程度上影响了它的发展。

华山松属喜光树种。幼苗稍耐庇荫，能在林冠下更新；在气候不过于干燥时，也能在全光下生长；幼苗随年龄增大而对光照要求逐渐增强，6～10年生以后在上方遮荫下，生长几乎停滞，连年高生长量仅为全光下的七分之一。而侧方遮荫有利于高生长及干形发育。

华山松对土壤要求不严，能适应酸性至中性土壤。在山地褐土、森林棕壤、山地红黄壤、红色石灰土及草甸土上均能生长，其中以在深厚、湿润、疏松、微酸性的森林棕壤及草甸土上生长最好。华山松对土壤水分条件的要求比较严格，特别是在其分布带的下限及比较干燥的地区，必须有充分的土壤水分供应才能使它正常生长。所以，在这些地区，华山松往往只分布在阴坡、半阴坡的下部及山洼地段。从多年的引种结果看，华山松在排水不良的潜育土、盐碱地及干旱瘠薄的石灰性土壤上均生长不良，甚至枯萎死亡。

华山松在针叶树种中是生长比较迅速的一个树种，寿命也比较长，可达300年左右。在河南分布区的自然条件下，其材积数量成熟龄约90～100年。华山松高生长在幼龄时比较缓慢，50年后进入高生长旺盛期，随后逐渐下降；胸径生长20年前较缓慢，20年后逐渐加快，到50年左右达到高峰，连年生长量可达0.5cm，此后缓慢下降，100年生时连年生长量仅0.2cm；材积生长量50年前极其缓慢，而后渐快，70～80年时出现第1次生长高峰，120年时出现第2次生长高峰，连年生长量与平均生长量曲线相交于95年左右，但生长仍呈上升趋势，说明华山松为寿命长、潜力大的树种，可培育成大径材。华山松正常开始结实年龄为12～18年，林分内大部分林木在25年生左右开始结实。30～60年间为结实盛期，有的100年生树仍结实累累，未见衰退。种子大小年间隔期一般为3～5年。阳坡、半阳坡的华山松结实多，种子品质好。

华山松的根系较浅，但可塑性大，主根不明显，侧根、须根均发达。并像其他松树一样有菌根菌共生，菌根对于华山松的营养吸收及生长发育具有重要意义。在新环境中栽培华山松时，应注意菌根菌的接种问题。

【栽培技术】

1. 种子育苗

（1）采种与种子贮藏：华山松球果在9～10月成熟。果实成熟时由绿色变为绿褐色或黄褐色，应经常观察及时采收。否则球果成熟后，鳞片逐渐开裂，种子容易散落。球果采回堆放5～7天后摊开曝晒3～4天，待果鳞大部分张开，经翻动敲打，种子即可脱出。脱出的种子不能曝晒，要及时剔除空粒杂物，阴干后装入麻袋贮藏在阴凉通风的地方。在秋雨多的地区，可用人工加热干燥的方法取种，但要注意加热的温度不可太高。

华山松的球果出种率约为8%，每个球果一般有种子80粒左右，最多120粒，少者也有30多粒。种子千粒重250g左右。种子当年发芽率可在85%以上，隔年种子发芽率常下降严重。如需长期保存发芽能力，要用密封贮藏法。

（2）苗圃地选择：苗圃地要选择土壤疏松、微酸性、排水良好的砂壤土为宜，切忌盐渍土。近期种过玉米、棉花、豆类、马铃薯等农作物和蔬菜的地方因杂菌太多，一般不宜选作华山松育苗地。目前造林上多选用山地就近育苗。山地育苗方法简单、省工、病虫害少，而且就近起苗造林，减少运输，能提高成活率。山地育苗应选择阴坡或半阴坡，地势较平缓，土层较深厚，排水良好的生荒地，如果是坡地要按等高线带状整地作床。鼠类活动猖獗之处要加强灭鼠工作。

（3）整地筑床：育苗前一年秋天将苗圃地深翻25～35cm。灌木杂草要清除堆烧，以增加土壤中的养分，减少病虫害。草根石块应捡除，然后按地形作床。山坡上可开成小块反坡梯田，宽1m；易积水的地方，可筑成高床。

（4）种子处理：未经处理的华山松种子，一般在播后要经3～4周才能发芽出土。为了加速其发芽过程，减少发芽期的损失（鼠害等）及管理费用，通常在播前进行催芽处理。催芽方法常用的有以下几种：①冷水浸种3～7天（浸种期间要换水，下同），浸后可用消石灰拌种，预防猝倒病，并促进苗期生长。②温水浸种，50～60℃温水浸种至自然冷却，或70～80℃温水浸种10～15min后兑一半冷水，再浸5～7天后播种，但每天要换水1次。③冬季种子混沙层积，播前取出催芽7～10天，每隔3～5h用40℃温水浇喷1次可加速催芽。除催芽外，华山松种子在播前还常用农药拌种以防止鸟兽害。

（5）播种：华山松种皮厚，发芽慢。适当早播可以提高苗木抗病、抗日灼能力，促进苗木生长。太行山地区多在4月上中旬播种。如果春天干旱严重，也可以避开春旱，在5月末及6月雨季来临前播种，苗木当年能木质化，并可安全越冬。华山松育苗条播、撒播均可，以条播为主，条距20cm左右，播幅5～7cm，覆土厚度2～3cm。播种量按种子质量及成苗的规格而定。以每667m^2产苗20万～25万株为目标，则每667m^2播种100～125kg。播种要均匀，覆土深浅要掌握好，最好用火烧土盖种，播后还要覆草或松针。

（6）苗期管理：幼苗出土前要注意保持土壤湿润，出苗后及时撤除覆盖物。种壳脱落前要注意防鸟害和鼠害。除个别干旱地区外，一般可在全光下育苗，不必搭荫棚。松土除草同一般育苗技术要求。山地临时苗圃通常不施追肥；固定苗圃育苗，为使苗木当年能达到出圃标准，可在苗木生长前期追施氮肥。幼苗出土后，易感染猝倒病，除采取预防措施外，可每隔10天喷1次等量式波尔多液或0.5%～1.5%硫酸亚铁溶液。喷药时要注意喷在苗茎下部，并将表土喷湿，以消灭土内病菌。

2. 造林技术

（1）造林地选择：选择造林地时要注意小气候及土壤水分两个关键条件，海拔高度要适当，坡向以阴坡、半阴坡为主。华山松引种地区更应根据华山松的生物学特性慎重选择造林地，同时还要注意种源选择。因华山松分布广，必然产生许多不同的地理生态类型，具有不同的生态习性。

（2）造林密度和混交：华山松天然更新幼林就有密集丛生的特点，栽植太稀不利幼林生长，故造林的初始株行距，生产上多采用1m×1.5m或1.5m×1.5m。出于防火和预防病虫害的需要，对营造华山松混交林有迫切要求，可采用栽针保阔的做法，在林地上保留部分栎类、槭、椴、桦、山杨等幼树，使之与华山松形成混交林。对没有阔叶树的荒山要直接营造混交林。

（3）造林方法：华山松造林采用播种造林及育苗造林两种方法。播种造林对造林地要求较高，应选择阴坡、半阴坡，土壤较湿润、植被较茂密的地方造林。播种季节因地而异，北方林区及有冻拔危害的高寒山区以春播（3~4月）为主；在干湿季分明的地区，可在雨季来临前的5月播干种子，也可在雨季来临后的6~7月播种。播前一般进行宽30~40cm，深15~20cm的块状整地（每穴播4~6粒种子），每667m^2用种1~2.5kg不等。也有带状整地（水平沟、反坡梯田）进行穴播的，每667m^2用种2.5~4kg。用这种方法造林，华山松的保存率高，生长好，可在地形平缓地方推广。鸟兽害是对播种造林的最大威胁，要采用各种措施进行预防。

凡不宜于直播造林的地方，可采用植苗造林。北方多采用2年生苗春季造林，如加强幼林抚育，用1年生壮苗也能取得较好效果。雨季造林用春育雨栽的百日苗，成活率较高，也可在第二年雨季用头年春季育或雨季育的1年至1年半生苗，效果也较好。华山松苗的栽植技术要求与其他松树类似，如要注意保护苗根，栽时防止窝根，分层填土踏实等。

（4）抚育管理：

①幼林抚育：华山松造林后每年应进行松土除草1~2次，松土

结合培土，除草要逐年扩大穴面。在一般情况下抚育3年，有条件时可抚育至幼林郁闭。影响幼树生长的杂灌藤条，应及时清除。

②成林抚育：幼林郁闭后，树干下部出现1～2轮枯枝时，即可进行修枝，一般修枝后树冠高度不要小于树高的2/3，随着树龄增大，逐渐使冠高相当于树高的1/3～1/2。在交通不便，劳力缺少，不缺乏烧柴的地区，可利用华山松在密林中自然整枝良好的特点，不必进行人工修枝。如在济源鳌背山，18年生华山松林平均高9.2m，最高14.7m，平均胸径10.9cm，最大15cm，每667m^2平均450余株，林木自然整枝良好。

③抚育间伐：华山松在进入幼林阶段后，自然分化和自然稀疏强烈，必须及时进行抚育间伐，以改造林地环境，促进林木生长，提高林木质量。根据初期造林密度大小，第一次间伐应在10～15年生时就开始进行，间伐方法以下层抚育伐为主，也要伐去个别压抑邻近树木生长的“霸王树”。间伐强度第一次伐去原株树的40%，间伐间隔期一般为5～7年，中龄林后可延长到7～10年。

（5）采伐更新：华山松人工林生长迅速，成熟后应及时进行采伐更新。采伐年龄一般为41～50年。采伐方式主要为小面积皆伐，采育择伐、间伐等。采伐后应贯彻“人工更新为主，人工更新和天然更新相结合”的方针，及时进行森林更新，使更新幼林在6～10年内达到郁闭成林。

总之，华山松人工林的生长发育分为幼苗期、幼树期、幼林期、成林期、中龄期和成熟期六个阶段：①幼苗期：5年生以前，地上生长缓慢，年平均高生长10～20cm，根系发展较快，超过树高，根幅也大于冠幅。②幼树期：5～10年生。树高生长逐年加快，年生长量0.4～1m。林分尚未郁闭和分化。③幼林期：11～20年生。林分逐渐郁闭，林木高生长达到高峰，年生长量一般为0.6～1m，立地条件好的常达1m以上，林木开始分化，进入自然稀疏阶段，应在15年生时进行第一次抚育间伐，主要清除弯、病、弱小等生长不良木和过密木。④成林期：20～30年生左右。树高生长逐渐停止，胸径生长逐渐加快，如果疏密合理，年生长量可达1cm。林分自然稀疏分化激烈，20～25 年生时进行第二次抚育间伐，每 667m^2 保留 150～200 株。能出一些小径用材。⑤中龄期：30～40 年生左右。进入了胸径生长的旺盛时期，年生长量 1.5cm 左右。材积生长迅速增加，每 667m^2 每年平均生长量可达 1m^3。⑥成熟期：40 年生以后，胸径生长开始下降，材积生长仍在增长。多数林木胸径已达 25～35cm，即达到民用建筑材成材标准，除少数继续留育大径材外，可逐年进行主伐。

（6）病虫害防治：华山松病虫害不太多，主要有华山松大小蠹，是毁灭性虫害。被害状：侵入口聚集成漏斗状，流出松脂，母坑道为单纵道，长达 50～60cm。防治办法：一是营造混交林；二是经常清除病腐木、枯立木、枯倒木，保持林内卫生，一经发现及时清除烧毁；三是药物防治。还有松稍螟，又名钻心虫，主要危害 15 年生以下幼树。防治办法：一是营造混交林；二是及时剪去被害稍集中烧毁；三是成虫羽化盛期和幼虫初孵期，用敌敌畏、乐果喷洒。

【适生范围】

华山松是中高山树种，喜冷凉湿润环境，在河南可以作为伏牛山、太行山海拔 800～2000m 区间适宜立地条件下的造林树种进行发展；也可以培育大苗，逐步尝试在低海拔地区造林或在城市园林绿化中应用，只是要严格选择造林地。

六、大别山五针松

〖**别名**〗安徽五针松、大果松

〖**学名**〗*Pinus dabeshanensis* Cheng et Law

〖**科属**〗松科，松属

大别山五针松为我国特有的珍稀濒危树种之一。该树种于1956年由安徽农学院张传琪先生在安徽岳西县鹞落坪（海拔900m）首次发现，后由树木学家郑万钧先生鉴定并定名。在1992年国家林业部公布的《国家珍贵树种名录》中，被列为国家二级珍贵树种；在1999年8月4日国务院公布的《国家重点保护野生植物名录》（第一批）中，被列为国家Ⅱ级重点保护野生植物。

【形态特征】

常绿乔木，高达25m，胸径达70cm。大枝轮生开展，树冠呈塔形；幼树树皮淡灰褐色，光滑，中龄后树皮纵向浅裂，成不规则小方块形薄片状脱落，淡棕色。1年生枝淡黄色或微带褐色，被薄蜡层；2~3年生枝灰红褐色。叶5针1束，螺旋状密生于1~2年生小枝上，长5~14cm，径约1mm，柔软微弯曲，边缘有细齿，腹面每侧有4条灰白色气孔线，树脂道2个，边生于背部。球果较大，圆柱状椭圆形，长9~16cm，径5~8cm，下垂，略向前倾，宿存，成熟时淡黄褐色，种鳞张开，种子脱落；种鳞鳞盾扁菱形，稍肥厚而隆起，两边及先端明显向外反卷，有光泽，鳞脐不显著。种子倒卵状椭圆形，较大，长1.4~1.8cm，淡褐色，上端具短的木质翅，种皮较薄。开花期4~5月，球果于翌年9~10月成熟。

【引种与开发价值】

大别山五针松为我国特有的珍贵用材树种。大别山五针松木材结构较细致，有光泽，材色花纹美观，硬度中等，材性稳定，易加工，不易开裂翘曲。由于抗弯和抗拉强度偏低，该树种不易作大型建筑和屋梁用材，而适宜作门窗、高级家具、室内装修、铸造木模、造船、军工、玩具、火柴、造纸、雕刻、乐器、包装等用材。

大别五针松树形高大挺拔，树干通直圆满，针叶翠绿，是优良的观赏树种。大别山五针松还是制作盆景的好材料。利用种子苗或以黄山松作砧木嫁接繁殖，经过矮化和整形，可制作直干式、曲干式、悬崖式等盆景，彰显郁郁苍苍，生机勃勃，瘦叶如针，梳风掩翠的艺术氛围。

大别山五针松仅出现在我国南北植物区系交汇过渡的大别山区，是松类树种地理分布的特殊现象，对植物演化发展，尤其是对松科树种的起源与演进有较高的研究价值。

另外，其树皮含单宁，可提取栲胶；针叶可提取芳香油；种子榨油可食用或工业用。

【地理分布与生境】

大别山五针松是我国大别山区特有树种，仅局限分布于安徽、河南、湖北三省交界的大别山腹地的中山地带。在安徽主要分布在皖西的岳西县和金寨县，以岳西县茅山乡大王沟及美丽乡鹞落坪等地分布最为集中；在湖北主要分布于鄂东的英山县和罗田县；在河南仅见于信阳商城金岗台自然保护区。其分布的地理范围为东经115°24′～116°21′，北纬30°44′～31°43′。其分布多呈零星散生状态。范围窄小，数量稀少，是一濒临灭绝的残遗树种。

大别五针松自然分布区位于亚热带北缘，其分布海拔高度在900～1400m之间，气候温凉湿润，一般峰峦重叠，山势陡峻，坡度多为30°～40°，母岩多为花岗岩和花岗片麻岩，土壤为山地棕壤及山地黄棕壤，pH值5.0～6.0；年平均温度14.5℃，平均降水量1500mm左右，每年5～8月为雨季，阴晴无常，多云多雾。

我们在商城金刚台自然保护区调查时，在该保护区扁脸峰发现大别五针松群落，群落地理位置为东经115°33′，北纬31°43′，海拔高度1150m，坡度55°，坡向北偏东30°，岩石裸露度50%。在400m^{2}范围内，有大别五针松4株，胸径分别为：48cm、10.8cm、

19.1cm、9.6cm。最大的一株生长于坡上部一个5~6m高悬崖的石缝中，基生2大枝，1直生，1横生，径粗均在30cm以上，直生枝于2.5m处于20世纪80年代被人砍断，现仅留横生枝和直生枝上的2条侧枝，每年结果不断。3株较小的分别位于大树的正下方和左下方20m范围内，为幼龄树，生长健壮。从分布情形看，该3株幼树应为上方大树自然下种更新长起来的。该群落以大别五针松和黄山松为优势种，其他伴生乔木还有毛栗、君迁子、灯台树、吴茱萸、野山樱等；伴生灌木主要有楤木 、华山矾、盐肤木、短柄枹、红果山胡椒、苦枥、宜昌荚蒾，连翘、葛萝槭、房县槭、甘橿、野珠兰、映山红、栒子、榛子、香荚蒾 、绿叶胡枝子、山莓等；伴生草本有薦草、异叶败酱、马蔺、山麦冬等。

【生物学与生态学特性】

大别五针松喜温凉湿润气候，但从引种地情况看，幼苗对低海拔（330m）的湿热气候条件也能适应。喜土层深厚、湿润、肥沃和排水良好的酸性土壤，如自然分布的大别五针松大多分布于半阴坡或溪沟附近，而个别植株虽可生长于干燥瘠薄的悬崖缝隙或山脊附近，但其长势却很差，生长缓慢。大别五针松为中性偏喜光树种，其幼龄期较耐庇荫，能在林下或灌木丛中生长，到成龄期后则需要充足光照，如被大树遮盖，则生长受抑，不能正常开花结果，且干形不良。

据记载，大别山五针松在安徽岳西县自然分布区的物候如下：树液开始流动期在3月中下旬，芽子膨大期在3月下旬，芽子展开期在3月底到4月上旬，新梢开始伸长期在3月底到4月底，新梢快速生长期在4~6月底，新梢停长顶芽形成期在7月。开花期为4~5月，球果成熟期在翌年9~10月。

自然分布的大别山五针松，树高生长5年前较缓慢，5年后高生长明显加快，25年生后出现生长高峰，生长高峰期持续时间长，有时从25年后至50年生前一直在快速生长；在年生长周期中，4~7月为其生长旺盛期。胸径生长10年生以前十分缓慢，10年生以后逐渐加快，年平均生长量可达0.4~0.8cm，在35~40年生时，达到最大值，而后逐渐下降。在立地较好的条件下，50 年生的大别山五针松树高可达 20m，胸径可达 50cm。

野生状态下的大别五针松约 20 年后开始开花结实，大小年比较明显，一般结实间隔期 1～3 年，正常年份结实量少，种子空秕粒多，有仁率约 50% 左右，有些年份有仁率尚达不到 20%。利用嫁接法繁育的大别五针松苗木，嫁接后培育 6 年即可开始开花结果，比天然实生苗早 10 多年。

在河南商城县金刚台乡育苗户，从 2003 年开始，人工用种子繁育大别五针松，引种地海拔高度 330m，1 年生苗平均高 8cm，平均地径 0.4cm；2 年生苗平均高 18cm，平均地径 0.7cm；3 年生苗平均高 36cm，平均地径 0.9cm。1 年中苗木高生长以 4～6 月中旬为高峰期，6 月下旬以后生长基本停滞。苗木生长健壮，未发现有病虫害。

【栽培技术】

1. 苗木繁育

（1）种子苗培育：

①采种及种子贮藏：选择 50～60 年生，生长健壮的植株作采种母树，球果由绿色逐步变为淡黄褐色时应及时采收。球果采回后，先堆放在阴湿处，浇透清水，上盖稻草，经 5～7 天，当球果外观变成黑色后即扒开，稍加晾晒，种鳞即张开，翻动敲打使种子脱落。将收集的种子用水选法进行选种，淘汰秕粒种子；将饱满种子置阴凉通风处晾干，忌曝晒；然后放入纱布袋中，放置通风干燥处贮藏。

②圃地选择及整地：选择地势平坦，土层浓厚，质地疏松，微酸性（pH 值 6～6.5）的沙质土壤作育苗地。用腐熟的有机肥、饼肥作底肥，与土壤充分搅拌均匀，然后精细耕作。用硫酸亚铁对床土进行消毒。作成高垄，垄高 15～20cm，垄面宽 50～60cm。

③播种：将种子用清水浸泡 2～3 天，每天换水 1 次，然后捞出，放竹筐内或草垫上保温催芽，待有少量种子裂口时播种。采用开沟条播，播种行距 20cm，播幅 5cm 左右，将种子均匀排放在播种沟内，然后覆土厚 2～3cm，随即盖草或覆盖地膜，以保持土壤湿润。

④苗期管理：幼苗出土后，及时去除覆盖物。幼苗嫩弱，怕强光曝晒，应搭荫棚或遮阳网，并及时喷水和中耕除草。在苗木生长旺盛的5~7月，应追施2~3次化肥，以氮肥为主；8月以后应控制氮肥，增施磷钾肥，促进苗木木质化。为防止苗木猝倒病的发生，在高温、高湿的7~9月，除加强田间管理，及时中耕松土，防止积水外，还应每间隔10~15天喷洒1次多菌灵、甲基托布津等杀菌剂进行预防。

（2）嫁接繁殖：选用2~3年生的黄山松、火炬松或华山松实生苗作砧木，用10~20年生生长旺盛、无病虫害的大别五针松树冠外围的1年生枝条作接穗，于4月中旬前后，树液流动旺盛期进行嫁接。嫁接采用短穗砧顶劈接法，即于砧木顶端平削去顶芽，然后于砧木横断面中部直切1刀，随即在接穗（5~6cm长）的下端两面各削1刀，成30°的楔形，立即插入砧顶的切缝中，插入要端正，形成层要对准，然后用塑料薄膜条扎紧即可。嫁接成活率可达90%，嫁接苗当年平均高生长达11.84cm，平均增粗0.78cm，生长速度明显大于同龄实生苗。

（3）针叶束扦插繁殖：针叶束扦插是为了克服种源稀少，拓宽繁殖渠道而采取的一种快繁技术。方法是选取1年生侧枝主梢，从枝条上用刀片切下针叶束，基部带一定韧皮部，将韧皮部修成三角形块状；将切取的针叶束用ABT生根粉等生长激素处理后扦插。插床要搭荫棚，每天早晚喷水1次。这项技术有待于进一步摸索和完善。

2. 栽培技术

（1）培育优质壮苗：栽植成活率的高低与苗木质量有直接关系。因此，要精心选种，认真养护管理，培育优质壮苗，有条件时最好采用营养钵育苗。

（2）全面整地，合理栽植：栽植时要全面细致整地，要挖大穴，施足底肥，栽植时间分春季和雨季两种，春季以3~4月为宜，雨季以6~8月均可。山区造林应以1~2年生苗为主，可用营养钵苗或裸根苗，城市绿化应用1m以上（4~5年生）大苗栽植，必须带土球移植。

（3）采用合理的造林模式：大别山五针松幼龄期需要遮荫，所以在造林配置时，可采用农林间作或营造混交林，待其成长后再伐除上层林木。在城市绿化配置时，亦应注意侧方遮荫。

【适生范围】

大别山五针松是近几年才开始人工引种驯化的树种。可以在河南伏牛山南坡、桐柏山、大别山等海拔700m以上中山区进行人工林营造与推广。也可通过不断驯化和繁殖，尝试在河南秦岭至淮河一线以南的周口、驻马店、南阳、信阳等地的城乡园林绿化中使用。

七、水 杉

〖**学名**〗*Metasequoia glyptostroboides* Hu et Cheng

〖**科属**〗杉科，水杉属

水杉起源于中生代白垩纪早期距今约 1 亿多年前的北极圈附近，繁盛于白垩纪晚期至第三纪晚期中新世，衰亡于第四纪冰川时期，是我国特有的“活化石”植物。水杉于 1941 首次被林学家干铎在湖北利川发现，后于 1948 年由胡先骕、郑万钧先生命名。在 1992 年国家林业部公布的《国家珍贵树种名录》中，列为国家一级珍贵树种；在 1999 年国务院公布的《国家重点保护野生植物名录》（第一批）中，列为国家Ⅰ级重点保护野生植物。

【引种与开发价值】

园林绿化及生态防护价值：水杉树形高大，主干通直，枝叶繁茂，姿态秀美，生态适应性强，病虫害较少，是优良的城乡园林绿化、美化树种，可广泛适用于城镇、道路、河流、庭院及旅游景区等的绿化。水杉树形端正，根系发达，树冠较窄，胁地少，又耐水湿，是理想的农田防护林树种和优良的护堤防浪林树种。

材用价值：水杉生长迅速，是针叶树中优良的速生用材树种。水杉木材材质轻软，干后不翘不裂，不易弯曲，纹理通直，色泽美观，易于加工，油漆和胶粘性良好，是建筑、造船、电杆，家具，胶合板等的上好用材。水杉的木材有心材和边材之分，心材为樱红色或紫红色，色泽鲜艳，花纹美观，是产区百姓制作门窗、楼板、餐桌、书桌、茶几等的传统高档用材。水杉木纤维长，且易于分解，能加工出优质纸浆，是良好的造纸原料。

科研价值：水杉为古老的松杉类植物，属于第三纪以前的重要孑遗植物。水杉的开发和利用对研究古生物区系、古气候、古地理等方面都有重大科学价值。水杉的存在和发现，对研究古生物是一个活的标本；它自白垩纪繁衍至今，经历了数千万年的悠久历史，经受过各种复杂气候和环境的考验，反映了其生存和发展的变迁史，是研究古气候和古地理的重要依据。

【形态特征】

乔木，树高达35m，胸径达2.5m。树干基部常膨大，树皮灰褐色，裂成长条状。幼树树冠尖塔形，老树则为广圆形；大枝近轮生斜上伸展，小枝对生；1年生小枝淡褐色，无毛，侧生小枝羽状排列，冬季与叶同时脱落。叶交互对生，叶基扭转排成2列，呈羽状，条形，扁平，长0.8～3.5cm，宽1～2.5mm，淡绿色。雌雄同株，雄球花单生于枝顶和侧方，呈总状或圆锥花序状；雌球花单生于去年生枝顶或近枝顶。球果近四棱状球形或矩圆状球形，下垂，成熟时深褐色，长1.8～2.5cm。种子扁平，倒卵形，周有窄翅，先端有凹缺，长约5mm。花期2月，球果成熟期10～11月。

【地理分布与生境】

水杉最古老的化石发现于中生代白垩纪地层，古水杉属有10种，广布于东亚、西欧和北美等北纬35°以北的广大地区。但经第四纪冰川期后，其他地方之水杉类植物均已灭绝，现仅存我国一种。

水杉自然分布于我国华中地区亚高山地带极为狭窄的范围内，包括湖北利川市磨刀溪、水杉坝，四川的石柱县，湖南的龙山、桑植等地，垂直分布在海拔750～1500m之间。分布区气候温和湿润，利川市年平均气温12.8℃，极端最低气温－8.5℃，极端最高气温35.4℃，年均降水量1260mm，平均相对湿度82%，年无霜期220天。

水杉自20世纪40年代被发现后，立即引起了世界的轰动，很快相继被引入了欧洲及美国、日本、苏联等地。据20世纪90年代不完全统计，全世界引种水杉的国家已达80多个，从北极圈附近，经过赤道，直到南纬41°，都可见到水杉，当今水杉的地理分布已经超越了古代水杉的原分布范围，足见其生存适应能力之强。我国自新中国成立后，水杉即在全国开始引种。到目前为止，北至辽宁南部，南至广东、广西、海南，西起云贵高原，东至东海之滨及台湾，都有引种栽培，尤其是长江中下游各省、市，充分利用水杉速生、耐水湿的特性，将其作为速生丰产林、农田防护林的主要树种之一，进行了大面积的推广栽培。

河南从1954年开始引种水杉，最早一批栽植于河南饭店。至20世纪80年代初，河南各市、县均已有水杉栽培。

【生物学与生态学特性】

水杉喜温暖湿润气候。但国内外的引种资料证明，水杉对气候的适应性较强，生态幅度很宽。水杉适应于年均温12～20℃，最高忍耐极限温度46℃，夏季30～40℃高温条件对水杉生长没有影响；水杉可忍耐－30℃的最低气温；水杉在降水量1000mm左右的江南生长很好，而在年降水量400～500mm的地区也能生长，在干旱条件下进行适量灌溉，生长速度并不亚于江南，故水杉在我国西北东部、东北南部均可引种。

水杉喜土层深厚、肥沃且排水良好的土壤，喜湿润而不耐涝，更忌土壤干旱；水杉对土壤酸碱性要求不严格，在酸性、中性、微碱性土壤上均生长良好，在土壤含盐量0.2%以下的轻度盐碱地上也可生长。水杉为阳性树种，幼苗稍耐遮荫。对二氧化硫、氯气、氟化氢等有害气体的抗性较差。

水杉是一种速生树种。在原产地，树高连年生长最高达1.43m，出现在10～15年间；胸径连年生长量最高达2.1cm，出现在第20～25年。而在许多引种地区，其树高及胸径连年生长最大值出现得更早，绝对值也更大，足以显示水杉速生丰产的特性。如在河南商城黄柏山林场，22年生水杉，最大树高达22.2m，最大胸径达52cm。在一般条件下，水杉可15～20年成材，在集约栽培条件下，水杉可以在10～15年成材。

水杉开始结实年龄较迟，一般10年以上才开始开花结果，但初期种子多为秕粒；而在原产地，25～30年生大树才开始结实，40～60年为结实盛期。

【栽培技术】

1. 苗木繁育

水杉的苗木繁育主要有种子育苗和扦插育苗两种方法。由于水杉种子秕粒较多，种源相对缺乏，故生产上扦插繁育方法应用得更多一些。

(1) 种子育苗：

①采种及种子处理：当水杉球果由绿色变为黄褐色，种鳞微裂开时即可采种。球果采集后摊开曝晒数日，待种鳞张开时，轻轻敲击球果，脱出种子。球果出种率一般为6%～8%，种子千粒重1.75～2.28g，每千克有种子44万～57万粒。种子晒干后，在1～4℃条件下密封贮藏。

②整地作床：水杉播种育苗地应选择地势平坦、排灌方便、土层深厚、肥沃、疏松的沙质壤土。整地前要施足底肥，以每667m^{2}施腐熟农家肥2500～3000kg为宜，然后细致整地，作成平床。

③播种：播前用冷水浸种3～5h，使种子充分吸水膨胀。播种用条播或撒播均可。条播行距20～25cm，播幅3～5cm，每667m^{2}播种量约0.8～1.7kg。因种子质轻且有翅，播种时最好混沙或细土，可更均匀。播后撒一层细土面，稍加压实，然后盖草。

④苗期管理：播后一般15天左右出苗，20天左右齐苗。出苗前应保持土壤湿润；幼苗出土后，种壳随之出土，易为鸟类啄食，应注意防鸟；幼苗初期生长缓慢，除适当浇水外，还应搭荫棚，以防日晒灼伤。6～8月是水杉苗木生长盛期，需要及时追肥、排涝、除草及防治病虫害，以促使苗木生长。水杉苗期的主要病害为立枯病，应提前喷洒1%～3%的波尔多液进行防治。当年苗高可达50cm以上，每667m^{2}产苗量2万～3万株。

(2) 扦插育苗：水杉插穗生根容易，故扦插是水杉繁殖的主要方法。扦插时间春、夏、秋均可，以春季为主。春插以2～3月为宜，夏插在5月底至6月初进行，秋插在9月进行。插穗应选用1～3年生水杉实生苗的1年生枝，剪成12～15cm长，随剪随插，插入深度7～8cm。为了提早插穗生根时间，增加生根量，可将剪好的插穗用 ABT 生根粉或萘乙酸溶液浸蘸处理。夏插和秋插要搭荫棚，经常喷水，若结合全光照自动喷雾系统，效果更好。

（3）大苗培育：目前城市园林绿化一般均用大苗。大苗的培育方法是：用 1 年生种子苗或扦插苗进行定植，密度以 70cm × 70cm 为宜，培育 2 ~ 3 年即可达到用苗要求。郊区及风景区绿化可以直接用 2 年生苗栽植。

2. 栽培管理

水杉生长迅速，喜光，顶端优势又强，故造林时密度不宜过大，一般造林密度为 111 ~ 133 株/667m^2，株行距以 2m × 2.5m，2m × 3m 为宜。

水杉栽植一般在春季 2 ~ 3 月进行。栽前要穴状整地，苗木以 2 年生以上苗木为好，力争随起随栽，若必需长途运输时，栽前应将苗根放入水中浸根，使其吸足水分，促进成活，栽后要浇足定根水。

栽植后应加强抚育管理。林分郁闭前，每年要除草、松土 2 ~ 3 次，也可间作低秆农作物，以耕代抚，促进树木生长。林分郁闭后，要及时适度修枝，当树高 6 ~ 10m 时，枝下高修到树高的 1/4 ~ 1/3；当树高 10 ~ 15m 时，枝下高修到树高的 1/3 ~ 1/2；当林木下部枝条出现枯死，郁闭度过大时，应进行适度间伐。

【适生范围】

水杉适合于在河南全省大部分地区种植。但以河南南阳、信阳、驻马店等南部地区最为适宜。在中北部平原地区以城镇园林绿化应用效果最好；在丘陵山区则以山洼、沟谷及湿润的山前缓坡地较为适宜。

八、三尖杉

〖别名〗母猪柏、狗尾松、山榧树

〖学名〗*Cephalotaxus fortunei* Hook. f.

〖科属〗三尖杉科，三尖杉属

三尖杉为我国亚热带特有树种，系起源于第三纪的古老残遗种之一。在2005年1月4日河南省人民政府公布的《河南省重点保护植物名录》中，三尖杉被列为河南省重点保护植物。

【引种与开发价值】

三尖杉是一种多用途树种。自1963年美国科学家Paudler首次从三尖杉属植物中分离出三尖杉酯碱以来，三尖杉属植物的药用价值的开发利用一直是国内外医药开发行业的热点研究领域。三尖杉根、枝、叶和种子中含有多种生物碱，其中三尖杉酯碱、高三尖杉酯碱、异三尖杉酯碱、脱氧三尖杉酯碱及高脱氧三尖杉酯碱对肺癌、胃癌、白血病和恶性淋巴瘤等恶性肿瘤都有一定疗效。是近几十年来国际上发现的主要治癌药物之一。三尖杉假种皮含油量38%，种仁含油量55%~70%，可用于制漆、蜡及硬化油，也可药用，具润肺止咳、消积之效。

三尖杉树姿优美，枝叶繁茂，树叶深绿，叶背面白色气孔带绿白相间，观之如玉树翡翠，果实成熟时红艳夺目，缀满枝头，是优美的园林景观树种。

三尖杉木材黄褐色，纹理细致，坚实，富弹性，比重0.59~0.77，供建筑、桥梁、车辆、家具、农具、细木工等用。

【形态特征】

常绿乔木，高达20m，胸径达40cm。树皮褐色或红褐色，裂成片状脱落。树冠广圆形，枝较细长，稍下垂。叶排成二列，条状披针形，通常微弯，长3.5～13（多为5～10）cm，宽3～4.5mm，先端长渐尖，基部楔形或宽楔形，上面深绿色，中脉隆起，下面有两条灰白色气孔带，较绿色边带宽3～5倍。花单性，雌雄异株，雄球花8～10个聚生成头状，生于去年生枝叶腋，径约1cm；雌球花生于新枝基部苞腋或枝顶，具长梗，有3～8枚胚珠发育成种子。种子椭圆形或长圆形，长2～2.5cm，全部包于肉质假种皮中，假种皮成熟时紫色或紫黑色。花期4～5月，种子成熟翌年9～10月。

【地理分布与生境】

三尖杉为亚热带树种，主要分布于我国秦岭以南的华东、华中、华南及西南地区，包括浙江、安徽、福建、江西、湖南、广东、广西、云南、贵州、四川、陕西、甘肃和河南等省（自治区）。河南主要分布于伏牛山、大别山和桐柏山区。洛阳、郑州、三门峡、平顶山等地有引种栽培。

三尖杉一般分布于海拔500～3000m范围内，在东部地区较低，多在1000m以下；而西部地区较高，如在云南维西最高可达3700m，在滇西北宁蒗县海拔2300～2500m山区有成片且保护完好的三尖杉林。在河南，三尖杉一般生于海拔300～1200m范围内，多散生于溪边、阴坡、山洼、山谷等地的针阔混交林内。

【生物学与生态学特性】

三尖杉喜温暖湿润气候。河南是三尖杉分布的最北缘，经引种驯化的三尖杉，可忍耐－17℃的极端低温，因此，在河南大部分地区，三尖杉均可安全越冬。

三尖杉喜湿润肥沃、排水良好的酸性砂质壤土，在干燥瘠薄的土壤上生长不良。经引种栽培可以知道，三尖杉对土壤酸碱性有较强的适应性，在河南中、北部广大的褐土、潮土区均生长良好，说明其可以适应中性、微碱性土壤环境。

三尖杉为阴生树种，较耐庇荫。在自然分布区，三尖杉多生长于针阔混交林内或林缘，常生于阴湿之处，强光照的阳坡绝难见到。在人工栽培条件下，1～3年生苗在遮荫条件下生长发育良好，全光下则不能生长。在园林配置上，植于林缘或侧方遮荫条件下生长良好。

三尖杉为浅根性树种，主根较浅，但侧根发达。萌蘖性较强，当主干被破坏或砍伐后，能产生大量萌芽，侧根也易产生萌芽。三尖杉自然更新能力较强，在野生群落中，萌芽更新和种子更新苗均很常见。

三尖杉为慢生树种。在河南自然分布的三尖杉多呈灌木或小乔木状，鸡公山20年生三尖杉，树高5m，胸径8cm。在人工栽培条件下，1年生三尖杉种子苗高10~15cm，1年生扦插苗高生长达20~25cm，洛阳15年生三尖杉高3.5m，地径达8.0cm，冠径3.2m。

【栽培技术】

1. 苗木繁育

三尖杉育苗主要有种子育苗和扦插育苗两种方法。

（1）种子育苗：

①采种及种子处理：选取20~25年生生长健壮的三尖杉作采种母树。9~10月假种皮由青绿色变为紫色或紫红色时即可采集。可手工采摘或敲落后收集。三尖杉的肉质假种皮含水量较高，并富含果胶和糖类，容易发酵腐烂，故采种后应集中堆放3~5天，待假种皮软化后，尽快搓洗除去假种皮，将种子用清水淘洗干净，置阴凉通风处晾干，忌在阳光下曝晒，使胚乳失水而失去活力。三尖杉种子千粒重1050~1250g。

②种子贮藏及催芽：三尖杉种子是生理性休眠和器质性休眠兼有的种子，其休眠期长达1年以上。打破休眠状态，促其萌动是提高三尖杉种子发芽率和育苗成功的关键。选择地势干燥、背风、背阴且排水良好处挖贮藏坑，坑深、宽各50~80cm，长度视种子量而定。将待贮种子先置清水中浸泡24h，使其充分吸水，然后用0.5%高锰酸钾溶液浸种消毒杀菌1h，经清水漂净，捞出控水。将种子与干净粗河沙按1:3的比例拌匀，河沙湿度以半干半湿为度。先在坑底铺10cm厚的粗河沙，其上放混合好的种子，种子上再覆盖10~15cm的湿河沙，中间插入草把通气。由于沙藏时间比较长，故其管理也十分重要，每间隔1~1.5个月要检查一遍，要防水、防鼠、防

干、防霉，保证具备湿润、低温、通气良好的沙藏环境。

三尖杉种子贮藏两冬一夏，至第3年2~3月地温升高时，大部分种子已开始露白萌动，应逐粒拣出播种，对仍未能萌动的种子，应选择背风向阳的地方建阳畦进行催芽，一般经1~2周时间的催芽，绝大部分种子均可萌芽。经过沙藏催芽的三尖杉种子发芽率可达70%，未经处理的种子发芽率仅有10%。

③播种：播种可在大田中起垄条播，也可在设施育苗床中平畦条播，播幅8~10cm，行距30cm，种子横放，播种量100~150g/m^2，播后覆土厚度2~3cm，然后覆盖塑料薄膜和草苫。

④苗期管理：三尖杉幼苗娇嫩，怕强光照射，所以苗木出土后要及时搭设遮阳网，遮光率75%左右即可。苗木生长第2年起，可换成50%遮光率的遮阳网，直至秋季8~9月撤除。三尖杉苗喜温凉、湿润的环境。困此苗木的水分管理也十分重要。在春季4~6月正是北方干旱、风大的季节，应及时灌水；在夏季7~8月高温季节，有条件的圃地应在每天的高温时段喷水降温；秋季应注意排除积水。三尖杉幼苗易产生病害，在出苗后至未木质化之前，应每间隔10天左右喷洒1次0.5%波尔多液或75%的多菌灵1000倍液，预防苗木立枯病的发生。

三尖杉苗生长缓慢，1年生苗高仅有10~15cm，地径0.4~0.5cm；2年生苗高可达20~30cm，地径达0.7cm，即可用于山区造林。如培育园林用大苗，可用2年生苗分植大田继续培育2~3年即可。

（2）扦插育苗：三尖杉扦插可于秋季9~10月或春季3~4月进行。扦插在大田或日光温室均可，插床整成平床，床面宽80~100cm，埂高15~20cm，插床基质用肥沃园土、泥炭土和河沙按2:1:1比例混合而成，也可用园土和腐熟有机肥、蛭石配制。选取5~10年生幼龄树作采穗母树，用1年生枝条作插穗，插穗长12~15cm，径0.3cm以上。插穗剪好后，放入ABT生根粉1号200mg/kg溶液中浸蘸10~30min，随即扦插。扦插株行距5cm×5cm，400株/m^{2}左右。插后支拱棚覆膜，以保温保湿，并根据插床湿度情况适时喷水。约经 30～40 天插穗开始发芽生根，扦插成活率可达 80%～90%。正常管理，当年生扦插苗高生长可达 20～25cm，地径达 0.5～0.6cm，开春即可分植培养。

2. 栽培技术

（1）三尖杉为较难移植树种，移栽返苗期长。因此，山区造林时，最好用营养钵育苗，可以有效提高造林成活率。城乡园林绿化种植必须带土球移植，并对过密枝冠进行适当修剪。

（2）在山区营造三尖杉特用经济林、生态林或风景林时，应采取与较速生的落叶阔叶树种如枫香、香果树等混交。随着三尖杉的生长，可通过逐渐间伐伴生阔叶树种的方法，为三尖杉营造最合适的立地条件。

【适生范围】

三尖杉是近几十年来新开发的抗肿瘤药用植物，发展潜力巨大。可以作为河南省黄河以南各山区，尤其是浅山丘陵地区药用经济林树种来大力发展，也可以在全省的城乡园林绿化中应用，但种植时应考虑其耐荫性，应配置于乔木下方、侧方或背阴方，作基础种植效果最好。

九、南方红豆杉

〖**别名**〗观音杉、崖柏、紫柏树、美丽红豆杉

〖**学名**〗*Taxus chinensis* var. *mairei*（Lemée et Lévl.）Cheng et L. K. Fu

〖**科属**〗红豆杉科，红豆杉属

南方红豆杉是我国特有的第三纪孑遗树种，在河南太行山区已到分布的北界，也是近几十年来国内外开发的主要治癌药物之一，开发潜力巨大。南方红豆杉虽分布较广，但多呈零星散生分布，野生资源稀少。在1992年国家林业部公布的《国家珍贵树种名录》中，列为国家一级珍贵树种；在1999年国务院公布的《国家重点保护野生植物名录》（第一批）中，列为国家Ⅰ级重点保护野生植物。

【引种与开发价值】

南方红豆杉是一种珍贵的多用途树种，在经济上、生态上和学术上均有很高的价值。南方红豆杉是我国特有的第三纪孑遗树种，在河南太行山区已到分布的北界，对于研究华北的古气候、古地理和植物区系均有重要的科研价值；南方红豆杉四季常青，树形整齐美观，枝叶碧绿，种子成熟后红如玛瑙，点缀在绿叶丛中，优雅艳丽，是庭院、公园的高档观赏树种；其木材极为珍贵稀少，其材质致密，色泽美观，坚韧耐腐，是造船工业、高级家具、细木工的特优原料；种子含油率高达60%，是制皂或润滑油的原料，也可药用，有驱蛔虫、消积食的功效，特别是树皮、枝叶中含有的紫杉醇，是医治癌症的有效药物，更使其身价倍增。

【形态特征】

常绿乔木，老树皮赤褐色，呈长薄片剥落。叶螺旋状着生，排成二列，披针状条形或条形，微弯，近镰状，通常长2～3.2cm，宽

2.5～3.5mm，先端微急尖或渐尖，全缘，边缘微反曲或不反曲，上面中脉隆起，背面有两条黄绿色气孔带，中脉带淡绿色，与气孔带色泽有别，且其上局部有片状或零散分布的角质乳头状点，稀无突起点。雌雄异株，球花单生叶腋；种子倒卵圆形，微扁，长约0.5～0.7cm，生于红色肉质杯状假种皮内。5月开花，9月中旬至10月中旬种子成熟。

【地理分布与生境】

南方红豆杉分布于甘肃、陕西、河南、四川、贵州、云南、湖北、湖南、广西、安徽等省（自治区），常生于海拔1000～1200m处的山地。河南主要分布于太行山区济源的天坛山、黑龙沟、蟒河流域，伏牛山区的嵩县、栾川、西峡、内乡等县，大别山区的商城、新县等地，垂直分布一般在海拔1000～1500m的阴坡、半阴坡和山谷中。南方红豆杉在我国虽然分布广泛，但在分布区都呈零星生长，植株很少，大树更是罕见。河南济源紫柏树庄有一株千年南方红豆杉古树，为河南之最，树高13.5m，胸高直径1.82m，冠幅20.2m，是太行山原生森林的遗物。

【生物学与生态学特性】

南方红豆杉属阴性树种，对生境条件要求严格，多在潮湿荫蔽的天然林或河溪两旁的杂木林中生长，喜冷凉湿润和富含有机质的林地环境。对空气湿度和土壤湿度要求较高，即使在水沟边的土石堆中和间歇积水地亦可生长繁茂，而干旱多风的山坡绝无生长。南方红豆杉是慢生树种，自然状态下生长极慢，特别是幼树阶段，10年难长1m高。红豆杉种子种皮坚硬难吸水，且有胚根、胚轴双休眠习性，自然萌发和育苗比较困难。在济源黑龙沟，南方红豆杉与领春木、山白树、青檀、鹅耳枥、黑椋子、槭类等混生。多处于林冠下层，长期忍耐阴凉环境，生长极慢，长势极弱，自然整枝不良。但萌芽力强，大树被砍伐后，干基常能萌生新枝。如果环境适宜，也有一定的天然下种更新能力。

【栽培技术】

1. 种子繁殖

（1）种子采集及处理：9～10 月采收红色果实，搓去红色假种皮和果肉，淘洗干净阴干备用。由于种皮坚硬，不易透水透气，而且后熟休眠期长，宜进行低温混沙露天贮藏，以打破其休眠期。未经处理的种子，一般要隔 1 年才出苗，因此亦可沙藏至第 3 年播种。在自然条件下需经 2 冬 1 夏方可萌发，即冬季置室外混沙冷冻，夏季接受高温、雨淋，翌年秋播，第 3 年春季出苗。为了提早出苗，可用以下方法处理：将种子用粗沙或鞋底在粗糙水泥地上进行反复摩擦，磨破或磨薄其坚硬的种壳（勿磨烂种仁），就能使种子容易透水、透气，容易出苗。研究证明，红豆杉种子有胚根、胚轴双休眠习性，胚根需通过 1 个月左右 25℃以上高温阶段才能打破休眠，胚轴需在 -20～-3℃条件下 1 个月左右才能解除休眠。为了加速种子萌发，只要将破损了种皮的红豆杉种子混上湿沙，置 -3℃以下的环境中冷冻 25～40 天，就可以解除其胚轴休眠，冬末或早春播种后，经过 2 个月左右，当土温达到 25℃以上即能打破胚根休眠，种子就能萌芽出土。

（2）播种与管理：在整好的苗床上每隔 20cm 开 4cm 深的沟，均匀条播，每米播 50～60 粒种子，覆土 2cm 厚。播后盖拱形薄膜，保持地面湿润，20 天可出苗。幼苗怕干燥怕风怕晒，需要搭荫棚遮荫和喷水，荫棚的透光率 30%～70%。随着幼苗逐渐长大和木质化，逐渐增加透光率，并要勤除草。出齐苗 1 个月后，每隔 15～20 天浇 1 次淡尿素水或清淡粪水提苗，当年苗高 5～6cm，1 年后可露地移栽。

移栽：南方红豆杉幼苗主根细长，细侧根极少，宜进行断根移植，促使其生长旺盛。可用锋利铁铲距苗木 5～8cm 处以 45°角度切入，断去主根 1/3，然后带土移栽。

2. 扦插繁殖

（1）嫩枝扦插：在春夏之交的 5～6 月，从 4 龄以上的母树上剪取当年生嫩枝作插条。剪取长 15cm 以上的枝条作插穗，除去下部叶子，将枝条基部环剥出0.5～1cm的伤口，待伤口周边处有瘤状物形成后，再把枝条从环剥处下部剪下，下端置100mg/kg吲哚乙酸或奈乙酸中浸泡3h，或用200mg/kgABT生根粉2号溶液浸泡8～10h。将处理过的插穗插于备好的苗床上，扦插深度3～5cm，株行距8～10cm。插后浇透水，并支拱棚覆膜保湿，同时遮荫。管理方法同种子育苗。扦插初期每天喷水2次，2周后每天1次；插后45天开始生根，精心管理，成苗率可至90%以上。

（2）硬枝扦插：3月芽未萌动时，剪取粗度约0.5～1cm粗的2年生枝或多年生枝，剪成10～15cm长的插穗，保留上部叶片，将入土部分叶片去掉，下剪口用ABT生根粉1号100mg/kg浓度处理4～6h，或用萘乙酸50mg/kg溶液处理亦可。扦插后，应支拱棚覆膜，以增温保湿。待嫩叶长出，然后覆盖草苫或树叶遮荫，经常保持地面湿润，一般3个月后可生根。

3. 幼苗管理

幼苗怕霜冻，冬季需支拱棚保温护苗，塑膜上加盖草苫更好。播种苗或扦插苗经培育1年后，均应移栽炼苗，按株行距25～30cm把苗移栽到露地苗床上，搭1.5m高的遮荫棚（10月去掉），移栽后要经常浇水，见苗退黄时追施淡尿素水或清淡粪水，培育壮苗。经炼苗1年的南方红豆杉苗，苗高30～50cm时可出圃造林。如果培育城乡绿化大苗，可按株行距1m×1m定植，培育5～8年后可出圃利用。

4. 出圃造林

造林地应选在背风、土壤条件好的阴坡、半阴坡下部或沟谷两旁，采用鱼鳞坑式整地，鱼鳞坑间的草、灌要注意保留，以形成侧方庇荫。冬末或早春栽培最好，初始定植株行距1.5m×1.5m，栽后注意浇水，保持穴面湿润，也可覆盖草或薄膜，以增温保湿，提高成活率。成活后要加强管理，5年内保持穴面无杂草，干旱时浇水；周围的灌木要根据情况予以清除或截短，不能影响幼树生长；幼树的侧枝要适当修剪，以保持顶端优势和干形。

5. 保护措施

南方红豆杉珍稀濒危的原因，首先是结籽量少，自然萌发困难，而且鸟雀喜食，不利天然更新；其次是对生长环境要求苛刻，生长缓慢，长期处于被压状态，生长极度衰弱，常常形成自然死亡；第三是树形美观，观赏性好，材质优良，还有较高的药用价值，因此，盗挖及人为砍伐利用严重。如不加以保护，就有灭绝的危险。要在各分布区建立自然保护区，严格保护群落生境，尤其是加强保护母树，适当抚育，促进其自然更新；同时开展播种及扦插繁殖育苗，在适生地带大力营造试验林，并在城乡适生地区作观赏树种逐渐推广栽植，以扩大种群数量，为开发利用打下基础。

【适生范围】

南方红豆杉是河南中高山分布的乡土珍稀树种，应加强种苗繁育和山区造林的试验研究工作，逐步在河南太行山、伏牛山、大别山等海拔 800 ~ 1500m 之间的山沟、狭谷等阴湿之地进行造林和推广。同时，要繁育和培养大苗，尽快应用于城乡园林绿化中，只是在设计时，应考虑配置于建筑物的背阴面或半阳面，也可以与其他植物搭配形成侧方遮荫。

附：红豆杉 *Taxus chinensis* Rehd. 栽培技术同上。

十、青钱柳

〖别名〗铜子柳、摇钱树、麻柳

〖学名〗*Cyclocarya paliurus*（Batal.）Iljinsk.

〖科属〗胡桃科，青钱柳属

青钱柳是我国特有的单种属植物，是第三纪古热带植物区系的孑遗种。青钱柳树叶曾是我国民间的一种茶叶代用饮品，称为甜茶和神茶等，20 世纪 70 年代以来，国内对其理化成分、保健及药用功效进行了全面研究，使这种古老树种迎来了新的发展机遇。江西、福建等省对青钱柳叶的开发利用给予了高度重视。河南是青钱柳分布区的北缘，资源稀少，在 2005 年 1 月 4 日河南省人民政府公布的《河南省重点保护植物名录》中，青钱柳被列为河南省重点保护植物。

【引种与开发价值】

1. 药用价值

研究证明，青钱柳叶中不但含有人体必需的钾、钙、镁、磷等常量元素和对人体具保健作用的微量元素，如锰、铁、铜、锌、硒、铬、矾、锗等，还含有丰富的有机化合物。首先含有甜味化合物，并从富有甜味的亲脂性部分分离出 20 个单体化合物，鉴定并推断出 15 个化合物的结构，其中有 5 个为自然界中新发现的化合物。如青钱柳甙Ⅰ（CycloCariosideⅠ）是目前世界上发现的 40 种具有甜味的天然化合物之一，具重要研究及开发价值。此外，研究发现青钱柳中还含有内酯类、甾萜类、黄酮类化合物。

青钱柳中所含的内酯类、甾萜类化合物等成分，可能有抑制血糖升高的作用，同时微量元素锌、硒、铬、镍、矾、镁及一些稀土元素，均与降血糖显著相关，可有效控制糖尿病患者的血糖水平，提高糖耐量。青钱柳嫩叶的水提物和醇提物具有显著的降压作用，以青钱柳为主要原料制成的“降压神茶”，具有抗氧化、抗衰老、增强人体免疫力的功能，对于体弱、神经衰弱、更年期综合症病人临床症状的改善有显著效果，对高血压病人症状改善率为81%，降低血压有效率为90%。青钱柳中所含的三萜类化合物具有降血脂的作用，微量元素硒也能有效地改善脂质代谢，青钱柳复方茶降低血脂、胆固醇有效率为66%，冠心病患者症状改善率为75%，心电图改善有效率为78%。

2. 木材用途

青钱柳木材纹理直，质轻软，结构细，硬度适中，干燥快，加工易，有光泽，胶粘和油漆性能良好。木材密度比我国传统的枪托用材——胡桃楸还大，而与优良的家具、枪托、机模用材——黄杞很相近，是家具、建筑、农具、胶合板等的优良用材。

3. 园林价值

青钱柳高大挺拔，冠大叶密，果序长而下垂，果实串串如铜钱，随风摇曳，民间有“摇钱树”之称，是一种深受人们喜爱的传统园林树种。

【形态特征】

落叶乔木，高达30m，胸径达80cm。幼树树皮灰色，平滑；老树皮灰褐色，深纵裂。小枝密生棕褐色绒毛，后渐脱落。冬芽密被褐色腺鳞。奇数羽状复叶，长15～30cm；叶轴无翅，被白色弯曲毛及褐色腺鳞；小叶7～9（13），互生，椭圆形或长椭圆状披针形，长3～14cm，先端渐尖，基部略偏斜，边缘具细锯齿，上面中脉密被淡褐色毛及腺鳞，下面被灰色腺鳞，中脉及脉腋具白色毛。葇荑花序下垂，雌花序单生枝顶，长21～26cm，具7～10花，花梗长约1mm；雄花序2～4集生于去年生枝叶腋，长7～17cm，花梗长约2mm。果序长15～28cm，果翅圆形，直径4～6cm，顶端具4片宿存的花被片及花柱。花期5～6月，果熟期9月。

【地理分布与环境】

青钱柳广泛分布于我国长江流域以南各省，东达福建、台湾、西至云南、贵州，南起广东、广西，北至河南西南部、陕西南部，多生长于海拔420～2500m之间的中低山区，常零星散生于沟谷、林缘、林内或石灰岩山地。

在河南，青钱柳自然分布于伏牛山区的嵩县、栾川、卢氏、鲁山、洛宁、内乡、南召、西峡、大别山区的商城、新县等县，多分布于海拔600～1300之间的山坡及山谷杂木林中，常呈零星散生状态，为数极少。如在商城金岗台海拔800～900m的沟谷地带，有零星单株或10多株呈小群落型分布的青钱柳，树高18～23m，胸径25～55cm。伴生乔木有灯台、漆树、枳椇、稠李、巨紫荆等；伴生灌木有金银忍冬、野珠兰、四照花、棣棠、接骨木、黄山溲疏、省沽油、牛鼻栓等，草本有老鸦瓣、天葵子、鸡腿堇菜、落新妇、竹灵霄、太子参、重楼、紫花碎米荠等。青钱柳位于群落上层，生长旺盛，种群中可见到少量种子更新小苗。

【生物学与生态学特性】

青钱柳喜温暖湿润气候。在河南各自然分布区，年平均气温13～15℃，最冷月（1月）平均气温-1～2℃，极端最低气温-18℃，最热月（7月）平均气温27～28℃，极端最高气温可至40℃以上。年降水量700～1300mm，年平均相对温度70%～80%。青钱柳为喜光性树种，多生长于向阳山坡，疏林或林缘，在群落中常处于林冠上层；幼树稍耐庇荫，在郁闭度不太大的群落中可见到生长良好的更新苗木。青钱柳为深根性树种，侧根发达，耐水湿，对土壤水肥条件要求高，喜生于土层深厚、肥沃、湿润的土壤，对土壤酸碱性要求不严，在酸性、微酸性、中性、钙质土及微碱性土壤上均能适应。对土壤湿度和空气湿度要求较高，在闭塞山谷、溪沟旁及云雾多的山林地生长旺盛。青钱柳萌蘖性强，伐桩容易萌发新枝，形成丛生灌木状。

青钱柳为速生树种，在河南郑州，1年生苗高平均可达1.4m，平均地径达1.2cm；3年生苗平均高达3.8m，平均胸径达3.4cm。据原福建林学院树干解析材料，青钱柳高生长1～5年生为最快，5年后虽略降低，但仍处于速生阶段，25年后高生长迅速下降；胸径在

1～25 年均速生，尤以 5～15 年为生长高峰期，25 年后开始下降；材积生长 1～5 年生极为缓慢，以后迅速上升，10～15 年生为生长高峰期，25 年后开始下降。整个生长过程说明青钱柳为前期速生树种。

【栽培技术】

1. 苗木繁育

（1）种子苗培育：

①种子采集与沙藏：选择 20～40 年生的壮龄青钱柳作采种母树。8～9 月，当果实由青绿色转为黄色时及时采种，过迟影响发芽。采种后置于通风干燥处阴干，待果翅松脆时搓碎果翅，扬净后得纯净种子，种子千粒重 200g 左右，每千克有种子约 5000 粒。青钱柳种子为深休眠种子，随采随播或秋采春播出苗率均极低，采用室外沙藏层积处理是一种简单有效的措施。方法是：在室外背阴且排水良好处挖一沙藏坑，坑深、宽各 80～100cm，长度视种子量而定，将种子用清水浸泡 24h，捞出控水后与干净粗河沙按 1∶3 的比例拌匀。先在坑底铺 10cm 厚的粗河沙，然后在沙上堆放拌好的种子，上面再盖 10～15cm 的粗河沙，沙上覆盖 10cm 的稻草以保湿。在坑中每间隔 30～50cm 要加一草把以便通风。期间应定期检查，适时补充水分，夏秋季防雨水灌入坑中。露天沙藏至第 3 年春季 2～3 月即可取出播种，圃地发芽率可至 80% 以上。

②播种：圃地宜选在土层深厚、肥沃、灌排条件好的砂壤土地。播前要细致整地，施足底肥，沙藏好的种子可直接播种，也可再采用阳畦或日光温室加温催芽，待部分种子露白后播种。采用条播，行距 25～30cm。播深 3～4cm，覆土厚 2～3cm，播完后应盖稻草保湿。种子较好时每 667m^2 播种量 15kg 左右，种子有仁率低时相应加大播种量。每 667m^2 产苗 1 万～1.5 万株。

③苗期管理：播后 20～30 天苗木出土。当有 50% 左右苗木出土时，应于傍晚或阴天揭去盖草。青钱柳苗木生长迅速，抗性较强。出苗期和幼苗期要加强中耕除草，及时防治地下害虫，如小地老虎、蝼蛄类等；6～9 月为苗木快速生长期，应加强水肥管理，每间隔 20～30 天，每 667m^2 施 1 次速效氮肥，用量以尿素 10～15kg 为宜；

后期随着苗木的长大，可适当加大施肥量；结合施肥，要及时灌水。管理得当，1 年生苗木平均高可达 1.4m，地径可达 1.2cm 以上。

2. 栽培技术

（1）青钱柳为亚热带速生树种，苗期木质化程度往往较差，移栽时间以春季 3～4 月萌芽前为宜，秋栽过冬易抽干。1～2 年生苗移栽可裸根进行，但应蘸泥浆保护毛细根；园林用大苗移栽应带土球。大苗和大树移栽时对侧枝可进行疏枝，短截，不宜截去主干顶梢，否则易引起树势衰退，树形不易恢复。

（2）青钱柳在山区造林时，对立地条件要严格选择，宜选在海拔 300～1300m 的山脚、沟谷、缓坡等土层深厚、肥沃处栽植。造林宜采用 1～2 年生苗，穴状整地，穴规格以 60cm×60cm×40cm 为宜，株行距 2m×3m，每 667m^2 种植 111～167 株。若建采叶特用林，宜进行矮林作业，株行距 1.5m×1.5m，定干高度 1m 左右，冠幅 1.5m，修剪成球形，既易于采叶作业，又能提高叶子的产量和质量。

【适生范围】

自然分布调查及人工引种实践均说明，青钱柳对河南的气候、土壤等生态条件均有较好的适应性，可以作为速生用林材、特用经济林、风景林、生态林及城市园林绿化树种，在全省范围内推广种植。

十一、胡桃楸

〖别名〗山核桃、麻核桃、野核桃、核桃楸

〖学名〗*Juglans mandshurica* Maxim.

〖科属〗胡桃科，胡桃属

胡桃楸为起源古老的第三纪孑遗植物，是我国珍贵的用材树种，被誉为东北地区“三大硬阔”树种之一。河南是其分布的最南界，野生资源稀少。在1992年国家林业部公布的《国家珍贵树种名录》中，列为国家二级珍贵树种；在2005年1月4日河南省人民政府公布的《河南省重点保护植物名录》中，被列为河南省重点保护植物。

【引种与开发价值】

胡桃楸木材材质坚硬细密，轻重适宜，不翘不裂，纹理通直，花纹美观，刨面光滑而有光泽，油漆性能好，抗震性强，是重要的航空、军工和乐器用材。种仁营养丰富，可直接食用，亦可制作高级点心，具有滋补强身之效；含油率60%～70%，是高级食用油。外果皮可提制褐色染料及单宁，内果皮可制作活性炭。树皮用作中药材，有清热解毒、止泻明目之效，对慢性菌痢、崩漏白带、目赤肿疼等症有较好的疗效。幼树可作为嫁接核桃的砧木。

【形态特征】

落叶乔木，高达30m，胸径达80cm。树干通直，树皮灰色或暗灰色，纵裂。顶芽大，被黄褐色毛。小枝粗，灰色，被淡黄色毛。奇数羽状复叶，互生，叶柄与叶轴上有腺质短柔毛；小叶9～17（19），近无柄，长圆形，长6～18cm，先端尖，基部钝圆或浅心形，多数呈偏斜状，边缘有明显的细密锯齿；幼叶上、下面被星状毛及柔毛，成熟叶变无毛。雌雄同株，雄花序单生或簇生于去年生枝叶腋，长10～27cm，雌花序生于枝顶，长3～6.5cm，花序轴密被柔毛。果核短，常具4～5个果实。核果卵形或近球形，先端尖，绿色，被褐色腺毛；果核长卵形或长椭圆形，长2.5～5cm，先端锐尖，基部尖或窄圆，有8条明显的纵棱脊及凹窝。花期4～5月，果熟期9月。

【地理分布与生境】

主要分布于东北各省，河北、山西、河南、甘肃等地也有少量分布，在小兴安岭和长白山垂直分布于海拔500～800m。河南省是其分布的南界，生于伏牛山的嵩县、栾川及太行山的济源、修武、辉县等山区海拔800～1500m的山地、沟洼的杂木林中，多呈零星分布，少有片林。

胡桃楸常与其他落叶树种混生，组成暖温带落叶阔叶次生林。混生乔木树种有朴树、鹅耳枥、漆树、椋子木、野核桃、槲栎、栓皮栎和槭类乔木；灌木有金银木、胡枝子、连翘、溲疏、悬钩子、三叶木通、南蛇藤、卫矛等；草本植物主要有山棉花、唐松草、黄堇、赤爬、铁线莲和菊科、蓼科等草类。

【生物学与生态学特性】

胡桃楸为喜光、深根性树种，适宜生长在土层深厚、肥沃、排水良好的沟谷和山坡下部，在干旱瘠薄的地方生长不良。耐寒性极强，在-30℃低温下也不受冻害。胡桃楸根系发达，主根明显，萌蘖力和萌芽力较强，采伐后可进行萌芽更新。孤立木常因过早发杈，树冠庞大，干形低矮，但在林内则可形成通直高大的干形。在庇荫条件下，生长缓慢，且结实不良，树冠下天然下种幼苗极少。

【栽培技术】

1. 育　苗

（1）采种：9月上中旬果实成熟时，要及时采收，以防落地因鼠类啃食而采不到种子。采收后放于室内堆沤几天，然后脱皮洗净晒干，进行干藏或沙藏。

（2）种子处理：

①沙藏：10月下旬将洗净晒干的种子按体积计算，1份种子6份湿沙混均置于不会积水的沙藏坑中，上面覆土15cm，中间插草把

以利通气，草把多少依种子多少而定，一般1m见方一个。沙藏坑外地面应施放毒饵，以防鼠害。播前20天取出，摊放翻晒，待大多数种子裂嘴后播种。

②干藏催芽：播种前30天，将干藏的种子装入布袋或筐篓内，置于流溪水中浸泡，或将种子置水缸内冷水浸泡，要注意勤换水。种子充分吸水后，选晴天取出翻晒2天，阴天继续浸泡，如此反复，待大多数种子裂嘴后播种。

(3) 整地与播种：选择背风向阳、水土条件好、不积水的砂壤土地做苗圃，冬前施足底肥深翻，春季解冻后整平耙细，打成宽1m的畦待播。每畦开深8cm的播种沟3条，顺沟浇足水，水渗下后及时播种，每667m^2需干种子150kg，播后及时覆土，厚5cm左右。也有秋季直接播种的，种子不用处理，但如果冬季干燥少雨，就会出苗不足，另外可能遭受鼠害。

(4) 苗期管理：播后不是太旱一般不浇水，但要保持地面无杂草，到集中出苗期才开始浇水，一直保持地面湿润直到苗出齐。出苗后一要保持无杂草，二要干旱时及时浇水，三要防好病虫害，四是出苗1月后每月追1次肥，连续4次，前2次每次每667m^2施15kg尿素，后2次每次每667m^2施30kg复合肥，沟施，施后及时浇水。管理得当，当年苗高可达1m，即可用于造林。

2. 造林技术

分直播造林和植苗造林。胡桃楸苗木主根深长，侧根须根少，起苗时易伤主根，栽植后成活困难，因此营造用材林多用直播造林，营造经济林才用植苗造林。

(1) 造林地选择：土壤水分对造林成败至关重要。山谷或沟旁土层深厚、肥沃、湿润之地，是胡桃楸的适生地，土壤深厚湿润的山坡也可作为造林地。

(2) 整地：造林前要进行带状或穴状整地。带状整地沿等高线设置，带宽1m，带间距2m，深度30cm以上；穴状整地300穴/667m^2，穴面直径50cm，深度30cm以上。

(3) 直播造林：分秋播和春播。秋播用当年种子不需处理，随采随播，每穴播3粒种子，覆土6～8cm。如果冬季雨水好，出苗也可以，但需特别注意防止鼠类危害。春播用催芽处理过的种子，于春季4月中下旬播种，每穴播3粒种子，覆土6～8cm。20天左右即可出苗。

(4) 植苗造林：春季解冻后要及时进行。如果以收果为目的，就要稀植，初始密度2m×3m，抚育间伐以后变为3m×4m。起苗要保持好根系，随起随栽，栽时做到苗正、砸实、填平，干旱时浇足水。

3. 抚育管理

造林成活后要适时松土、除草，促进幼苗生长，应连续抚育3年，第1～2年每年抚育2次，第3年1次。直播造林的除松土、除草外，第3年每穴保留1株壮苗，其余的拔除。胡桃楸侧枝太多、太发达，生长季节应多次打杈，以保证树干高生长。15年左右开始抚育间伐，第1次间伐主要是清除断头、病腐、弯曲、偏冠等生长势弱的树木，改善林地卫生条件，促进林木快速生长，间伐后每667m^2保留150～200株，郁闭度不得小于0.6；第2次间伐在25年左右时进行，主要是合理调整密度，坚持砍弯留直、砍小留大、砍差留优的原则，间伐后每667m^2保留70～100株，郁闭度不小于0.6。40年以后进入主伐利用，也可进行第3次间伐，以培育大径材。以收果为目的的经济林，要加强肥水管理和整形修剪，以促其早产丰产。

【适生范围】

胡桃楸在河南已达分布南界，生长区域狭窄，植株数量稀少，加上木材珍贵短缺，乱砍滥伐严重，大树多已绝迹。核果落地后鼠、兽喜食，天然下种少、更新成苗难，若不采取措施，将会陷入灭绝的境地。

除了在自然分布区采取严禁采伐、培养结果母树、人工促进更新等就地保护措施外，要大力进行人工育苗，在伏牛山和太行山高海拔地区适宜立地条件下大面积营造人工林，建立胡桃楸果、材兼用林基地，迅速扩大其种群数量。同时，要培养大苗，逐步在城乡园林绿化中应用。

十二、湖北枫杨

〖别名〗花杨、山柳树、鬼柳、麻柳树

〖学名〗*Pterocarya hupehensis* Skan

〖科属〗胡桃科，枫杨属

湖北枫杨是河南省的一种重要速生乡土用材树种，为中国特产，河南为其分布区的最北界。

【引种与开发价值】

湖北枫杨材质轻软，纹理细致，易加工，不易翘裂，但不耐腐，干后易遭虫蛀。是家具、农具、火柴杆、茶叶箱等用材，也可作人造棉原料。树皮纤维拉力强，是造纸、人造棉和制绳等的优良原料。湖北枫杨种子含油率28.83%，可榨制供工业用，是制肥皂和炼制飞机润滑油的优质原料。种子还可酿酒和作饲料。

湖北枫杨树冠宽广，树叶茂密，生长快，适应性强，果实奇特，果序长，挂果持久，是美丽的园林绿化树种。

【形态特征】

落叶乔木，高达25m，胸径达70cm。树皮灰黑或黑褐色，纵裂。小枝褐色，无毛或疏被柔毛或被淡黄色腺鳞。裸芽，密被锈褐色腺鳞。复叶长20～25cm，叶轴无翅，小叶5～11，长椭圆形至卵状椭圆形，长6～12cm，宽3～5cm，先端渐尖，基部圆，偏斜，边缘有细锯齿；上面有细小疣状凸起及稀疏盾状腺鳞，中脉疏生星状柔毛；下面疏被腺鳞，脉腋簇生淡黄褐色或锈褐色星状毛，余处近无毛或无毛；叶柄长5～7cm。雄花序单生于去年枝叶腋，长9～12cm；雌花序顶生。果序长10～45cm，下垂，果序轴疏被毛或近无毛；翅果褐色，无毛，具灰黄色腺鳞，果翅半圆形或近圆形，平展，长1～1.5cm，宽1.2～1.5cm。花期6月，果熟期8～9月。

【地理分布与生境】

湖北枫杨为亚热带树种，为华中地区特有种，主要分布于河南西南部、陕西南部、湖北西部、四川至贵州东部及北部等地。多生于海拔 700 ~ 2000m 的沟谷、河溪两侧湿润之地的疏林中。在河南，湖北枫杨分布于大别山、伏牛山和桐柏山区，多呈零星分布。大别山区和伏牛山区稍多，桐柏山区极少，已濒危。

据陈浩峰对湖北武当山湖北枫杨群落研究表明，湖北枫杨群落具有亚热带向温带的过渡性特征。群落分层明显，湖北枫杨为优势种或建群种，其伴生乔木树种有青钱柳、枫香、绢毛稠李、锥栗、茅栗、白栎、天师栗、化香等；伴生灌木有山胡椒、猫耳屎、野珠兰、悬钩子、绿叶甘橿、接骨木等；草本有粗齿冷水花、中华抱茎蓼、绞股蓝、藜芦、花葶乌头等。据我们对桐柏山分布的湖北枫杨调查表明，桐柏山的湖北枫杨已处于几近灭绝状态，跑了几天，仅在海拔 680m 的一个叫大沟的地方，发现有一个小群落，在 400m^2 范围内共分布有 42 株湖北枫杨，最大胸径 30.8cm，最大树高 22m，10cm 以上的仅 4 株，其余全为 4 ~ 10cm 的 3 ~ 5 年生的幼龄树，系大树伐根上的萌生苗。其伴生乔木有苦木、柯楠、山拐枣等；伴生灌木有省沽油、大叶铁线莲、葛萝槭、山梅花、大叶朴、稠李、楤木、棣棠、野珠兰、水蜡树等；伴生草本有贯众、华山参、紫花碎米荠、翠雀、毛果堇菜、光果堇菜、车前紫草等。

【生物学与生态学特性】

湖北枫场为亚热带树种，喜温暖湿润气候，也稍耐寒，在河南黄河沿岸可安全过冬。在中心分布区湖北武当山，年平均气温为 15.8℃，最冷月（1 月）均温为 3.0℃，最热月（7 月）均温为 27.9℃，年降水量为 850.5mm，无霜期为 250.6 天，年平均相对湿度为 71%。喜光，不耐庇荫。对土壤要求不严，在酸性、中性和轻度盐碱土上均能适应，喜生于深厚、肥沃、湿润的沟谷、溪水、河流沿岸，耐水湿，但不喜长期积水及水位过高之地。

深根性树种，主根明显，侧根发达，萌芽性强，在河南分布区的许多次生林多为萌蘖更新。

湖北枫杨为前期速生树种，10～15年即可成材。据“河南省枫杨研究协作组”调查资料，河南省自然分布的湖北枫杨一般年平均树高生长量1.35m，年胸径生长量1.4cm，单株材积年生长量达0.0131m^3，分别比枫杨增加了93%，16.7%和45.6%。在圃地，1年生种子苗高生长平均达1.5m，地径达1.5cm，3年生苗高可达5～6m，胸径可达5～6cm。湖北枫杨5～10年生开始结实，15年生以后进入正常结实年龄，结实有大小年之分。

【栽培技术】

1. 苗木繁育

（1）种子育苗：

①种子采集及贮藏：选择15～20年生生长旺盛、无病虫害、干形通直圆满的壮龄树作采种母树。当果实由青绿变为黄褐色时即可采种，可采摘果穗，也可用竹竿等击落后地面扫集，或待果实充分成熟自动脱落后扫集。采回后净种，可揉搓去翅，也可不去翅。湖北枫杨种子有深休眠特性，可以采后随即播种，在苗床完成后熟阶段，打破休眠，也可于室外背阴高燥处挖沙藏坑，将种子与湿沙按1∶3的比例混匀，置坑内沙藏过冬。沙藏时间应不低于120天。干藏种子或沙藏时间不够的种子春季播种不能萌发，往往到下一年早春才能萌发。

②整地与播种：选择深厚肥沃有水源条件的砂壤土地作圃地。深翻细耙，施足底肥，并做成平畦，畦宽1～1.2m，畦埂高20cm左右。播种分秋播或春播。秋播于10～11月进行，播后应覆土厚3～4cm，随即浇1次透水，冬季结冰前应再浇1次透水，春季发芽前如遇土壤干旱，也应适当补充水分，苗木出土前应适时松土。春播于春季3月进行，播种前如沙藏种子尚未萌动，可从沙藏坑中挖出种子，置于背风向阳的阳畦中催芽，当有30%左右的种子萌动时即可播种。播种行距25～30cm，播后覆土厚1～2cm，然后盖草或支小拱棚。每667m^2播种量10～12kg。

③苗期管理：播种后约20天出苗。出苗后应及时揭除覆盖物。当苗木生长至10～15cm时，应及时间苗、定苗，去弱留强，株距

15cm 左右，每 667m^2 留苗 1.5 万 ~ 1.8 万株。湖北枫杨苗期生长较快，从 5 月下旬即进入速生期，一直到 9 月中下旬生长速度才明显下降。期间要加强水肥管理，每月应至少施追肥 1 次，施肥量 10 ~ 20kg/次，前期宜少，以后逐渐加大。5 ~ 7 月以氮肥为主，8 ~ 9 月以磷钾肥为主，控制氮肥。结合施肥，应视天气情况及时灌水。从引种栽培情况看，湖北枫杨苗期病虫害很少。

（2）扦插育苗：一般用嫩枝扦插。

扦插可于 6 ~ 8 月进行。在背风向阳处建插床，基质用干净粗河沙，插床上配套自动间歇喷雾系统。选 1 ~ 3 年实生苗作采穗母树，选取当年半木质化的枝条作插穗，插穗长 15cm 左右，粗 0.8 ~ 1cm，上端留 2 ~ 3 个复叶，每个复叶可剪留 1/3 ~ 1/2 叶片。插穗剪好后，选用 400 ~ 600 倍的多菌灵溶液喷雾消毒，然后捆成小捆，将下端放入 ABT 1 号生根粉 100mg/kg 溶液中浸泡 2h，浸泡深度 3 ~ 5cm。取出后随即扦插，插入深度 5cm，株行距 5cm × 5cm，插后按实。

扦插完成后，随即启动喷雾系统。可通过喷雾来控制插床温度，一般将温度控制在 20 ~ 28℃ 有利于湖北枫杨生根。扦插 15 天后，可用 0.2% 的尿素溶液叶面施肥，以后每间隔 10 ~ 15 天施肥 1 次，可用尿素搭配磷酸二氢钾喷施。正常管理 35 ~ 40 天后开始生根，生根率可达 70% 以上。

（3）大苗培育：近几年，湖北枫杨成为城乡园林绿化的新宠，因此，大苗培育就显得尤为重要。大苗培育一般用 1 年生苗定植。由于湖北枫杨侧枝发达，故定植密度宜大不宜小，株行距以 0.8m × 0.8m 为宜，有利于抑制侧枝的生长和主干的培养。正常培育 2 年，树高可达 4 ~ 5m，胸径可达 5 ~ 6cm，可以隔行或隔株移除利用，留圃苗再培育 1 ~ 2 年，胸径即可达 8 ~ 10cm。

2. 造林技术

（1）造林地选择：河南省是湖北枫杨的适生区，应选择低山丘陵区和平原区来发展枫杨，可选择沟河两岸、居民房前屋后、低湿地、沿黄或沿淮河滩地、淮北砂姜黑土低洼地作为造林地。干燥瘠薄的豫西、豫北的黄土丘陵及石质山地不适宜作湖北枫杨的造林地。

（2）整地与造林：宜用大穴整地，种植穴规格 80cm × 80cm × 50cm。种植前每穴应施入腐熟有机肥 20～30kg。种植于 3 月上中旬进行，用 1～2 年生苗均可。初植密度宜大不宜小，一般为 2m × 2m，有利于培育通直的树干。

（3）抚育管理：湖北枫杨发枝力强，造林后应注意修枝。修枝一般于冬春季树液未流动前进行，修去枯死枝、病虫枝、竞争枝、修枝强度以保留树冠的 2/3 为宜。造林 5～6 年后林分可郁闭，应及时隔株间伐，以培育大径材。湖北枫杨病虫害较少，主要有桑天牛、光肩星天牛危害树干，应及早防治。

【适生范围】

湖北枫杨是一种适应性极强的速生树种，可以作为大别山、桐柏山、伏牛山的山谷、溪旁、河岸及黄淮平原低湿地区的造林树种，可以作为生态林、速生丰产林、护堤护岸林来发展。在城市可以作为行道树、庭荫树来应用。生长表现和景观效果优于枫杨。

十三、华　榛

〖别名〗山白果、榛树

〖学名〗*Corylus chinensis* Franch.

〖科属〗桦木科，榛属

华榛为我国特产的果、材兼用树种，野生资源稀少，渐危种。在2005年1月4日河南省人民政府公布的《河南省重点保护植物名录》中，华榛被列为河南省重点保护植物。

【引种与开发价值】

华榛是重要的用材树种。其木材暗红褐色，边心材区别不明显，有光泽，纹理直，结构细，质坚韧，供建筑、家具、农具及胶合板等用。

华榛还是重要的经济树种。其果仁营养丰富，含脂肪60.85%，蛋白质23.93%，碳水化合物4.58%，含水率只有3.87%，并含有多种维生素及矿质元素，不仅是人们喜食的干果，又有较高的药用价值，为我国传统的健身益寿佳品。种仁还可榨油，出油率约30%左右，为干性油，含不饱和脂肪酸，色清黄，味香，为优质食用油，并可供制化妆品、肥皂、蜡烛等用；油渣为优质饲料或肥料；果壳可做活性炭。另外榛叶、树皮和果苞等含单宁8.5%～14.5%，可提制栲胶。

华榛树干通直圆满，高大挺拔，树冠圆阔，枝叶茂密，叶大而新叶常带紫斑，典雅美丽，是一种优良的园林绿化树种，尤其受欧美国家喜爱和重视。

【形态特征】

落叶大乔木，高达40m，胸径达2m。树干端直，大枝横伸，树冠广卵形；树皮浅褐灰色，长条状纵裂。幼枝常被粗长毛及腺头毛，近基部毛较密。叶卵形、倒卵状椭圆形，长 6 ~ 8cm，宽 5 ~ 12cm，先端突渐尖或短尾状，基部斜心形，叶缘具不规则锯齿；上面沿中脉被毛，脉腋被簇毛；侧脉 7 ~ 11 对；叶柄长 1 ~ 2.5cm，密被粗毛及腺头毛。雄花序 4 ~ 6 排成总状，苞片密被绒毛，先端毛刺状。坚果 2 ~ 8 个簇生，果苞管状，被短毛或无毛，密生刺状腺体，顶端深裂，裂片镰状披针形，裂片常再分裂。坚果近球形，直径 1 ~ 2cm。花期 4 ~ 5 月，果熟期 9 ~ 10 月。

【地理分布与生境】

华榛为亚热带树种，主要分布于我国西南地区，包括云南、四川、湖北、陕西南部、甘肃东南部、河南西南部、湖南等地；垂直分布于海拔 800 ~ 3400m 的中高山地区。在河南，华榛主要分布于伏牛山区的嵩县、栾川、卢氏、灵宝、内乡、南召、鲁山、洛宁、汝阳等县，常散生于海拔 1000 ~ 1800m 的山坡或山谷杂木林中。在桐柏山海拔 800m 以上，偶可见到零星散生植株。

在湖南天然次生林中，华榛常与杉木、地锦槭、青钱柳、山榆、头状四照花、鹅耳枥、枫香等混生，或有少量纯林。在河南伏牛山区，华榛常位于天然次生林的上层，伴生乔木有白桦、鹅耳枥、千金榆、铁木、漆树、少脉椴、大叶椋子木等；伴生灌木有白鹃梅、省沽油、茶条槭、大花溲疏、连翘等；林下草本有披针叶苔草、唐松草、升麻、泽兰和蕨类植物等。

【生物学与生态学特性】

华榛喜温暖湿润气候。河南省各主要产区如卢氏、嵩县、内乡、鲁山等地，年平均气温 12 ~ 15.2℃，极端最低气温 −21℃，年降水量约 800 ~ 950mm。阳性树种，幼苗及幼树稍耐庇荫，随着树龄的增长，其需光性越来越强。在天然次生林中，常位于林冠上层。华榛常散生于微酸性至中性、土层深厚、肥沃、湿润的土壤上，但引种实践证明，华榛对河南低海拔地区的潮土、褐土等偏碱性土壤也能很好适应。

华榛生长速度较快。30 年生树高 21.2m，胸径 30cm，5 年生以前，平均年高生长可达 1.72m，15 年以前胸径年生长量可达 1cm。

深根性树种，侧根也很发达。萌蘖性较强。

【栽培技术】

1. 种子育苗

（1）采种及种子贮藏：当果实由绿变黄，总苞与果实易脱落时采收，否则坚果落地后易被虫蛀或被动物所食。采收后摊晒可脱去总苞，然后风选去杂，水选去除秕粒，阴干。华榛果实皮厚致密，不易透水透气，影响种子萌动。故必需拌湿沙贮藏过冬。方法是将种子与湿沙按体积1∶3～5的比例混匀，在室外背阴高燥处挖坑沙藏，沙藏坑内应置通气草把，并控制沙子含水量在30%左右即可，以防种子霉烂。如播种前种子尚未萌动，可于播前10～15天将种子取出，置于阳畦或日光温室内催芽，温度保持在20～25℃，每天淋温水2～3次，当种子有1/3裂口露白时即可播种。

（2）整地与播种：选择深厚、肥沃、排水良好的砂土或砂壤土地作育苗地。深耕细耙，施足底肥，作成高床，床高20cm，床面宽50～60cm，沟宽30～40cm。播种于3月上中旬进行，开沟条播，1床2行，沟深4～5cm，每间隔4～5cm播1粒种子，播后覆土厚2.5～3.5cm，稍镇压，然后盖地膜或盖草。每667m^2播种量约50～100kg。

（3）苗期管理：华榛果实香甜，播种后出苗前易遭鸟、鼠类危害。我们曾在2001年在孟州播种了约0.3hm^2的华榛，由于忽视了对鼠害的防治，田鼠按播种穴准确地盗挖种子，仅此一项，出苗率降低近40%。因此，播种后应及时在苗床撒施毒饵。

华榛为喜水、肥树种，出苗后的5～6月，幼苗地上生长缓慢，但地下根系生长活跃，应追施1～2次复合肥，每次每667m^2施肥5～7.5kg为宜，7～9月为华榛苗木的速生期，应于7～8月追施氮肥2～3次，每次每667m^2追施尿素10～15kg，施肥量应先少后多，逐渐增大，追肥后应及时浇水。

华榛苗期易受食叶害虫危害，主要包括尺蠖、大袋蛾、金龟子类等，应及时检查和防治。

2. 栽培技术

（1）山区造林用1～2年生苗植苗造林，可营造纯林，也可与桦木类、刺楸、枫杨等混交造林。穴状整地，种植穴规格60cm×60cm×40cm。种植株行距2m×2m或2m×3m，每667m^2种植110～167株。为了发挥华榛的早期速生特性，造林时每穴应施入腐熟有机肥10～15kg。栽后应浇透定根水。

（2）城市绿化应用胸径3～5cm以上大苗种植。移植时应带土球，并用草绳缠干；树冠截干后不易恢复，最好带全冠，但可以对树冠的过密枝、过长侧枝等进行适当整形修剪。华榛虽适应性较强，但在向阳、湿润的环境中生长更好，故在绿化时应注意小环境的选择。

【适生范围】

华榛为中山树种，可以作为河南各山区海拔600～1800m之间的山坡下部、山谷、山脚、河溪两边等土壤深厚、肥沃之处的造林树种，可以作为用材林、经济林、生态林等培育。从我们近10年在孟州、郑州、济源等地的引种结果看，华榛对低海拔平原区的干热气候及土壤条件适应很好，经过驯化，完全可以作为园林绿化树种在河南各大中城市推广应用。

十四、普陀鹅耳枥

〖**学名**〗*Carpinus putoensis* Cheng

〖**科属**〗桦木科，鹅耳枥属

普陀鹅耳枥为我国特有的珍稀濒危树种，目前仅在浙江舟山群岛普陀山保存 1 株，是普陀山上最有名的珍稀古树名木，被誉为“普陀三宝”之一。普陀鹅耳枥于 1930 年 5 月由我国著名植物学家钟观光教授首次在普陀山发现，1932 年由著名林学家郑万钧教授鉴定并定名。在 1992 年国家林业部公布的《国家珍贵树种名录》中，普陀鹅耳枥被列为国家一级珍贵树种；在 1999 年 8 月 4 日国务院公布的《国家重点保护野生植物名录》（第一批）中，被列为国家 I 级重点保护野生植物。

【引种与开发价值】

木材坚韧致密，边、心材不明显，质坚重，纹理美观，无特殊气味，是制作工具、家具及建筑等的良好用材。普陀鹅耳枥叶形秀丽，果穗奇特，枝叶茂密，可作园林观赏树种。

普陀鹅耳枥资源稀少，在《中国植物红皮书》中被列为濒危种，对普陀鹅耳枥的引种驯化和推广应用，在生物多样性保护、林业科研、生态环境建设等方面，均有重大意义。

【形态特征】

落叶乔木，高达 15m，胸径达 32cm。树皮灰褐色，不裂。小枝疏被硬毛或无毛，皮孔褐黄色。叶宽椭圆形或椭圆形，长 5 ~ 10cm，先端尖或短尾尖，基部宽楔形或圆形；上面侧脉间被平伏硬毛，下面叶脉被硬毛，网脉不明显，侧脉 11 ~ 14 对，脉腋被簇生毛；叶缘具重锯齿，具毛刺状尖头，每对侧脉间具 2 ~ 6 小齿；叶柄长 0.6 ~ 1cm，被硬毛。果序长 5 ~ 8cm，果序轴疏被毛或近无毛，果苞半卵形或镰状半卵形，长约3cm，外缘具粗锯齿，内缘全缘，基部具小裂片，内折，下面沿脉及苞柄被硬毛。小坚果光滑，顶端有毛或无毛，果期8～9月。

【地理分布与生境】

普陀鹅耳枥分布于浙江舟山群岛的普陀山，在20世纪50年代前，有多处发现，由于50年代末60年代初的乱砍滥伐和毁林开荒等，使其遭受毁灭性破坏，到20世纪80年代以来，仅剩1株古树。该树生长于普陀佛顶西北坡海拔260m处。原产地为典型海洋性气候，年平均气温16.2℃，最冷月（1月）平均气温5.5℃，最热月（8月）平均气温26.8℃，绝对最低气温－2.5℃，绝对最高气温38.2℃，全年降水量为900～1300mm，年平均相对温度80%，全年无霜期约255天。季风明显，秋冬多西北风，7～9月多台风。原产地土壤是由花岗岩风化而成的黄泥土，pH值5.0，土层深厚，有机质含量丰富。

普陀鹅耳枥周围为常绿阔叶林，伴生乔木有纹母 *Distylium racemosum*、普陀樟 *Cinnamomum japoicum*、红楠 *Machilus thunbergii*、铁冬青 *Ilex rotunda*、山茶花 *Camellia japonica*、沙朴 *Celtis tetrandra Roxb.* ssp. *sinensis*、灌木和草本有寒竹 *Chimonobambusa marmorea*、野苎麻 *Boehmeria grandifoia* 等。

20世纪80年代以来，全国许多省、市都对普陀鹅耳枥进行了异地引种驯化，如江西庐山、九江，浙江杭州，江苏南京，上海，广东广州，广西桂林，湖北武汉，河南郑州、周口等，多数取得了不错的引种效果。在河南，植物引种专家张家勋先生于20世纪90年代初，曾多次赴浙江普陀山采种，终于在郑州繁育种子苗数百株，后分植于周口商水县、驻马店平舆县等进行培育，生长发育良好，能正常开花结实。目前，这些苗木已应用于开封、郑州等园林绿化工程中。

【生物学与生态学特性】

普陀鹅耳枥喜温凉湿润气候。原产地气温年变化小，年均湿度大，多云多雾，夏季酷热天气少，冬无严寒。但从华东、华中、华北南部、华南等的引种结果来看，普陀鹅耳枥对生态条件有着极强的适应性，在海拔1100m的庐山植物园，在绝对低温-16.3℃的条件下能安然过冬。在河南郑州和河南周口，在-17.8℃的极端低温下植株能正常过冬，没有受冻和抽干现象，在43℃的极端高温下，叶子也没有焦烧或焦边现象，植株生长正常。喜深厚、肥沃、湿润的土壤条件，但对土壤要求不严，在河南的砂姜黑土，潮土、褐土等各种主要土壤上均生长良好。普陀鹅耳枥为中等喜光性树种，幼龄期较耐庇荫，在各引种地，有侧方遮荫的苗木比全光下的树高和茎粗生长量都大。深根性树种，抗风力较强。

普陀鹅耳枥生长速度中等，幼龄期生长较快。在原产地普陀山林场1年生种子苗平均高24.2cm，最高44cm，平均地径0.61cm，最粗地径0.8cm；5年生树高2.0~3.04m，平均年生长量0.4~0.61m，地径3~3.5cm，平均年生长量0.6~0.7cm。江西九江引种地4年生树高4.11m，年平均生长量0.89m，地径5cm，年平均生长量0.92cm；庐山植物园3年生树高1.8m，年平均生长量0.6m，地径2.5cm，年平均生长量0.87cm；河南周口商水引种地，15年生，平均树高至8m以上，平均胸径至10cm以上。

【栽培技术】

1. 种子育苗

采种及种子处理：当小坚果由绿色变为褐色或淡褐色时应及时采摘果穗，晾晒后揉搓，去除果苞和杂质，得到的小坚果即为播种材料，通称种子。秋季播种或沙藏至翌年春播。普陀鹅耳枥雌花花期晚于雄花，自然结实差，饱满种子所占比例少，发芽率也低。据测定，饱满种子率7.2%~21.5%，千粒重27.4~32.2g，每千克种子有3.1万~3.65万粒。

整地与播种：选择土层深厚、肥沃、排水良好的壤土和砂壤土作育苗地。细致整地，施足底肥。作成高床，床宽100~120cm，床高15~20cm，沟宽30~40cm。秋播于10~11月进行，春播在3月中旬至4月上旬进行。条播或撒播，播后覆盖过筛细土或腐殖质土，厚约0.5cm，然后盖草或覆地膜。

苗期管理：春播后 15～25 天开始出苗，40～50 天出齐苗，小苗出土越早，植株越健壮。苗木刚出土时，细弱幼嫩，生长缓慢，为防止日灼应搭遮荫棚。4～6 月，常出现春旱，应及时灌溉。7～9 月是苗木旺盛生长期，应加强水肥管理，每间隔 15 天左右施入稀薄人粪尿 1 次，并及时灌水。1 年生种子苗高 25～50cm，地径 0.5～1cm，可留圃再培养 1 年出圃造林。

2. 嫁接育苗

九江珍稀濒危植物种质库的科研人员，采用嫁接方法繁育普陀鹅耳枥也取得了很好的效果。方法是：用雷公鹅耳枥苗作砧木，苗龄 3～4 年，地径粗 0.6～0.9cm；接穗取于 2 年生普陀鹅耳枥幼树；嫁接于 3 月上旬进行，采用劈接法，随采接穗随嫁接。嫁接后愈合良好，成活率可达 70%～80%，当年嫁接苗高生长可达 35～40cm，即可移植出圃。

【适生范围】

普陀鹅耳枥是我国的一种“国宝”级树种，从 20 多年来各地的引种效果看，该树种有着较强的生态适应性，对河南平原、山区、城市、乡村等生态条件均能适应。河南应该总结过去的引种及栽培经验，加快种苗繁育，有计划地在各山区林场、保护区、平原林木种苗繁育基地安排种苗繁育、造林方法等方面的系统试验研究，为迅速扩大其种群数量，解除其濒危状态做出贡献。

十五、青 檀

〖别名〗翼朴、檀树

〖学名〗*Pteroceltis tatarinowii* Maxim.

〖科属〗榆科，青檀属

青檀为我国特有的单种属植物，又是一种重要的特用经济树种。在河南省人民政府2005年1月4日公布的《河南省重点保护植物名录》中，青檀被列为河南省重点保护植物。

【引种与开发价值】

青檀是一种多用途乡土树种。青檀为我国特有的纤维原料树种，其树皮含纤维素58.67%，木素7.06%，绵韧易剥；其纤维细长而柔软，一般长2.3mm，最长可达3.66mm，均整度达88%，是其他任何植物均整度不可比的；加之檀皮纤维圆浑，强度大，交织成纸后应力不集中，收湿性强，是我国传统宣纸的主要原料，生产出的宣纸洁白、绵软、坚韧、抗蛀、耐用，畅销国内外。青檀木材坚实耐用，富韧性，结构细致，油漆和胶粘性好，握钉力强，可作建筑、家具、农具、车辆、细木工及运动器材等用材。青檀的叶和果实可作猪禽饲料，据测定，青檀叶中粗蛋白的含量高达19.43%，并含有17种氨基酸（其中含有7种动物必需氨基酸）；叶中还含有12种微量元素。

青檀枝叶扶疏，老桩树皮斑驳，是上好园林观赏树种和盆景材料。其生长迅速，生态适应性强，是立地条件较差的山地、丘陵地区优良的生态林树种和城乡园林绿化树种。

【形态特征】

落叶乔木，高达20m，胸径达1.7m。树干凸凹不圆；树皮浅灰色，长薄片状剥落，内皮淡灰绿色。小枝细，褐色或紫褐色，初有毛，后脱落变无毛。单叶互生，卵形或椭圆状卵形，长3.5～13cm，先端渐尖至长渐尖，基部全缘，楔形或近圆形，上面无毛或有短硬毛，下面脉腋有簇毛；基部三出脉，3主脉不达齿端，边缘自基部以上有单锯齿；叶柄长6～15mm，无毛。坚果翅较宽，近圆形或近方形，先端有凹缺，无毛，果核近球形，果柄长1～1.5cm。花期4～5月，果熟期8～9月。

【地理分布与生境】

青檀为我国特产的单属种植物，分布很广。北起辽宁，西至青海、四川，南至广东、广西，东至江苏，以长江流域和黄河中下游地区为其分布中心。在垂直分布上，青檀多分布于海拔800m以下的中低山区，在四川汶川可分布至海拔1600m。在河南，青檀广泛分布于太行山、伏牛山、大别山和桐柏山区，分布海拔大多在200～1500m之间。以太行山区的济源、辉县，伏牛山区内乡、南召、西峡，桐柏山区的桐柏淮源自然保护区，大别山区的新县、光山等地最为集中，常集中连片形成优势群落，成为区域森林植被的主要类型之一。河南省现存青檀多生长于交通不便，受人为影响较小的区域，多位于山谷溪流两侧、温暖湿润的山坡中下部，裸露岩石周围或乱石堆中、石缝间，群落内多为伐根萌生或根蘖苗形成的集群，分布不均匀，林分起源多为天然次生林。

由于气候、土壤等生态条件的差异，河南各大山区分布的青檀群落的植物组成也变化很大。在太行山区青檀的伴生植物有野胡桃、栾树、黄荆、黄栌、胡枝子、栎类等；在伏牛山南坡青檀的伴生植物主要有大叶楠、杈叶槭、千金榆、绿叶胡枝子、竹叶椒、三叶地锦、棣棠、葛藤、珍珠莲等；在桐柏山青檀的主要伴生植物有大叶楠、牛鼻栓、白檀、苦木、香果树、豹皮樟、冬青、青栲、崖花海桐、胡颓子、山花椒等；在大别山青檀的主要伴生植物有马尾松、枫香、油桐、化香、山桐子、豹皮樟、红果冬青、络石、常春藤等。

【生物学与生态学特性】

青檀的生态适应性极强。中等喜光树种，适宜温暖湿润气候，在年均温12～18℃，绝对低温－20℃，年降水量500～1600mm的条件下均能生长。青檀对土壤要求不严，虽喜深厚、肥沃、湿润的壤土，但也能耐受干旱瘠薄的土壤条件，在土壤 pH 值 5 ~ 8.5 的酸性土、中性及碱性土上均能生长；尤其喜生于钙质土壤，常自然生长于石灰岩山区。

青檀为深根性树种，主根发达，侧根分布面亦很广，是很好的水土保持树种。枝干萌芽力极强，在河南分布的青檀天然次生林中，多数青檀均是在老树被砍伐或破坏后从其根茎部萌生起来的，且多呈丛生状态。青檀寿命极长，在河南省各分布区百年以上的大树均可见到，数百年、上千年的青檀古树仍然枝叶茂盛，生机盎然。

青檀生长速度中等，但幼龄树在人工栽培条件下表现出速生特性。据我们在郑州黄河滩区和许昌县测定，青檀 1 年生种子苗平均高可达 1m，平均地径可达 0.7cm，1 年生青檀种子苗的速生期出现在 6 ~ 8 月；3 年生青檀苗平均高 3 ~ 4m，胸径 3 ~ 4cm；5 年生青檀苗平均高 5 ~ 6m，平均胸径 6 ~ 8cm。

【栽培技术】

1. 苗木繁育

(1) 种子育苗：

①种子采收：青檀在河南一般 4 月开花，7 ~ 8 月果实成熟。当果实由绿色逐渐转变为黄色时应及时采收，稍迟即散落。青檀实生苗约在 15 年左右开始结实，采种应选择 20 ~ 40 年生的壮龄青檀作母树。采种后通风阴干去翅，装袋置通风干燥处保存。青檀种子千粒重 21 ~ 28g，每千克约有种子 3.57 万 ~ 4.76 万粒。

②圃地选择与整地：青檀对土壤要求不严，圃地可选择潮土、褐土类等各种土壤，但以肥沃、湿润、疏松的石灰质土壤最好。整地前要施足底肥，每 667m^2 施 2000 ~ 3000kg 腐熟厩肥为宜。要细致整地，作成高垄，垄高 15 ~ 20cm，垄宽 80 ~ 100cm，垄沟宽 30 ~ 40cm。

③种子催芽：青檀种子具休眠特性，播种前需作催芽处理。方法是：将种子放于容器内，加入 30 ~ 40℃ 的温水浸泡，每天换温水 2 ~ 3 次，连续浸泡 2 ~ 3 天后取出控水，拌干净河沙置背风向阳处催芽。催芽床应盖塑料薄膜，晚上可加盖草苫，期间每天翻动 1 次，

约 5 ~7 天后开始萌动，当种子有 1/3 破肚露白时即可下地播种。

④播种：播种时间一般在 3 月中、下旬，采用开沟条播，行距 25cm 左右，开沟深 2cm，播后覆土厚度 1 ~2cm，然后盖草保湿，每 $667m^2$ 播种量 5kg 左右。

⑤苗期管理：播种后约 15 ~20 天苗木出土，当大部分苗木出土后，要及时在傍晚或阴天揭除盖草。在幼苗期应注意松土除草，并适时间苗和补苗，尤其要及时防治地老虎和蝼蛄对幼苗的危害。在苗木旺盛生长期的 6 ~8 月，应结合浇水追施速效肥 2 ~3 次，并注意在雨水过多时及时排水除涝。每 $667m^2$ 可产苗 2 万 ~3 万株。

（2）扦插育苗：青檀扦插有硬枝扦插和嫩枝扦插两种。

①硬枝扦插：一般于秋末冬初进行，选择幼龄实生苗上萌发的 1 年生健壮枝条作插穗，插穗长 15cm 左右，径粗 0. 5 ~1. 2cm，上端平剪，下端剪成马耳形。插穗剪好后可于 10 月下旬至 11 月底前直接扦插，也可将插穗每 50 ~100 根捆成捆，置沙藏坑中冬藏于翌年 2 ~3 月扦插。扦插前将插穗用 ABT 生根粉或萘乙酸溶液进行处理。圃地整成高垄，垄面宽 50 ~60cm，高 15 ~20cm，扦插株距 8 ~10cm，行距 25 ~30cm，一垄双行。扦插采用直插，地面上留约 1cm，以插穗上端第 1 芽微露地面为宜。插后要顺垄沟浇 1 次透水，待水下渗后，加盖地膜密封。正常管理，扦插成活率可至 80% 以上，1 年生扦插苗平均地径可达 1cm，平均高可达 1. 2m，每 $667m^2$ 可出苗 1 万 ~1. 5 万株。

②嫩枝扦插：青檀嫩枝扦插一般于 5 月上旬进行。选择早晨或无风的阴天，从无病虫害、生长健壮的幼年母树上采集当年生半木质化的嫩枝作插穗，插穗长 10 ~15cm，保留 3 ~4 个腋芽，要去掉过于幼嫩的稍头部分。插穗剪好后应放入容器内盖上湿布保湿。插床以高床为好，床面高 20 ~25cm，床面铺普通砂壤土或其他基质均可，插床应建在大拱棚或小拱棚内，配套有全光自动喷雾系统更好。扦插前，将剪好的插穗基部放入 ABT1 号生根粉 200mg/kg 溶液内浸泡 0. 5h。为防止插穗皮劈裂，应用辅助工具在插床上打孔，然后依次放入插穗，压实，插毕浇一次透水，使插穗与土壤密接。嫩枝扦

插成活的关键是如何保持插穗的水分平衡。因此，应通过遮阳网、喷雾和拱棚等设施来进行合理的调节和控制。扦插后应根据天气情况，调节喷雾间隔期，并通过棚膜的通透和密闭来进行温度调节。扦插20~30天插穗开始生根，35天以后，可趁阴天或傍晚逐步揭去棚膜和遮阳网炼苗。当插穗叶片在阳光下不再萎蔫时，应逐步减少喷水次数，直至全部停喷，嫩枝扦插成活率可达60%。

2. 造林技术

（1）造林地选择：青檀适生于钙质土壤，在石灰岩、花岗岩或砂页岩山地均可生长，尤其适宜于土层深厚肥沃的低山丘陵、溪旁、河边、沙石滩及房前屋后。

（2）栽培技术：青檀栽植一般于春季2~3月进行。栽植密度根据经营方式而定，立地条件好的，可实行林粮间作，株行距以3m×4m或4m×4m为宜，即每667m^2植苗42~56株；在立地条件较差，坡度大的山地，造林密度应适当加大，株行距以2m×2m或2m×3m为宜，即每667m^2植苗111~167株。为了提高栽植成活率，青檀一般采用1年生实生苗截干造林，即在苗木起苗或栽植后，自基部向上25~30cm处将主干剪除。城市园林绿化栽植青檀大苗，则必须带土球移植，并剪除上部过密的侧枝，方能保证成活。

（3）抚育管理：青檀造林多以采条剥皮为经营目的，因此，应加强抚育管理。对幼龄林每年至少要抚育2次，包括割除杂草，松翻土壤，有条件的要结合中耕加施追肥。幼林进入采条期，每次采条后，应在冬季抚育和施肥1次，促进来年多发壮条。

根据经营目的不同，青檀目前在生产上主要采用矮林作业、高桩头木作业和高桩多头作业几种作业方式。矮林作业是指造林2~3年后，离地面5~8cm处截干，让其从根部萌发丛生枝条，以后每隔2年砍割1次，取枝剥皮。高桩头木作业是指造林3~4年后，当幼树胸径已达2~3cm时，从离地面1.5m处截断主干，以后每隔2年，在此桩头上砍割取条。高桩多头作业是利用人工控制树形，逐步培养多头林状树形，有利于提高产量。方法是：在造林2~3年后，于树干高1m处截干，新梢萌发后选留3~4根生长健壮、位置合适的培养枝，如顶端优势强、角度小时应拉枝，使其倾角控制在45°～60°左右；继续培养1～2年，在培养枝基部往上50cm处短截，翌年再从新稍中选留2～3根生长健壮枝进行培养；依此类推再短截培养1次，以后每次在最后保留的8～9个树桩上砍割枝条。此法优点是生产管理方便，可持续高产，缺点是培养树形较慢。

青檀砍条取皮应在冬季落叶后进行，青檀皮以2～3年生枝条的韧皮部纤维质量最好。每次砍条应将所有枝条全部砍除，以保证新生枝条年限一致。砍条时基部应保留4～5cm，以利新条萌发；砍刀力求锋利，以免损伤桩皮。

【适生范围】

青檀生态适应性极强，在河南太行山、伏牛山、桐柏山及大别山四大山区的中低山地区及豫西黄土丘陵地区均可种植。在河南黄淮海平原地区的一些沙滩地、四旁隙地等地也很适生。可以作为生态林、水源涵养林、特用经济林、各种防护林等林种进行发展。

十六、榉　树

〖别名〗大叶榉、鬼狼树、血榉

〖学名〗*Zelkova schneideriana* Hand. – Mazz.

〖科属〗榆科，榉属

榉树是我国重要的珍贵硬阔叶树种之一。1992 年被国家林业部列为国家二级珍贵树种，1999 年 8 月 4 日在国务院公布的《国家重点保护野生植物名录》（第一批）中，被列为国家Ⅱ级重点保护野生植物。

【引种与开发价值】

榉树材质优良。边材黄褐色或浅红褐色，心材带紫红色，结构细，纹理美观，有光泽，质坚硬而有弹性，少伸缩，不翘裂，抗压力强，耐水湿，耐腐朽，持久耐用，是建筑、桥梁、造船、家具的上等用材。榉树茎皮纤维强韧，是制作人造棉、绳索的优质原料。

榉树树形雄伟，枝细叶美，绿荫浓密，秋叶血红或亮黄，观赏期长，寿命长，是一种深受江南人民喜爱的常见园林树种。榉树耐烟尘，抗风力强，抗旱耐瘠，病虫害少，具有较好的净化空气和防风作用，是城乡园林绿化、水土保持林、农田防护林及四旁植树的优良树种。

榉树还是一种重要的药用植物。榉树皮可治头疼、热毒下痢、水肿等症；榉树叶可治烂疮、感冒、痢疾、妊娠腹痛、全身水肿、急性结膜炎等症。榉树还是一种重要的油脂资源，果实一般含油率 20%～40%，可作为化工原料或生物柴油原料。

【形态特征】

落叶乔木，高达 25m。树冠倒卵状伞形；树皮深灰色，不裂，老时薄鳞片状剥落，后仍光滑。小枝细，密被灰白色柔毛。叶长椭圆状卵形、长卵形或卵状披针形，长 2 ~ 8cm，宽 1.5 ~ 3cm，先端尖，基部广楔形或近圆形，边缘具钝锯齿，上面具疏毛，粗糙，下面密生柔毛；侧脉 7 ~ 15 对；叶柄长 1 ~ 4mm，有柔毛。花单性，雌雄同株。核果近球形，偏斜，且有皱纹，直径约4mm，无梗。花期4月，果熟期 9 ~ 10 月。

【地理分布与生境】

榉树自然分布于我国秦岭、淮河流域以南的广大地区，南至广东、广西，西至贵州、四川、云南、西藏，以长江中下游地区的浙江、江苏、安徽、湖北、湖南等省较为集中。多散生于海拔 100 ~ 1000m 的低山、丘陵、山麓、平原地区的落叶阔叶林中，在云南和西藏最高分布海拔可达 1800 ~ 2800m。

在河南，榉树主要产于桐柏山、大别山及伏牛山南部，生长于山谷及山坡杂木林中。

【生物学与生态学特性】

榉树为中等喜光树种，幼树较耐荫，在疏林内天然更新良好。喜温暖湿润气候和肥沃土壤，在微酸性、中性、石灰质土及轻度盐碱土上均能生长，在干燥瘠薄山地上生长不良。榉树为深根性树种，侧根发达，抗风力极强，树冠大，枯枝落叶量大，有改良土壤之效。

榉树初期生长较慢，6 ~ 7 年后生长速度加快，且生长能力可持续 80 年不衰。榉树 10 ~ 15 年开始开花结实，20 ~ 80 年为结实盛期，结实期大小年现象明显。寿命长，百年大树仍能正常结实。

据我们在郑州、许昌等地引种栽培可知：1 年生榉树播种苗平均高 60 ~ 80cm，平均地径可达 0.5cm；5 年生圃地苗平均高 3.5 ~ 4.5m，平均胸径 5 ~ 6cm。

【栽培技术】

1. 苗木繁育

（1）种子育苗：

①采种及贮藏：在 10 ~ 11 月，当果实由青绿色转为暗绿色或灰黑色，叶片变为枯黄时即可采种。由于榉树一般树体高大，故采种多采用截取小枝摘取，或待果实落下后扫集。种子采集后，筛除枯

枝落叶等杂质，可得纯净种子，然后阴干。榉树种子可随采随播，或贮藏至翌年播种。贮藏方法有干藏和室外湿沙层积两种。榉树种子千粒重一般为13g，变动幅度为12.5～15.5g，每千克纯净种子约7.7万粒。气干种子含水量10%～13%。种子发芽率波动较大，大年新产种子发芽率可达50%～70%，小年种子发芽率仅有20%～30%。

②整地与播种：圃地应选择深厚肥沃的砂壤土。整地时施足底肥，每667m^{2}施入2000～3000kg腐熟厩肥或150～200kg饼肥为宜，然后深翻细整，淮河以北地区可做成平畦，淮南宜作成高垄种植。

③播种：可秋末冬初随采随播或2～3月春播。干藏种子播种前应用30～40℃的温水浸种2～3天，除去上浮秕粒，并置于5～10℃低温下冷处理约2周左右，可有效促进种子萌发。播种采用条播，行距20cm，播后覆土厚0.5cm，盖草，并保持苗床湿润。每667m^{2}播种量6～10kg，视种子质量而定，播后约20～30天即可出苗。

④苗期管理：种子播种后至出苗前，应注意鸟兽危害。出苗后，应及时揭草炼苗。幼苗期应及时间苗、定苗、松土除草、灌溉追肥。苗期每年应松土除草3～5次。在5～6月出苗及幼苗期，易出现地老虎、蝼蛄、蜗牛、蟋蟀、蚜虫等的危害，可用敌敌畏、敌百虫、敌杀死或甲胺磷等杀虫剂进行防治。在6～8月苗木生长高峰期，更应加强水肥管理，应施肥3～4次，以速效氮肥为主。榉树苗有分杈现象，应及时整形修剪，以保证主干的正常生长。

（2）扦插育苗：榉树扦插育苗较易成活，故扦插育苗也是榉树繁殖的重要方法。目前，生产上常用的有嫩枝扦插和硬枝扦插两种方法。

①嫩枝扦插：嫩枝扦插一般于6月上中旬进行，扦插宜在全光照电子间歇式喷雾条件下进行，插床应建在拱棚内或日光温室内，床面宽1～1.5m，深20～30cm，基质用蛭石、干净河沙、珍珠岩、砻糠灰等均可。选取1～3年生幼龄树上当年生半木质化枝条作插穗，插穗需带2～3个叶片，每个叶片可剪留一半。上端平剪，下端呈45°斜剪，剪口距节0.5cm左右。将剪好的插穗迅速放入50mg/kgABT生根粉1号溶液中，浸泡0.5～1h，浸深2～3cm。插穗剪取及处理应于早、

晚进行，要严格做到随采穗、随喷水、随处理、随扦插。扦插深度2～4cm，密度以枝叶互不接触为宜。据我们在郑州基地试验，扦插成活率可至90%以上，每平方米可产苗300～400株。

②硬枝扦插：硬枝扦插可于秋末冬初的10～11月或春季2～3月进行。选择1～5年生幼龄树上的粗壮侧枝、杈枝作插条。插条粗度0.5～1.2cm，剪成长8～10cm的插穗。上剪口平剪，距上芽0.5～1cm，下剪口斜剪，距下芽0.5cm左右，保证每个插穗有饱满芽4～5个。插穗剪好后，放入100mg/kgABT生根粉1号溶液中浸泡12h，或放入500mg/kgABT生根粉1号溶液中速蘸30s，然后扦插。扦插可于圃地或专用插床进行，基质可用消过毒的床土、蛭石、珍珠岩、河沙等。扦插深度7～8cm，以地面露出最上一个芽为宜，密度10cm×20cm。插后随即灌透水，并于插床上支50～70cm高的小拱棚，在小拱棚上再支2～2.5m高的大拱棚，以保温增湿。其间定时检查插床的温湿度，适时补充水分，冬季可通过加盖草苫来增加温度。秋插苗木可于春季2月下旬至3月上旬发芽生根，春插苗木多于4月底至5月上中旬发芽生根。正常管理，扦插生根率可达80%，当年生苗高可达50～180cm。

2. 栽培技术

（1）造林地选择：榉树造林地应选在中低山区或浅山丘陵区，宜选用山麓、山谷及其他地势较平缓之处，要求土壤深厚、肥沃、湿润，酸性土、中性土、微碱性土均可，平原地区除低洼易涝地外，绝大多数立地均很适宜。

（2）造林技术：榉树造林一般于春季2～3月进行，采用植苗造林，山区造林多用1年生苗，穴状整地，树穴规格为50cm×50cm×40cm，初植时适当密植，以1.5m×1.5m，2m×2m或2m×3m为宜，可抑制侧枝生长，有利于树高生长，以便培育通直干形。榉树宜与一些速生树种进行片状混交、株间混交或行间混交，混交树种以杉木、马尾松、水杉类较好，20～25年后伐除混交速生树，留下榉树培育大径材。

平原造林、四旁植树或城市园林绿化宜用大苗栽植，苗龄3～5

年生，苗木胸径 3～5cm，移植时应带土球，对过密树冠应适当修剪。采用大穴整地，树穴规格为 80cm×80cm×60cm，每穴施入有机肥 10～30kg。

（3）抚育管理：

修枝培干：榉树为合轴分枝，虽萌芽力和成枝力强，但干性不强。顶芽常不萌发，每年春季由梢部以下的侧芽萌生 3～5 个竞争枝，再加上枝条细长柔软，枝叶稠密，故幼苗及幼龄树常树冠歪斜，枝条下垂。在管理上应通过竖立支架，适当修除或短截侧枝等措施，防止主干弯曲。当主干枝下高达 5m 以上，胸径达 5～6cm 时，即可解除支架，留养树冠。

刻伤增粗：榉树树皮光滑，没有纵裂，幼树干径生长缓慢。根据对榉树幼树树干解剖发现，其韧皮部外面有若干层连续的或部分间隔的石细胞，形成一圈有 4～5 层或 7～8 层的厚壁细胞层，阻碍了形成层的分生作用，从而影响了干径的增粗生长。因此，为促进幼树干径生长，可在胸径达 4～5cm 时，于每年春季萌芽前，对树干活树皮进行几道纵向刻伤，深达木质部，可明显增大树干粗生长。

适时间伐：为了培养通直树干，榉树造林的初始密度一般较大。当林分逐渐郁闭，树干培养成形后，应进行抚育间伐。间伐可根据立地条件和林分生长状况分多次进行。

【适生范围】

榉树是河南省的乡土珍贵树种，其生态适应性强，可作为豫西南伏牛山南坡、豫南桐柏、大别山的中低山区及丘陵区的造林树种，可作为珍贵用材林、生态林、堤岸防风林等树种发展。也可作为风景林、城乡园林绿化树种在全省城乡推广种植。

十七、珊瑚朴

〖别名〗棠壳子树

〖学名〗*Celtis jujianae* Schneid.

〖科属〗榆科，朴属

珊瑚朴树体高大挺拔，枝叶浓郁，生长迅速，寿命长，适应性强，是园林绿化和生态造林的优秀树种。珊瑚朴2000年被选为杭州市10种行道树之一。河南是珊瑚朴分布的最北界，资源稀少，桐柏山水帘寺有数百年生珊瑚朴古树，至今仍郁郁葱葱。

【引种与开发价值】

珊瑚朴树高干直，冠大荫浓，春天枝上生满红褐色花序，状如珊瑚，由此而得名；入秋又有红果盈树，均很美观。珊瑚朴为深根性树种，叶大且密被绒毛，具有较强的抗干旱、抗风沙、抗烟尘及有害气体、抗病虫害的能力，是城镇园林绿化、庭荫树、行道树、厂矿区和污染区绿化的上好树种，也可作为平原地区防护林、四旁林、低山丘陵区生态林、风景林的造林树种。

珊瑚朴树木材坚实，纹理直，材质重，可作为家具、建筑、农具及薪炭用材，其树皮富含纤维，可代麻制绳、织袋，或作造纸或人造棉原料。种子含油脂，可制皂或作润滑油。

【形态特征】

落叶乔木，高达30m，胸径达1m余。树冠圆球形；树皮灰色，平滑。小枝密被黄色绒毛及粗毛。叶较宽大，宽卵形、倒卵形或倒卵状椭圆形，长7~14cm，宽5~8cm，先端短渐尖或尾尖，基部近圆形或偏楔形，边缘中部以上有波状圆齿，叶上面稍粗糙，叶脉凹下，疏被微硬毛，叶下面密被黄色绒毛；叶柄长1~1.5cm，密被绒毛。核果大，卵球形，无毛，径1~1.3cm，成熟时橘红色，外果皮味甜可食；果核卵球形，径约1cm，具蜂窝状网纹，顶端具长2mm小尖头，有2肋。花期4～5月，果熟期8～9月。

【地理分布与生境】

珊瑚朴主要分布于浙江、福建、广东北部、江西、安徽、陕西南部、甘肃南部、河南西南部、湖北、湖南、四川、贵州等地。在中、东部多生于海拔200～800m的山麓、坡地及沟谷两侧阔叶林中或林缘，村庄常见有栽培的古树；在西南地区多分布于海拔600～1300m林缘或杂木林中。如在贵州，珊瑚朴为石灰岩山地的原生树种，分布海拔幅度在600～1800m之间。

在河南，珊瑚朴主要分布于伏牛山南坡的南召、西峡、淅川、内乡，桐柏山区的桐柏及大别山区各县，主要生于海拔200～1300m的山坡、山谷杂木林中或林缘，在适宜的立地条件下，也可成为林分中的建群种或优势种。

据我们在桐柏山西十里橡子树沟调查，立地：海拔550m，坡向西南，坡位中、下部，坡度50°，岩石裸露度5%，郁闭度0.8。珊瑚朴位于群落上层，为群落的优势种，在300m^2样地内分布有10cm以上珊瑚朴9株，胸径10～38.4cm，树高7～21m。其他伴生乔木树种有地锦槭、君迁子、紫弹朴、朴树、毛栗、化香、黑椋子等；伴生灌木树种有珊瑚朴幼树、湖北山楂、棣棠、刚毛忍冬、林荫悬钩子、省沽油、粗榧、红果钓樟等；伴生草本植物有茜草、土牛膝、鸡腿堇菜、求米草、鹅冠草、显子草、野荨麻、高莴苣、忽地笑、贯众、普通风丫蕨等；层间藤本植物有三叶木通、常春藤、清风藤等。

【生物学与生态学特性】

珊瑚朴为亚热带树种，喜温暖湿润气候，但也较耐寒冷。1年生苗在郑州黄河滩区冬季温度－17℃以下时受轻微冻害，2年生以上苗未发现受冻情况。对土壤的适应性较强，喜深厚、湿润、肥沃的土壤，在微酸性、中性、石灰性及轻度盐碱土上均能很好生长，对干旱及瘠薄的土壤条件也能适应。珊瑚朴为喜光性树种，在郁闭度大的天然林分中见不到更新小苗，仅在林缘和疏林中有幼苗和幼树存在；在人工栽培条件下，幼苗及幼树在全光照条件下生长旺盛，在栽培密度过大时，生长受到抑制。

珊瑚朴为速生树种，综合河南驻马店、许昌、郑州、济源等地引种栽培结果：1 年生种子苗平均高 1 ~ 1.5m，地径 0.9 ~ 1.6cm；2 年生苗平均高 2 ~ 3m，胸径 1.5 ~ 3cm；3 年生苗高 3 ~ 4m，胸径 3 ~ 5cm；5 年生苗高可 5 ~ 7m，胸径 6 ~ 8cm，在郑州市区栽培作行道树，18 年生最大树高达 9.5m，最大胸径达 29.8cm。

【栽培技术】

1. 苗木繁育

（1）种子育苗：

①采种及种子处理：选择壮龄母树作采种母树，在 9 ~ 10 月，当果实由青绿转为橙红色或橙黄色时，可用竹竿打落或摇落果实，也可在其自然脱落后分批收集。采回的果实堆放于阴凉处让其后熟 2 ~ 3 天，然后反复搓揉去除果肉，用清水淘洗干净可得纯净果核，即种子。将新得净种置通风阴凉处晾干，即可进行层积处理。层积方法是：在室外背阴高燥处挖深、宽各 50cm 的层积坑，坑底铺 10cm 厚的粗河沙，将种子与粗河沙按 1∶3 的比例混匀后，放入层积坑，沙种湿度以 60% 为宜，上再盖 5 ~ 10cm 厚的粗河沙。层积时间 10 月中下旬到翌春 2 月底至 3 月初。期间应定期检查种子的湿度及通气情况。

②催芽：选择背风向阳处建阳畦，畦深 20 ~ 30cm，长宽视种子量而定。畦四周打土埂，南低北高。在阳畦下部铺 10cm 的麦秸 + 牛粪混合成的发热物，上面放层积过的种子，种子上再加盖 5cm 厚的细沙。铺好后浇透水，待水下渗后，阳畦上覆盖薄膜密封，以保温保湿。种子内插一温度计，每天检查阳畦内的温度，以经常保持在 25 ~ 30℃ 为宜，约经 7 ~ 10 天催芽，当有 30% ~ 40% 的种子裂口露白时，即可取出种子进行播种。

③整地与播种：选择深厚肥沃的砂壤土地作育苗地。冬前应深翻冻垡，开春要浅耕细耙，施足底肥，每 667m^2 施入腐熟饼肥200 ~ 300kg 或腐熟有机肥 2000 ~ 2500kg。宜用高垄种植，垄高 15 ~ 20cm，

垄面50～60cm，3月中下旬播种，一垄双行，每667m^{2}播种量10～15kg，播后覆盖地膜或盖草。经催芽的种子播后约15～20天即陆续见苗，20～30天即可大量出苗，应于阴天或傍晚，揭去地膜或盖草进行炼苗。

④苗期管理：珊瑚朴生长快，在幼苗期应注意及时间苗、定苗和补苗，行间株距以8～10cm为宜，每667m^{2}育苗密度1.2万～1.5万株。6月后苗木进入速生期，除了正常的中耕除草外，应重点抓好水肥管理工作，每间隔1月左右施1次追肥，以N、P、K复合肥为主，结合施肥应及时浇水。至9月以后，应严格控制N肥，施肥以磷酸二氢钾为好，也可于9月下旬至10月上中旬，连续喷施1～2次缩节胺类植物生长调节剂，控制生长速度，促使苗木木质化，以便安全过冬。

（2）大苗培育：目前，由于珊瑚朴种源稀少，苗木主要用于园林绿化，大苗培育就显得尤为重要。选择深厚肥沃的圃地作育苗地，平畦和起垄种植均可，初植株行距1m×1m，每667m^{2}定植667株。由于珊瑚朴枝干比较柔软，比较难于培养主干，故定植后应用竹竿等支撑以培育主干。每年春季或生长季节应及时进行修剪，新梢部分分枝较多时，应去弱留强，选留主干延长枝；新梢太纤细时，应适当短剪培壮。修剪强度不宜过大，以免叶面积过少，影响苗木生长。

2. 栽培技术

（1）珊瑚朴根皮韧性强，起苗移植时易撕裂，应注意断根。

（2）珊瑚朴属于较难移植的树种，1年生苗木移栽可裸根进行，但要随起随栽，并对侧枝进行修剪；2年生以上大苗或大树移植必须带土球，并对树冠进行修剪，以提高移植成活率，尽快恢复树势。

【适生范围】

珊瑚朴可以作为豫西及豫南中低山区及丘陵垄岗区的造林树种，也可作为河南省平原地区四旁植树及城镇园林绿化树种，可作为行道树、庭荫树种植。

十八、领春木

〖**别名**〗钥匙树

〖**学名**〗*Euptelea pleiospermum* Hook. f. et Thoms.

〖**科属**〗领春木科，领春木属

领春木科仅1属2种，故领春木为典型的单属少种植物。领春木是第三纪古老孑遗植物，又是典型的东亚植物区系成分的特征种，对于研究古植物区系和古地理、古气候有重要的学术价值。在河南省人民政府2005年1月4日公布的《河南省重点保护植物名录》中，领春木被列为河南省重点保护植物。

【引种与开发价值】

领春木树姿优美，新稍和嫩叶褐红或粉红色，花果成簇，红色或粉红色，红艳可爱，是具有很高观赏价值的园林绿化树种。

领春木木材淡黄色，材质细而密，切面光滑，是家具，农具的良好用材；树皮可制栲胶；果实含淀粉，可酿酒。

【形态特征】

落叶乔木，高达15m。树皮紫黑色或棕灰色。小枝无毛，紫黑色或灰色。叶纸质，卵形、宽卵形、椭圆状卵形或菱状卵形，长5～14cm，宽3～9cm，先端渐尖，基部楔形，边缘具疏锯齿，近基部全缘，侧脉6～11对，两面均无毛，背面有或无乳头状突起。翅果扁平斜形，长8～10mm，具长柄，有1～2个种子。种子卵形，黑色。花期3～4月，果熟期6～7月。

【地理分布与生境】

领春木主要分布于我国西南、西北和华北南部地区，包括甘肃、湖北、贵州、云南、西藏、陕西、山西、河北、江西、安徽、浙江等省（自治区），秦岭及大巴山为其现代分布中心。缅甸和印度也有分布。

在河南，领春木主要分布于太行山区的济源，伏牛山区的灵宝、洛宁、栾川、嵩县、鲁山、卢氏、西峡、内乡、南召、宜阳、汝阳等县。领春木多呈零星散生状态分布，但在伏牛山区的栾川县、西峡县、嵩县等集中分布区也能见到以领春木为建群种的优势群落。领春木多生于湿润避风的山谷、沟壑、阴湿林缘和坡地，以阴坡和半阴坡居多，在干旱、瘠薄的阳坡却不能生长。分布土壤多为棕壤、黄棕壤或褐土等地带性土壤，在土层深厚、肥沃、湿润、有机质含量高的土壤上生长最好。据我们在太行山，伏牛山调查，领春木的伴生乔木主要有千金榆、臭檀、漆树、五角枫、白蜡、野胡桃、湖北枫杨、化香、山白树、重齿槭、暖木、金钱槭、三桠乌药等；伴生灌木主要有华北绣线菊、珍珠梅、八角枫、盐肤木、连翘、建始槭等。伴生草本植物有：多穗金粟兰、蟹甲草、裂叶荨麻、大叶蜂麻、升麻、鬼灯檠、泽兰、地榆、旋覆花等。在群落中，领春木多处于乔木层的第二层，常呈被压状态。

【生物学与生态学特性】

领春木喜温凉湿润气候，不耐干热，对寒冷有较强耐性，可耐 -20 ~ -18℃的极端低温。领春木为中性偏阳树种，在自然群落中，领春木多处于灌木层或乔木层中的第二层，常处于被压状态，多分布于阴坡或半阴坡。在人工育苗中，领春木 1 年生种子苗必须遮荫，否则不能过夏；2 ~ 3 年生苗在全光条件下仍有叶片焦边现象，而在遮荫或侧方遮荫条件下生长良好。

领春木为深根性树种，主根发达。喜深厚、肥沃、湿润的酸性、微酸性至中性土壤，忌干旱瘠薄之地。引种实践证明，领春木在平原地区中性及微碱性土壤上也很适应，如在郑州黄河滩区 pH 值达 8.3 的潮土上也生长良好。

领春木是生长速度中庸、寿命较短的树种。据我们在郑州黄河滩基地测定，领春木 1 年生种子苗平均高达 60cm，最高达 125cm，平均地径 0.5cm，最大地径 1.1cm；2 年生苗平均高 1.3m，平均地径达 1.2cm；3 年生苗平均高 1.9m，平均地径 3.1cm。另据太行山区济源鳌背山石家背林区领春木解析木资料：49 年生树高 11.3m，带皮胸径 16cm，带皮材积 0.0885m^3，胸径生长前期较快，连年生长量最大达 0.44cm，出现在 15～20 年间，平均生长量在 25 年前一直处于上升阶段，25 年以后生长趋于平稳；树高生长前期较为缓慢，25 年以后连年生长量迅速增加，30～35 年生时出现生长高峰，生长量达 0.40m，此后又急剧下降。材积生长 25 年生以前增长缓慢，以后迅速增加，到 49 年生时仍未达到生长高峰及数量成熟龄。

领春木萌蘖能力较强。在自然状态下，领春木丛生现象很普遍，有时呈丛生灌木状。在林分郁闭度大或处于被压状态下，领春木不能开花结实，也少有种子更新小苗；在光照条件好的情况下，领春木开花结实量大，但种子有大小年现象。种子靠风吹或沟谷流水传播，因而天然下种幼苗常沿沟谷旁边，呈条带状分布，更新范围较狭窄。

【栽培技术】

1. 种子育苗

（1）采种与种子贮藏：当果实由绿色转为棕褐色或褐色时应及时采集。采回后在通风处摊晾阴干，不能曝晒，清除果皮果翅后可得纯净种子，然后装透气布袋内置通风干燥处贮藏。领春木纯净种子千粒重 0.7～1.2g，每千克纯净种子 83.3 万～143 万粒。由于种子细小，去翅去皮较费工，生产上可直接将种子带果皮带翅直接干藏。

（2）催芽与播种：领春木种子为光敏种子，萌发需要光照。2～3 月，把干藏的种子取出，放入 30～40℃的温水中浸种 24h，捞出控水，将种子与干净细河沙按 1∶1 的比例拌匀，然后置日光温室或小阳畦内层积催芽，层积厚度 5～10cm 为宜，上面用塑料薄膜密封。每天将种子上下翻动，使其受热、受光均匀，经常检查种子湿度，适时补充水分。约经 10～15 天，当有部分种子露白时即可播种。播种采用平畦撒播，畦宽 100cm，畦埂宽 30～40cm，埂高 15～20cm，播前将畦面整平，并灌透水，当水下渗后，要随即撒种，然后用过筛的细黄土覆盖，厚度以不见种子为度，宜薄不宜厚。播后支小拱棚，用塑料薄膜密封。定时检查畦面湿度，适时喷雾以补充水分。

播后15天左右苗木即可发芽出土，25～30天可出齐苗。播种可在露地进行，也可在日光温室内播种，成苗后移入大田培育。每667m^{2}播种量2.5～3kg。

（3）苗期管理：领春木苗期需要遮荫。出苗后，应用透光率50%左右的遮阳网进行遮荫。在幼苗期，要经常拔草，并适时浇水；当苗木长到2～3对真叶时应适时定苗，每平方米留苗100～150株为宜。7～9月为领春木的速生期，此时应加强水肥管理，每间隔20天左右施1次速效氮肥，每次15～20kg/667m^2，连施3次，9月以后要控制氮肥，增施磷、钾肥，每667m^{2}可产苗5万～8万株。

2. 栽培技术

（1）造林地选择：山区造林宜选择海拔500m以上的阴坡或半阳坡的中下部、沟谷、河溪两侧等土层深厚湿润处；城市园林绿化应考虑领春木幼树喜阴、喜湿、怕干热环境的特性，选择背风、阴湿的小环境，最好与其他树种搭配，形成侧方遮荫。

（2）造林技术：春季2～3月栽植。用1～2年生裸根苗造林，穴状整地，种植穴规格为50cm×50cm×40cm。初植密度宜密不宜稀，株行距以1.5m×1.5m或2m×2m为宜，也可以与其他速生阔叶树种混交。林分郁闭后进行1～2次抚育间伐，或逐步伐除非目的树种，最终株行距调整为3m×3m或3m×4m。城市绿化栽培宜用大苗，需带土球移植，作小乔木或丛生灌木状栽培均可。

【适生范围】

领春木是河南省的乡土树种。从近几年各科研单位及苗木企业的引种结果看，领春木对河南低海拔平原地区的气候及土壤条件有较好的适应性，所以，它不但可以作为河南省四大山区适宜立地条件下的造林树种，还可以推广应用于平原地区城乡园林绿化。

十九、连香树

〖别名〗子母树、五君树、山白果

〖学名〗*Cercidiphyllum japonicum* Sieb. et Zucc.

〖科属〗连香树科，连香树属

连香树为第三纪孑遗植物，雌雄异株，天然更新困难，分布零星，目前资源极少，已濒临灭绝状态。在1992年国家林业部公布的《国家珍贵树种名录》中，列为国家二级珍贵树种；在1999年国务院公布的《国家重点保护野生植物名录》（第一批）中，列为国家Ⅱ级重点保护野生植物。

【引种与开发价值】

连香树为单属科植物的稀有种，东亚植物区系的特征科。在系统演化上处于相对原始和孤立的地位，对于研究古植物区系和古地理、古气候有重要的科研价值。

连香树高大挺拔，被称为温带阔叶树中的“巨人”；其叶形优美，枝叶秀雅，新芽红艳，秋叶金黄，观赏性极强；生长快，寿命长，是城市绿化的优良珍贵树种。木材纹理直，结构坚硬细密，是建筑、枕木、家具、图板、雕刻等细木工的珍贵原料。树皮可提制栲胶，枝叶能提取香精，也能入药。叶中含有的麦芽醇，可作香料和工业中的香味增强剂。因此也具有重要的生态价值和经济价值，具有广阔的开发利用前景。

【形态特征】

高大落叶乔木，高可达25m以上，胸径达1m以上，寿命可达千年。老树皮暗灰色，薄片状剥落，幼龄树皮和多年生枝灰褐色，光滑；枝有长短枝之分，短枝鸡爪状，褐色，每年有明显叶轮痕。长枝光滑无毛，红褐色，皮孔明显，芽紫红色，卵圆形；单叶对生，纸质，卵圆形或扁圆形，长2.5～7.5cm，先端钝尖或圆形，基部宽心形，边缘有钝圆锯齿，齿端有腺体，上面深绿色，背面粉白色，掌状脉3～7条，叶柄长1～2cm。花单性，雌雄异株，花早春先叶开放；雌花腋生，有短柄，离生，心皮2～6，圆柱形。蓇葖果有短梗，微弓形，成熟时浅褐色，长10～18mm，直径约3mm；种子小，扁平四角状，先端有翅。花期4月，果熟期9～10月。

【地理分布与生境】

连香树在我国主要零星分布于山西、河南、陕西、甘肃、安徽、浙江、江西、湖北、四川等省，生长于海拔500～2600m。在河南，主要产于济源鳌背山和黑龙山、嵩县龙池墁、鲁山石人山、内乡和南召的宝天墁、灵宝小秦岭等自然保护区，卢氏县小沟河也有生长，多呈零星分布，唯有济源黑龙山有散生群落。连香树在太行山垂直分布海拔高度为1500～1900m。连香树在河南伏牛山和太行山分布的气候条件是：年均温7～11℃，极端低温－25～－18℃，年降水量700～1250mm，生长季节相对湿度在70%以上。一般在湿润避风的山谷、河溪两旁和茂密阴湿的杂木林中生长良好。土壤多为山地黄壤或黄棕壤，呈中性或微酸性，在土层深厚、富含有机质的砂壤土生长最好。连香树常与五角枫、葛萝槭、领春木、水曲柳、铁木、野胡桃、毛株及落叶栎类等树种混生，形成落叶阔叶混交林；下木有华瓜木、叶下珠、胡枝子、连翘、五加、茶藨子等；草本植物有羊胡草、隐子草、山菊花、马先蒿及蕨类植物。

据我们调查发现，在济源太行山区共有野生连香树27丛72株，其中鳌背山19株，漫坪4株，星星沟14株，漫沟35株。按雌雄分，雌株24株，占33%，雄株48株，占67%。平均高15.4m，平均胸径24.5cm，平均冠幅14.2m，最大单株为漫沟1株连香树，树高23m，胸径53.7cm，冠幅18m，树龄约在200年以上。从生长情况来看，长势良好的37株，占51%，中等的25株，占35%，长势较差的10株，占14%。本次调查到的野生连香树均生长在海拔1500m以上的山地，证明连香树喜欢高山冷凉气候。野生连香树生长的土壤为棕壤和粗骨棕壤两个亚类，pH值6.5～7。从调查来看，连香树多生长在中厚土层上，但是还有相当一部分的连香树生长在土少石多的乱石堆上，大小石砾占到70%以上，甚至90%，连香树也能很好生长，可见连香树对土壤要求不严格。从坡向来看，所调查的72株野生连香树，阳坡分布25株，占35%，阴坡分布47株，占65%，生长状况无明显差别。由此可见，野生连香树只要能满足湿润环境和冷凉气候，对坡向要求不严格。

【生物学与生态学特性】

连香树分布区年均温7～15℃，冬季极端最低温度－30℃，年降水量600～1250mm. 生长期相对湿度70%，多生长于海拔1000m以上的水土条件较好、湿润避风的阴坡、沟谷和山洼中，迎风干旱的山坡极少生长，表现出耐寒冷、怕干旱、喜冷凉湿润气候的生态特征。连香树幼年可耐一定庇荫，随着树龄增长对光的需求逐渐增加，而到壮龄树则高居林冠之上，成为强阳性树种。在自然状态下，连香树种子萌发成苗困难，而萌蘖性很强，隐芽和不定芽寿命可达上百年。因此它主要靠根部萌生而交替延续，被砍伐的母树桩常萌发出为数众多的萌蘖苗，大小年龄不一，群众称之为“子母树”。

连香树生长速度中等，济源鳌背山下人工幼林20年生平均树高10.9m，平均胸径13.2cm，自然状态下，83年生树高17.5m，胸径22cm，材积0.2651m^3，材积生长远未达到数量成熟龄。连香树寿命长，可达千年，能长成数人合抱的大树。

人工培育条件下，连香树也可以在低海拔地区、土层深厚肥沃、排水良好、透气性好的砂壤土上生长。比如济源承留有一块密植园地，海拔200m，4年生树平均高4.28m，平均胸径2.85cm，最大胸径4.2cm，最高5.4m。生长速度比自然野生的快20倍。

从连香树幼树叶的解剖构造特征来看，叶表皮细胞角质层极薄，气孔只分布在下表皮。栅栏组织为2～3层短柱状细胞所组成；海绵组织细胞排列疏松，胞间隙较大，细胞内含有叶绿体，海绵组织与栅栏组织厚度几乎相等，反映了连香树幼年具有喜湿性和耐庇荫的特点；在连香树茎的解剖构造中，具有原始性的结构特征，如次生木质部为散孔材，导管端壁具梯状复穿孔，导管腔为多角形，多为单生排列，木薄壁组织细胞甚少，星散分布，都反映出连香树在系统演化上具有古老原始的特征。

【栽培技术】

1. 苗木繁育

连香树由于种子育苗比较容易，所以生产上多采用种子育苗，除非特殊需要，一般不进行难度较大的扦插育苗。故本书只介绍种子育苗。

(1) 采种及贮藏：种子在9月下旬至10月上旬果实由青变成黄褐色时及时采收，以免种子散落。采收后，摊到通风向阳处晾晒，待种壳开裂，用木棍轻击，种子全部脱出后，筛净装入透气的容器中，放置低温干躁处贮藏。

(2) 种子处理方法：

①沙藏：11月上冻前先用0.3%的高锰酸钾溶液浸泡1h，混湿沙贮藏于贮藏坑中，并插草把以利透气。

②播前催芽：冬季干藏的种子，在播种前10天，用2开1凉的温水（50~60℃）浸种，由水自然冷却浸泡1昼夜，捞出后拌细湿沙，置于20℃的温室内，上盖湿布进行催芽，每日翻动1次，保持湿润，6~8天后种子有1/3露白发芽时播种。

③雪冻沙藏：干藏的种子，到冬末下雪时，将种子与20倍雪混匀置于阴冷处，再用厚雪覆盖，待雪融化后，及时混沙进行常规沙藏，春天播前取出仿②催芽，这种方法效果最好。

(3) 圃地选择与整地：选择地势平坦、排灌良好、土层深厚、土壤肥沃的砂壤土作育苗地。入冬前翻耕，开冻后每667m^2施腐熟有机肥2500~3000kg，尿素25kg，过磷酸钙40~50kg，并撒上50%敌百虫粉剂与麦麸按1:100的比例混制的毒饵，整平耙细，做成长10m、宽1m的苗床，喷洒多菌灵或敌克松进行土壤消毒待播。

(4) 播种：3月中下旬播种，每667m^2用种量1kg。先将苗床细耙，然后按25~30cm行距开沟浇水，水浸下后均匀条播，或者不开沟，浇透水，待水浸下后均匀撒播，上覆细土或草木灰土，厚度以遮住种子为宜，最厚不能超过0.5cm。并随时搭建塑料小拱棚，用于增温保湿。经常喷水保持苗床湿润，10 天后开始出苗。由于幼苗极不耐日灼高温，开始出苗时盖上遮阳网。待幼苗长至 2 ~ 3 片真叶时，每天掀去塑料薄膜炼苗 3h，一周后撤去薄膜，保持苗床湿润无杂草。

（5）移栽：当苗高 4 ~ 5cm 时，按株行距 20cm × 40cm 移入大田培育。一般选择在阴雨天移栽，并及时浇水。低海拔地区应当继续遮阳到 9 月。

（6）施肥管理：移栽成活 45 天后，每 667m^2 开沟施入尿素 20kg，并及时浇水；初秋再施复合肥，并去掉遮阳网，期间要经常进行松土除草和浇水，保证苗木正常生长。管理得当，当年苗木可达 1m 以上，冬春可直接用于造林。

（7）培育大苗：为了满足城市绿化需要，应第 2 次移栽，株行距根据所培育苗木规格大小而定，栽后要加强土壤肥水管理，使其尽快达到标准。

2. 造　林

（1）造林地选择：山区要避开风口，尽量选择土壤深厚、肥沃、湿润、不积水的山坡、山洼和山脚及沟谷两边；平原选择土壤深厚、肥沃、不积水的砂壤土或砂土，坚决避开黏土地。平原和低山区有一定的侧方庇荫条件最好，可以减轻日灼病的发生。

（2）整地：可提前整地，也可随整随植。山区采用带状或鱼鳞坑式整地，平原可采用条田或单坑整地；株行距初始密度以 2m × 2m 为好，可以充分利用地力，也有利于形成群体优势，以后可以间伐为 2m × 4m 和 4m × 4m；栽植坑规格为 60cm × 60cm × 60cm。

（3）栽植：分秋栽和春栽。秋栽一般在 10 月中旬树叶快落时进行，春栽在土壤解冻后及时进行，以春栽最好。栽植时要保证根系完整舒展，土壤踩实，表土在上心土在下，有条件的可混入少量腐熟的农家肥或复合肥。最好能浇透定根水。

（4）幼林管理：3 年内做好树盘的松土除草工作；注意修枝除杈，在保证高生长的前提下，尽快扩大树冠，提高生长量；有条件的应加强肥水管理，以加速生长。

(5) 成林抚育间伐：栽后20年进行第1次间伐，主要是伐除生长不良的林木，每667m^2保留100株左右；30~35年进行第二次间伐，继续伐劣留优，兼顾均匀，每667m^2保留50株左右培育大径材。

(6) 病虫害防治：通过近几年的观察，连香树病虫很少，除低山区和平原有日灼病和极少的天牛外，尚未发现其他病虫害。预防日灼病一是做好侧方庇荫，二是春夏秋用石灰浆涂树干，三是栽植4年生以上大苗；有天牛危害，要及时检查发现，用毒签塞口或用农药注射。

【适生范围】

由于天然森林大量被砍伐，林地生境恶化，连香树仅在伏牛山和太行山残存有少数的植株。分布范围日益缩小，天然下种更新困难，如不加强保护管理，将濒临灭绝。

可喜的是在河南有连香树生长的山区，目前大都建立了自然保护区。要严格保护母树，保护自然群落环境，促进天然更新繁殖，扩大分布范围。同时要积极进行连香树采种育苗试验，开展有性和无性繁殖研究，大力繁殖苗木，推广作山区造林和平原城乡绿化树种。

二十、厚 朴

〖别名〗赤朴、厚皮树、烈朴

〖学名〗*Magnolia officinalis* Rehd. et Wils.

〖科属〗木兰科，木兰属

厚朴为我国特产的传统药用经济树种，在我国有悠久的栽培历史。由于野生资源稀少，在1999年国务院公布的《国家重点保护野生植物名录》（第一批）中，被列为国家Ⅱ级重点保护野生植物。

【引种与开发价值】

厚朴树皮、根皮、花、种子和芽皆可入药。以树皮为主，为著名中药材。皮含厚朴酚，木兰醇、生物碱及挥发油等成分，味辛性温，有化湿导滞、行气平喘、化食消痰、祛风镇痛之效，可治胸腹胀满、血淤气滞、呕吐腹泻、宿食不消、咳嗽气喘等症。种子有明目益气功效，芽作妇科药用。在全国制药工业中，采用厚朴配方的中西成药就达200种以上。种子含油率达35%，出油率25%，可榨油供制肥皂。

厚朴木材淡黄褐色，纹理直，质轻软，结构细，少开裂，易加工，供细木工、建筑、家具、雕刻、乐器、漆器、铅笔杆、火柴杆等用。

厚朴叶大荫浓，树形优美，花白美丽而芳香，是优良的庭荫树和园林观赏树种。

【形态特征】

落叶乔木，高达20m。树皮厚，灰色或紫褐色，不开裂，油润而带辛辣味。小枝粗壮，淡黄色或灰黄色，幼时有绢状绒毛，次年脱落变光滑而呈黄灰色。顶芽大，窄卵状圆锥形，无毛。叶近革质，7~9聚生枝顶，呈假轮生状，长圆状倒卵形，长22~46cm，宽15~

24cm；先端突尖或圆钝，基部楔形或圆形，上面绿色，无毛，下面灰绿色，被灰色柔毛，有明显白粉；叶柄粗壮，长2.5～4cm，有托叶痕。花大，白色，有芳香，径10～15cm；花被片9～12或更多，厚肉质，外轮3片淡绿色，盛开时常向外反卷，内2轮直立。聚合蓇葖果长圆状卵形，木质，长9～15cm，蓇葖果全部发育，且先端有鸟嘴状尖头。种子三角状倒卵形，长约1cm。花期5月，果熟期9月。

【地理分布与生境】

厚朴为亚热带地区的特征树种。分布范围为北纬22°～34°，东经102°～122°，包括陕西南部、甘肃东南部、四川、贵州北部及东北部、广西东北部、湖北西部、江西北部、浙江、安徽南部、河南南部等。垂直分布海拔一般为500～1500m，若生长海拔更高，虽能生长开花，但种子常不能正常成熟。

厚朴在河南省主要分布在大别山、伏牛山南坡的北亚热带区域，多零星散生于山谷杂木林中。河南是厚朴自然分布的最北界，野生资源稀少。但自20世纪70年代以后，河南省在伏牛山区的内乡、西峡、南召，桐柏山的桐柏，大别山的商城、新县等县及鸡公山自然保护区，营造了大面积的厚朴人工林，造林总株数达80余万株，取得了良好的经济、生态和社会效益，同时，也为厚朴在河南的进一步发展积累了经验。

【生物学与生态学特性】

厚朴喜温凉湿润、雾气重、相对湿度大的气候条件。产区年均温10～20℃，1月平均温度3～9℃，年降水量800～1800mm。厚朴为中庸偏阳性树种，幼龄较耐荫，成龄后喜阳光充足，成年的孤立木或散生木常花果累累，而同样立地条件下的林木或林中被压木却开花少或不能开花结果。厚朴较耐寒冷，怕酷热和干旱。

厚朴对土壤条件的要求较高，在疏松、肥沃、湿润、腐殖质含量丰富且排水良好的微酸性至中性土壤上生长良好，喜生于山地黄壤、黄棕壤土上，石砾多、土层瘠薄以及易积水的地方生长不良。

在河南信阳鸡公山栽培区，年均温13.6℃，绝对高温38.7℃，

绝对低温 -14.1℃，7 月均温 27.8℃，年降水量 1100~1300mm，年平均相对湿度 75%，无霜期 233 天，土壤 pH 值 5.6~6，厚朴生长良好，6 年生平均树高 3.09m，平均胸径 4.0cm，最大树高 5.62m，最大胸径 6.1cm。在南阳内乡县夏馆镇黄龙药场，海拔 800~1200m，年均气温 15.2℃，极端最高气温 41.2℃，极端最低气温 -14.3℃，年均降水量 790mm，无霜期 225 天，土壤为山地黄棕壤，pH 值 6.74。栽植的 5 年生厚朴平均树高 5.3m，平均胸径 4.2cm；10 年生厚朴平均树高 8.9~9.4m，平均胸径 14.2~15.5cm；14 年生厚朴平均树高 12.8~13.8m，平均胸径 15.8~19.7cm，其生长速度不亚于中心分布区，并且能正常开花结实。

厚朴为浅根性树种，主根不明显，侧根发达，绝大多数根系分布在 40cm 以上土层中，根系的再生能力、穿透能力强，有极强的趋肥性、趋水性、好气性。树干有极强的萌芽能力和再生能力，受伤树、折断树或伐根处均易生很多萌条。树干在环剥皮后，经包扎及精心护理，仍能长出新皮，故可多次重复采皮利用。

厚朴为生长速度中等偏快的树种。据赵天榜等对内乡县夏馆镇黄龙药场引种厚朴生长规律的研究，厚朴树高生长速生期为第3~11 年，高峰出现在 7 年生时；胸径生长速生期为第 3~14 年，高峰出现在 9 年生时；材积速生期为 10~17 年，高峰出现在 13 年生时。

厚朴 5~8 年即可开花结实，15 年生后进入结实盛期，结实有大小年现象，间隔期 1 年。

【栽培技术】

1. 种子育苗

（1）采种与种子处理：选择 15 年生以上，生长速度快，树皮相对较厚的成年树作采种母树。当蓇葖果由青绿变红再转为棕褐色，果皮开裂露出红色种皮时即可采种。果实采回后，置通风干燥处阴干 2~3 天，当果壳完全开裂后脱出种子。厚朴种子外被红色蜡质层，必须去除，可将纯净种子放入清水中浸泡 2~3 天，取出拌草木灰揉搓，然后冲洗干净。种子有休眠特性，可将种子与湿河沙按 1∶3 的比例混匀，在室外挖坑沙藏过冬。种子千粒重 140~180g，每千克有种子 5600 ~ 7100 粒。

（2）整地与播种：选择土壤疏松、湿润、排水良好的酸性或中性土作育苗地。深翻施肥作成高床，床面宽 80 ~ 100cm，床高 15 ~ 20cm。如在偏碱性土壤上育苗，应用硫酸亚铁调整土壤酸碱度。播种于 2 ~ 3 月进行。播种前如种子尚未萌动，可在朝阳背风处建阳畦进行催芽，待有部分种子开口露白时即可播种。条状点播，行距 20 ~ 25cm，株距 5 ~ 7cm，播种沟深 4 ~ 5cm，播种后覆细土 2 ~ 3cm，然后盖草或覆地膜。每 667m^2 播种量 20 ~ 25kg。

（3）苗期管理：播种后 35 ~ 50 天萌发，未经催芽的种子出苗期更迟。出苗后应及时除去覆盖物。厚朴幼苗怕强光，需要搭荫棚遮荫。5 ~ 6 月生长较慢，可施 1 ~ 2 次稀薄人粪尿或稀薄氮肥，每 667m^2 尿素用量 2 ~ 2.5kg/次，并加强中耕除草和灌溉，保持床面疏松、湿润。7 ~ 9 月是苗木速生期，可施全元素复合肥 1 ~ 2 次，每 667m^2 用量 10 ~ 15kg/次，此时期正是华北南部雨季，厚朴苗子怕圃地积水，应及时排水除涝。立秋后应于阴雨天去除遮荫棚，在全光下锻炼苗木。

当年生苗高 30 ~ 50cm，地径可至 0.8cm 以上。

2. 造林技术

（1）造林地选择与整地：厚朴为浅根性和早期具速生性的树种，在营造速生丰产林时，立地的选择十分重要。在适宜的气候条件下，选择土层深厚、湿润、质地疏松、富含有机质的土壤最好，一般选缓坡，坡度小于 30°，坡位中下部的阳坡或半阳坡为好，山洼、山窝、谷地、山麓等小环境均很适宜，海拔高以 300 ~ 1000m 为宜。忌干旱瘠薄、低洼渍涝之地作造林地。采用全面整地和带状整地，然后挖成大穴，规格为 60cm × 60cm × 40cm，挖穴时表土和心土分开。

（2）栽培技术：采用植苗造林，一般用 1 ~ 2 年生苗，要求苗高度 80 ~ 120cm，地径 1 ~ 1.5cm。由于厚朴为亚热带树种，冬春在北方易抽干，故造林时间以春季 2 ~ 3 月为宜。初植密度 1.5m × 1.5m 或 2m × 2m，种植时，每穴要施入 10 ~ 15kg 腐熟有机肥或 0.1kg 全量复合肥作底肥，与底土拌匀。植苗后要踏实，并浇足定根水。

（3）抚育管理：厚朴的造林地立地条件较好，故幼林郁闭前可适量间种低杆农作物，以耕代抚。每年要中耕除草 2～3 次，中耕宜浅不易深；结合中耕进行施肥，肥料以有机肥或复合肥为主。当根际有萌条时应及时抹除。林分郁闭后，应进行间伐，间伐原则是去密留疏，去劣留优，间伐强度保持郁闭度 0.7～0.8 为宜。

【适生范围】

厚朴可以作为河南省伏牛山、大别山和桐柏山区海拔 300～1000m 立地条件较好地方的造林树种进行发展，可用于营造药用经济林、用材林、生态林或风景林。由于厚朴花叶俱美，也可以培育大苗，在全省城市园林绿化中应用。

附：凹叶厚朴 *Magnolia officinalis* ssp. *biloba*（Rehd. et Wils.）（Cheng）Law，栽培技术同厚朴。

二一、马褂木

〖别名〗鹅掌楸

〖学名〗*Liriodendron chinense*（Hemsl.）Sarg.

〖科属〗木兰科，马褂木属

马褂木是我国特有的中生代古老残遗植物。马褂木属树种起源较早，在新生代时就有10余种之多，后来由于第四纪冰川的侵袭，仅在我国和北美各存留1种，形成了典型的东亚－北美分布格局。因此，马褂木对于研究东亚和北美植物区系的起源、发展及相互联系，探讨欧亚大陆与美洲大陆的历史成因和变迁具有重要价值。目前，我国的野生马褂木资源已很稀少。在1992年国家林业部公布的《国家珍贵树种名录》中，马褂木被列为国家二级珍贵树种；在1999年国务院公布的《国家重点保护野生植物名录》（第一批）中，被列为国家Ⅱ级重点保护野生植物。

【引种与开发价值】

马褂木树干通直，树形端庄挺拔，叶形奇特，花淡黄绿色，美而不艳，秋叶金黄一片，美丽而素雅，是世界著名的观赏树。

马褂木是一种优良的速生用材树种。其木材淡红色，质轻软，纹理直，韧性强，结构均匀细致，不易翘裂或变形，是建筑、家具、细木工及装饰的优良用材。叶及树皮、根皮入药，具祛风湿、强筋骨之效，主治风湿症。

【形态特征】

高大落叶乔木，高达40m，胸径达1m以上。小枝灰色或灰褐色。叶马褂形，长4～18cm，宽5～19cm，每边一裂片，向中腰部缩入，叶下面苍白色，老叶下面有白色乳状突起；叶柄长4～8cm。花杯状，黄色，直径5～6cm，花被片9，外轮3片黄绿色，开展，内2

轮黄色，直立。聚合果纺锤形，长 7～9cm，成熟果具翅，木质，长约 6mm，先端钝。花期 5 月，果熟期 9～10 月。

【地理分布与生境】

马褂木为中亚热带树种，主要分布于长江以南亚热带地区的浙江、湖南、湖北、江西、福建、安徽、贵州、四川、广西、云南等省（自治区），最北分布可达陕西大巴山北坡，水平分布大体在北纬 20°～30°，东经 103°～120°之间，垂直分布在海拔 500～1700m 之间，常混生于各种落叶阔叶林或常绿阔叶林中。

马褂木具有较强的生态适应性，除了在自然分布区各省、市进行了较广泛的栽培外，在分布区以外也进行了大量的引种和栽培。在河南，近年来马褂木的栽培及应用推广非常迅速，正在日益成为全省园林苗木生产、城市园林绿化的常规品种。

【生物学与生态学特性】

马褂木喜温暖湿润气候，喜光。但适应性较广，在年平均气温 12～18℃，绝对低温达 -12.4 ℃ ，年降水量在 1000mm 左右，相对湿度 70% 以上均能生长。有较强的耐寒性，在郑州黄河滩区，3～5 年生苗在 -18℃的极端低温下可安全过冬，枝梢未见冻害。在北京地区小气候好的立地条件下，可露地越冬。

喜深厚肥沃、湿润而排水良好的酸性和微酸性土壤，pH 值 4.5～6.5，在砂岩、沙页岩或花岗岩发育的酸性土上生长最好。对土壤水分和土壤酸碱度要求严格，不耐干旱瘠薄和低湿渍涝；大多马褂木在黄淮海平原的微碱性和碱性土壤上不能很好适应，往往出现黄叶、落叶、生长停滞甚至枯死等现象。

马褂木为速生树种。福建武夷山 36 年生野生林木，树高 20.5m，胸径 40.6cm；江西庐山树木园人工栽培，11 年生树高 15m，胸径 10～19cm；安徽黄山树木园人工栽培，11 年生树高 12.8m，胸径 27cm。河南各地引种栽培的马褂木生长速度也很惊人。商城黄柏山林场，25 年生树高 18m，胸径 35cm；同样在黄柏山林场，在海拔 630m 的马褂木、水杉、柳杉混交林中，8 年生马褂木平均树高 9.2m，平均胸径 14.6cm，林相整齐，生长旺盛。在河南潢川、上蔡、鄢陵、许昌、郑州、焦作、洛阳等各苗木生产基地培育的马褂木，1 年生苗高可达 0.8 ~ 1m，地径 1 ~ 1.5cm；2 年生苗高可达 2 ~ 3.5m，胸径可达 1.5 ~ 2cm；3 年生苗高可达 3.5 ~ 4m，胸径达 5 ~ 6cm。15 ~ 20 年生开始开花结实，大小年现象不明显。

马褂木为深根性树种，主根发达，粗大。肉质根，不耐水淹。

【栽培技术】

1. 苗木繁育

（1）种子育苗：

①采种与种子贮藏：由于马褂木授粉过程存在严重阻碍，种子有仁率很低，孤立木、林缘木更低，故应选择 20 ~ 40 年生、无病虫害、生长健壮的林木作采种母树。9 月下旬至 10 月，当小坚果已呈褐色但尚未脱落时应及时采下整个聚合果。一般在树冠上部 2/3 处的坚果比较饱满，可有选择性地采摘。采回后，放在室内通风阴凉处摊晾几天，聚合果就会自动散开，去除果序及杂质即得带翅的坚果（种子），种子千粒重 22 ~ 35g。干燥的种子在 2 ~ 4℃ 低温下密闭贮藏，生命力可保持 3 年。翌年春播的种子可采用室外混沙坑藏过冬，可促进种子发芽。

②整地与播种：选择排水良好，深厚肥沃的壤土和砂壤土作育苗地。深耕细耙，每 667m^2 施过磷酸钙 100kg，腐熟有机肥 1500 ~ 2000kg 作底肥。作成高床，床高 20cm，床面宽 50 ~ 60cm，用 0.3% 的硫酸亚铁消毒床面。春季 2 月底至 3 月上中旬播种。干藏种子在播种前 1 月应进行混沙层积催芽，沙藏种子可进行直播。条播，行距 25 ~ 30cm，播幅 5 ~ 8cm，开沟深 2cm 左右，播后覆过筛细土 0.5 ~ 1cm。然后覆地膜或盖草。每 667m^2 播种量 20 ~ 40kg。

③苗期管理：一般 20 ~ 30 天出苗，待 80% 的苗木出土后，应及时揭除覆盖物。4 ~ 6 月苗木幼小，生长很慢，抵抗力差，在管理上要抓好间苗、定苗，病虫害防治，松土除草，施肥浇水等管理。当苗木生长到 8 ~ 10cm 时，可进行间苗、补苗、定苗，苗木株距 5 ~ 8cm 为宜；春夏之交正是小地老虎、蝼蛄类、金龟子类的危害盛期，可用敌百虫、甲胺磷等杀虫剂进行诱杀或喷洒；春季是华北地区的

干旱季节，应经常灌水，保持圃地湿润，可结合浇水每间隔 10～15 天施 1 次稀薄肥，以人粪尿或尿素为主，尿素每 $667m^2$ 每次不超过 5kg。7～9 月是河南的高温高湿季节，也是马褂木的速生期，应加大施肥量，每 $667m^2$ 可施入尿素或氮、磷、钾复合肥 50kg，分 2～3 次施入。同时，这一时期也是根腐病等的易发时期，可每间隔 10 天左右喷施 1 次多菌灵、甲基托布津等广谱性杀菌剂 800～1000 倍液，连喷 2～3 次，进行防治，并采取及时排除圃地积水、松土除草等措施，来改善圃地的环境条件，进而达到防病抗病的目的。进入 9 月，应停止施入氮肥和浇水，可叶面喷施 0.3%～0.5% 的磷酸二氢钾溶液和 0.2%～0.3% 的硼砂溶液 1～2 次，以提高苗木质量，增强苗木抗寒能力。

正常管理，1 年生苗高可达 0.8m，地径达 1cm，每 $667m^2$ 可出圃成品苗 1.5 万株左右。

（2）扦插育苗：主要有硬枝扦插和嫩枝扦插两种方法。

①硬枝扦插：可于 10～11 月秋插，也可春季 2～3 月扦插，选 2～5 年生幼龄马褂木上的 1 年生健壮枝条作插穗，粗度以 0.8～1.5cm 为宜，穗长 12～15cm，上口平剪，下口剪成马耳形，每穗应有 3 个芽以上。将剪好的插穗 50 或 100 根捆 1 捆，下端放入 100mg/kg 浓度的 ABT 生根粉 1 号溶液中浸泡 12～24h，浸入深度 5cm 左右，取出后立即扦插，选择深厚肥沃的砂壤土作育苗地，深耕细耙，作成高床，床高 20cm，床面宽 1m，扦插前将床面用硫酸亚铁或高锰酸钾溶液消毒。扦插株行距 15cm×20cm，插后淋透水，使插穗与土壤密接。然后支拱棚，秋插可支双层棚。经常检查插床湿度，插床土壤湿度控制在 60% 左右，空气湿度保持在 85% 以上，可通过喷水来进行调节。精心管理，80～90 天可生根，成活率达 60%～70%。扦插苗当年生高可达 40～50cm，秋插苗可于 4～5 月成活后移入大田进行培养。

②嫩枝扦插：于 6～7 月进行。选择半木质化的当年生枝作插穗，插穗长 10～15cm，上端带顶芽，并保留 1～2 片叶，插穗剪后将下端放入 500mg/kg 浓度的萘乙酸溶液中速蘸处理，取出立即扦插。

插床基质用干净的粗河沙，并配备全光照自动喷雾系统。扦插前应对插床、基质、插穗、操作工具等用 400 ~ 800 倍多菌灵溶液进行严格消毒。直插，插入深度 3 ~ 5cm，扦插株行距 5cm × 5cm，以叶片互不重叠为度。插后轻按，并随即进行喷雾。期间除正常喷雾外，每间隔 7 ~ 10 天喷 1 次 800 倍的多菌灵溶液，连喷 3 次以上，以防止插穗腐烂；愈伤组织形成后，每间隔 5 ~ 7 天可喷施 1 次 0.1% ~ 0.3% 的尿素溶液或 0.1% ~ 0.2% 的磷酸二氢钾溶液以补充养分，施药或施肥可于傍晚自动喷雾停止后进行。正常管理，插穗 30 ~ 40 天可陆续生根，扦插成活率可至 85% 以上。

（3）大苗培育：目前在河南，马褂木的繁育和栽培还主要限于城市园林绿化上，一般需要培育 3 ~ 5 年生的苗木，才能满足绿化市场需要。要培育胸径 6cm 以上的苗木，一般定植 1 年生苗木，定植密度 1m × 1.5m，连续培育 2 ~ 3 年，即可达到 6 ~ 7cm。如果培育 8 ~ 10cm 大苗，可在原定植密度基础上隔行隔株移除，继续培育 1 ~ 2 年，即可达到要求。

马褂木生态适应性较强，圃地尚未见严重病虫害。在大苗培育过程中，除了每年冬季进行修枝外，在生长期的 5 ~ 9 月每月至少施 1 次追肥，每次每株苗木 50 ~ 100g 尿素或复合肥，并保证水分供应。

2. 栽培技术

秋末冬初的 10 ~ 11 月或春季 2 ~ 3 月均可种植。1 年生苗可裸根移植，2 年生以上大苗或大树移植应带土球。并用草绳缠干。栽植穴易大，并施足底肥。马褂木为肉质根，怕水渍，故应浅栽，多培土。大苗移植应少修枝或尽量不修枝，以保持树形完整和便于恢复树势。

由于马褂木的种类和类型较多，其生态适应性及抗性也相差甚远。在引种和栽培时要进行选择和小批量试验，然后才能进行大批量的培育和推广，以免造成不必要的损失。

【适生范围】

马褂木在河南，除了低洼易涝地、盐碱地外，全省大部分地区均可引种栽培。在豫南、豫西浅山丘陵区，可以选择土层深厚、肥沃、湿润的缓坡、沟谷、山脚等处，营造马褂木速生丰产林或生态林、纯林或混交林均可。在平原地区，马褂木可以作为城市绿化、乡村四旁植树等树种广泛栽种。

目前，生产上推广应用的马褂木有马褂木 *Liriodendron chinense* (Hemsl.) Sarg. 、北美马褂木 *L. tulipifera* L. 和由二者杂交培育的杂交马褂木 *L. chinense* × *L. tulipifera* L. 三种。从目前栽培实践来看，北美马褂木和杂交马褂木对寒冷、干热气候及碱性土壤等的适应性较强，在河南平原地区表现更优些。我国原产的马褂木自然种源分化很严重，同一批种子培育的苗木，有的对碱性土壤及干热气候适应很好，生长旺盛，有的根本就不能适应。这有待于科研部门就马褂木优良品种、类型的选育方面作进一步的研究。

二二、香　樟

〖别名〗樟树、乌樟

〖学名〗*Cinnamomum camphora*（L.）Presl

〖科属〗樟科，樟属

香樟是我国著名的珍贵乡土树种之一，位列四大名木（樟木、梓木、楠木、稠木）之首，在我国有着2000多年的栽培历史。在1999年国务院公布的《国家重点保护野生植物名录》（第一批）中；被列为国家Ⅱ级重点保护野生植物。

【引种与开发价值】

香樟全身都是宝。其木材具香气，纹理致密，光滑美观，耐湿耐腐，防火、防虫蛀，干后不翘不裂，易加工，是造船、箱橱、家具、工艺美术品等的上等用材，我国的樟木箱在国际市场上久负盛名。香樟全身都可提取樟脑和樟油，广泛应用于工艺、化工、医药和国防工业上，是我国重要的传统出口商品。种子含油率达65%，可制润滑油。

香樟四季常绿，树姿雄伟，枝叶繁茂，冠大荫浓，是城市园林绿化的优良树种，一般用于庭荫树、行道树、风景林和防护林，是目前长江中下游地区各大中城市最主要的绿化树种。

【形态特征】

常绿大乔木，一般高达20～30m，最高达50m，胸径达4～5m。树冠广卵形；树皮灰黄褐色，纵裂。小枝绿褐色，无毛。单叶互生，近革质，卵形或卵状椭圆形，长6～12cm，宽3～6cm，无毛，先端尖，基部宽楔形或近圆形，边缘微波状或全缘，下面灰绿色，微有白粉，脉腋有腺体；离基三出脉。圆锥花序生于新枝，花被淡黄绿色，6裂。核果球形或卵形，径6～8mm，熟时紫黑色，果托杯状，长约5mm。花期5月，果熟期10月。

【地理分布与生境】

香樟自然分布于长江流域以南各地，地理位置位于北纬10°～30°，东经88°～122°之间，大体以长江为北界，南至广东、广西等地，以台湾、福建、江西、广东、广西、湖南、湖北、云南、浙江分布较为集中，尤以台湾为最多。在自然界，香樟多分布于海拔600m以下的低山、丘陵及平原，在湖南、贵州交界处分布可达海拔1000m，在台湾中北部天然分布可达海拔1800m。越南、朝鲜、日本也有分布，世界其他各国多有引种栽培。

香樟在河南为引种树种。最早引于南阳、信阳、商城、新县、鸡公山等地。至目前为止，河南全省各大中城市园林绿化中均应用有香樟，大有推而广之之势。

【生物学与生态学特性】

香樟为我国亚热带常绿阔叶林的重要树种，喜温暖湿润气候，耐寒性较差。喜生于年平均气温16℃以上，年降水量1000mm以上，1月平均气温5℃以上。最低气温低于－10℃时易受冻害。香樟为喜光性树种，但幼龄树稍耐荫，随树龄增加，需光性加强，到壮龄后需强光照射。如生长于郁闭度大的天然林分内的香樟结实量很少，而生长于林缘、疏林、孤立木或房前屋后的香樟由于光照充分，树冠广阔，果实累累。

香樟喜生于土层深厚、肥沃、湿润的酸性至中性土壤上，对土壤水肥条件要求高，虽在一般山地丘陵上均可生长，但只有在水肥条件好的立地上才能生长良好。不耐干旱瘠薄，不耐盐碱，能耐短期水淹。

香樟萌芽力强，耐修剪。对有害气体如二氧化硫、臭氧、烟尘等抗性较强，能吸收多种有毒气体，可作为工厂、矿区周围的绿化树种。香樟根系发达，主根尤其发达，幼苗期侧根及须根较少，抗风能力极强。

香樟生长较快，在较好的立地条件下，5年生树高可达5m；25～30年生，平均树高可达15m，平均胸径达18cm。一般高生长在

10～30 年较快，30 年后逐渐下降；胸径生长 10～40 年较快，材积生长 50～60 年最大。5 年生后即可开花结果，15～20 年后进入结实盛期，一直到 50～60 年，百年以上大树仍结实不衰。结实有大小年之分，结实间隔期一般为 1 年，但不甚明显。香樟寿命甚长，可达数百年，甚至千年以上。

【栽培技术】

1. 种子育苗

（1）采种与种子处理：选择树干通直圆满、生长健壮、无病虫害的 20～50 年生的壮龄树作采种母树。香樟果实成熟后易被鸟雀啄食，故当果实由青绿色变为紫黑色时应及时采种。香樟果实为浆果状核果，含油脂，易发热发霉，采回后应及时处理。先将鲜果放入容器中用清水浸泡 2～3 天，待果皮充分吸水腐烂时，捞出揉搓，脱去肉质果皮，然后拌草木灰堆放 12～14h，除去种子外壳表面的蜡质层，洗净后放阴凉处晾干，忌阳光曝晒，使种子丧失活力。将处理过的种子与湿沙按 1∶3 的比例混匀，在室外背阴高燥处挖坑进行坑藏过冬。香樟一般鲜果出种率 25%～30%，每千克种子 6700～12500 粒，种子千粒重 80～150g。

（2）整地与播种：选择土层深厚、肥沃、排水良好的轻、中壤土作圃地。冬前深翻不耙，开春时施足底肥，再深耕细耙 1 次。作成高床，床宽 120cm，步道 30～40cm。2 月下旬至 3 月上旬播种。沙藏种子播种前也要催芽处理。先将种子用 0.5% 的高锰酸钾溶液浸种 2h 消毒，然后用 50℃的温水间歇浸种 3～4 次，待种子充分吸水并有部分裂口时即可播种，出苗早而整齐。条播，行距 20～25cm，每米播种 20～30 粒，每 667m^2 用种量 12～15kg。播后覆土厚 1～2cm，然后盖草保墒。

（3）苗期管理：催过芽的种子播种后 20～30 天可萌发出土。幼苗出土后，应及时揭除盖草。幼苗长至 3～5 片真叶时，应进行间苗；苗高 10cm 时，应及时定苗，株距 8～10cm 为宜。4～6 月苗木生长缓慢，可施 1 次复合肥；7～8 月是苗木生长旺盛期，应施 2～3 次氮肥，每 667m^2 可施尿素 10～15kg/次；9 月以后应停施氮肥，可叶面喷施磷酸二氢钾 1～2 次，促使苗木木质化。1 年生苗高可达 50cm，每 667m^2 可出苗 2 万～3 万株。

2. 大苗培育

为了满足园林绿化需求，需要培育大苗。

一般选深厚肥沃的壤土地作培育圃地，施足底肥，用 1 年生苗挖穴定植。穴的规格为 50cm×50cm×40cm，初植密度 1m×1m，每 667m^2 定植 667 株；第 2 年可隔行隔株移除，留圃苗株行距变为 2m×2m，每 667m^2 留苗 167 株，即可培育成大苗。

3. 香樟移栽技术

香樟为常绿树种，移植不易成活，尤其是从南方向北方引种，由于立地条件的剧烈变化，成活更是不易，故移栽技术尤为重要。

（1）小苗移栽：小苗移栽常裸根进行。移植一般于 3 月芽子萌动前进行。移植前 1 周，应多摘除叶片，修剪过长、过密的枝条，以减少水分蒸发，要随起苗随浆根随栽植。因香樟萌芽能力强，树冠恢复快，如需大批量或长途运输后栽植的，可截干栽植，截去根茎部位 10cm 以上部分。栽植后应加强肥水管理，及时除萌，培育主干。

（2）大苗及大树移栽：对质量要求较低的绿化工程，大苗移植一般修去全部枝叶仅留主干截平后裸根进行运输，但需用草绳包裹主干，苗根应蘸浆。这种办法简便，运输及移植费用低，但树势易衰退，易空心。目前香樟移植一般要求带全干和部分侧枝。在起苗前，应剪除大部分叶片及细枝，留下能保持树冠完整的一、二级侧枝，根要带土球，树干用草绳包裹。这种方法虽移植成本高，但成活率高，树势恢复快，树形完整，效果好。

【适生范围】

香樟为北引树种，在河南引种栽培成败的关键是冬季的极端最低温度。从河南省各地的引种实践来看，河南南阳、信阳地区引种香樟保险系数大，可进行较大面积的引种和应用。中北部各城市绿化也可引种香樟，但要注意选择背风向阳、侧方遮荫等小环境种植，冬季还应采取防护措施。

由于香樟受起源及自然分布区环境的影响，自然变异和类型很多，其对温度、土壤等生态因子的适应性也差异较大。所以，引种前应进行试验和选择，这才是提高引种成功率的最佳途径。

二三、黑壳楠

〖学名〗*Lindera megaphylla* Hemsl.

〖科属〗樟科，山胡椒属

黑壳楠是我国亚热带地区常绿阔叶林的重要特征种，也是我国的一种珍贵用材树种。河南是黑壳楠分布的最北缘，资源稀少，属渐危种。在2005年1月4日河南省人民政府公布的《河南省重点保护植物名录》中，黑壳楠被列为省级重点保护植物。

【引种与开发价值】

黑壳楠木材黄褐色至红褐色，纹理直，有光泽，结构致密，坚实耐用，比重约0.41，是建筑、家具、造船等的优良用材。叶、果含芳香油，可作调香原料；种子含油率达47.6%，为制作香皂的上等原料。

黑壳楠四季常青，树干通直，树冠圆整，枝叶浓密，青翠葱郁，秋季黑色的果实如繁星般点缀于绿叶丛中，观赏效果极佳，是很有发展潜力的园林绿化树种。

【形态特征】

常绿乔木，高达25m，胸径达60cm。树皮灰黑色。小枝较粗，绿色，无毛，皮孔近圆形，凸起。叶革质，聚生枝顶，倒卵状披针形或倒卵状椭圆形，长10～23cm，宽4～7.5cm，先端尖或渐尖，基部楔形，下面带灰白色，无毛；羽状脉15～21对；叶柄长1.5～3cm，无毛。伞形花序常成对生于叶腋，具明显总梗，雄花序约16朵花，雌花序约12朵花，花梗和花被管密被白色或黄褐色柔毛。果椭圆形或卵形，长约1.8cm，径1.3cm，黑色，宿存花托杯状。花期3～4月，果熟期9～10月。

【地理分布与生境】

黑壳楠主要分布于我国长江流域及其以南地区，包括陕西、甘肃、河南、四川、贵州、云南、湖北、湖南、江西、安徽、浙江、福建、广东、广西等省（自治区），主要生于海拔600～2200m范围的山坡、谷地、溪边等常绿阔叶林中。在河南，黑壳楠主要分布于伏牛山南坡、桐柏山和大别山区等海拔800m以下的山坡下部或沟谷、溪边杂木林中。

在河南各分布区，年降水量800～1000mm，年平均气温为14.5～15℃，年平均相对湿度约70%。黑壳楠多零星散生于含有常绿成分的落叶阔叶林中。主要伴生树种有青冈栎、冬青、朴树、白栎、黄檀、枫香等，黑壳楠常处于林冠层下层，成为被压木。

【生物学与生态学特性】

黑壳楠为亚热带树种，喜温暖湿润气候。河南是其分布的最北缘地带，其分布生境多在土壤和空气湿度较大的山谷、溪旁及阴湿林地，干旱瘠薄的向阳山坡绝无生长。研究和分析表明，黑壳楠具有明显的耐高温和耐干旱的生理特点，在低海拔地区或北引过程中，正常栽培管理措施就能安全度夏。黑壳楠抗寒性较差。1～2年生苗引种至郑州附近不能露地越冬，需用保护地栽培；大苗或大树可忍耐－17℃的极端低温，在郑州附近露地可安全越冬。黑壳楠为中性偏阴性树种，幼苗及幼树耐荫性较强。在林分内荫庇条件下更新幼苗生长良好。黑壳楠喜深厚、肥沃、排水良好的酸性至中性土壤，但引种及栽培实践证明，黑壳楠对土壤的适应性较强，在酸性、中性至微碱性土壤上均能很好生长，在河南的棕壤、褐土、潮土、砂姜黑土等主要土壤类型上均能适应。

黑壳楠苗期生长先慢后快，1～3年生生长缓慢，从第4年起，生长速度明显加快，年高生长可达1m，粗生长可达1.5cm。黑壳楠在10年生左右开始开花结实，正常结实期在15年生以后，大小年现象不明显。

【栽培技术】

1. 种子育苗

（1）采种与种子处理：选择20～50年生，树干通直，树冠圆满，无病虫害的壮年树作采种母树。当果实由绿色渐变为黑色时，用竹竿敲打或晃动树枝，在地面收集打落的果实。果实采回后可堆沤2～3天或置水中浸泡3～4天，使果肉、果皮充分软化，然后装入箩筐中，放流水中搓擦，漂去果皮、果肉及杂质，得纯净种子。将种子用草木灰拌匀，放置1天后再行搓洗，以脱除外壳油脂。处理过的种子可放通风干燥的室内阴干2～3天，当种子含水量降为30%左右时，即可进行贮藏或播种。黑壳楠种子严禁曝晒，过度失水易使种子丧失活力。贮藏采用露地沙藏，期间应控制好沙坑湿度，不能过干，也不能过湿。

过去多数报道认为黑壳楠种子为休眠性种子，但据我们近几年从伏牛山所采黑壳楠种子的播种试验可以看出，当地的黑壳楠种子几乎没有休眠期。10月采种处理后，我们于11月5日直接播种于全控温室内，15～20天开始出苗，30天左右出齐苗，至翌年3月底苗木平均高达8.8cm，主根伸长已达10cm。

（2）整地与播种：选择深厚肥沃、排水良好的壤土或砂壤土作育苗地。冬前深翻冻垡。开春浅耕细耙，结合整地，每667m^2施入腐熟有机肥3000kg作底肥，施入20～30kg硫酸亚铁进行土壤消毒。作成高床，床面宽50～60cm，床高15～20cm，床沟宽30～40cm。3月上中旬播种，条播，行距25～30cm，一床双行，播后覆土厚度3cm左右，然后覆地膜或盖草。每667m^2播种量20～25kg。

（3）苗期管理：黑壳楠为喜水肥树种，如有充足的水肥供应，1年中可抽生多次新梢，因此出苗后应加强水肥管理。5～7月，可施入3～4次稀薄人粪尿或全元素复合肥，复合肥施用量以每667m^2施3～5kg为宜，结合施肥要及时浇水和中耕松土。进入8月后要控制水肥，如果苗木秋季生长过旺，可用缩节胺等生长调节剂喷雾，促其封顶，提高其抗寒性。黑壳楠对低海拔夏季的干热气候抗性较强，即使1～2年生幼苗也不需遮荫。黑壳楠对病虫害的抵抗能力也很强，引种栽培几年来，尚未发现有病虫危害。在驻马店、许昌以北地区，1~2 年生幼苗需在保护地越冬，而在河南各原产地，在背风向阳的小环境下育苗，1~2 年生幼苗露地也可安全越冬。

2. 栽培技术

（1）移植时间以春季 3 月萌芽前为宜。黑壳楠为不耐移植树种，移植返苗期长。1~2 年生苗移植可裸根进行，但应随起随栽，并尽量多带宿土。3 年生以上苗木及大树移栽应带土球，并用草绳缠干。

（2）山区造林以混交林为主，可与较速生的阳性阔叶树种如：马褂木、枫香、金丝楸、毛红椿、杜仲等混交，片状混交或条带状混交均可。

【适生范围】

黑壳楠为河南乡土树种，近几年在河南西峡、内乡等县山区有少量人工繁育和栽培，苗木生长茁壮，5 年生苗胸径可达 2.5~3cm，树高可至 3.5m 以上。我们在孟州、郑州、济源等地也进行了引种繁育，生长表现良好。建议在河南省伏牛山南坡、大别山、桐柏山海拔 800m 以下中低山区及丘陵区进行发展，可以作为经济林、生态林、景观林等种植。随着大苗的培育和驯化，可以逐步在河南各大中城市园林绿化中推广应用，以缓解北方城市绿化中常绿阔叶树种少、景观单调的矛盾。

二四、檫　木

〖别名〗檫树、山檫、青檫、桐梓树

〖学名〗*Sassafras tzumu*（Hemsl.）Hemsl.

〖科属〗樟科，檫木属

檫木是我国南方重要的速生优质用材树种之一。在豫南地区引种栽培表现良好。

【引种与开发价值】

檫木木材坚硬细致，纹理美观，不翘不裂，具香气，耐湿，耐腐，材质优良，是造船、桥梁、建筑、高档家具的优良用材。种子含油率20%，供制油漆、制皂及润滑油用。根及树皮入药，能活血化瘀，祛风湿，主治扭挫伤及腰肌劳伤，果、叶和根均含芳香油，根含油率在1%以上，主要成分为黄樟油素等。

檫木树干通直，树姿雄伟挺拔，叶片宽大而奇特，深秋时节叶片红黄鲜艳，春季又有小黄花开于叶前，颇为秀丽，是良好的观赏树种。

【形态特征】

落叶乔木，高达35cm，胸径达2.5m。树冠广卵形或椭圆状球形；树皮幼时黄绿色，平滑，老时灰褐色，不规则纵裂。小枝绿色，无毛。叶多集生于枝端，卵形或倒卵形，长8～20cm，宽4.5～11.5cm，先端渐尖，基部楔形，全缘或2～3浅裂，裂片先端钝；幼叶密被毛，老叶下面有白粉，无毛；羽状脉或离基三出脉，叶脉在两面均明显；叶柄长2～7cm，无毛或近无毛。花两性，叶前开放，黄色，有香气。果卵球形，径约8mm，熟时蓝黑色，被白粉；果托浅杯状，红色；果梗长，向上渐增粗，无毛，红色。花期3～4月，果熟期8月。

【地理分布与生境】

檫木主要分布于长江流域以南至华南及西南各地，垂直分布东部多在800m以下，西部可达1800m，如江苏宜兴及溧阳山区在海拔200m以下，皖南山区在1000m以下，湖北西部海拔800～1200m，四川、云南、贵州海拔1000～1800m。集中分布区在湖南武陵山、雪峰山脉，江西怀玉山、九岭山脉及两省交界的武功山、罗霄山脉一带。在自然分布区，檫木多散生于天然林中，常与马尾松、毛竹、杉木、苦槠、油茶等混生。

檫木在我国南方栽培较为普遍，如在福建、湖南、江西、江苏等省都有一定面积的人工林。河南省约从20世纪70年代开始引种，在大别山区新县、商城等县有小面积栽培。据我们在商城林科所引种地调查，檫木在当地生长发育良好，生长速度快，能正常开花结实，林内及林缘能自然更新。

【生物学与生态学特性】

檫木为我国中亚热带树种，喜温暖湿润气候及深厚而排水良好的酸性土壤。在分布区，多生于山谷、山脚及缓坡之红壤及黄壤上，在陡坡土层浅薄处亦能生长，但水湿低洼处不能生长。檫木为喜光性树种，不耐庇荫，在气温高、阳光直射时易受日灼危害。在商城引种地，林缘、林窗、疏林中实生苗更新良好，而在郁闭度大的林分内未见种子更新苗。

檫木为深根性树种，主根发达，须根很少。萌芽力强，在伐根上能正常萌芽更新成林。速生树种，云南西畴天然林中，73年生，树高30m，胸径37.5cm；贵州水城杨梅林场，16年生，树高15.4m，胸径31.4cm。尤其在人工林中表现更为突出，安徽宣城，6年生，树高9.8m，平均胸径13.5cm；河南商城林科所，9年生采伐后萌蘖林，树高11m，胸径18cm；商城黄柏山林场海拔820m，8年生檫木纯林，平均树高6.4m，最大树高8.6m，平均胸径8.8cm，最大胸径14.4cm。

【栽培技术】

1. 苗木繁育

檫木繁殖目前主要用种子育苗。

（1）种子采集、处理与贮藏：选择15～30年生的壮龄树作采种母树。7～8月，当有70%左右的果实由红色变为蓝色时即可采种，也可成熟一批采集一批，过迟易散落或遭鸟食。檫木果肉具浆汁，种皮附有蜡质，易发热霉烂，故采集后应立即处理，不能堆放。可浸水搓去果肉，再把种皮用草木灰揉搓脱脂，洗净阴干。忌日光曝晒。鲜果出种率25%～35%，种子千粒重51～62g，每千克净种约17000粒。种壳乌黑发亮，手捏不破，种仁饱满，且呈淡黄色或黄白色为好种；种壳黄色、紫黑色或黑色，壳上有白圈，一捏即破，壳内种仁干缩或腐烂为坏种。

檫木种子成熟期正值7～8月高温季节，如贮藏不当，极易使种子失去生命力。产地百姓多选择山洞贮藏种子，简便易行，效果良好。方法是：将种子与干净的粗河沙按1:2～3的比例充分拌匀，盛入箩筐，放入山洞15～20m深处，河沙湿度不能太大，含水量以20%为宜。当7～8月洞外温度达35～40℃时，洞内15～25m处的温度仅有15～17℃。条件好时，也可将种子与河沙拌匀后，放入0～4℃的冷库中贮藏，效果也很好。

（2）整地与播种：选择地势高燥，土层深厚、肥沃，排灌方便的微酸性砂质壤土作育苗地。冬前要深耕冻垡，开春2月再浅耕一遍，结合浅耕，每667m^{2}施入腐熟有机肥2000～2500kg或饼肥200～250kg。然后作成高床，床面宽50～60cm，床高15～20cm。春季2～3月条播，行距25～30cm，每667m^{2}播种量3～5kg，播后覆土厚1～2cm，稍镇压，盖草。约20～30天出苗。

（3）苗期管理：苗木出土后要及时松土除草，严防杂草滋生。要经常保持圃地土壤湿润，如有喷灌条件，可每间隔5～7天喷灌1次，每次量宜少不宜多。6月上旬至9月上、中旬是檫木苗子的速生期，更应加强水肥管理，6～7月追施氮肥2～3次，每次每667m^{2}追施尿素7.5～10kg；8月可叶面喷施磷酸二氢钾1～2次，浓度以

0.2%~0.3%为宜，以促进苗木木质化；进入9月应控水控肥。冬季上冻前，应浇1次封冻水，以提高苗木的抗寒能力。檫木苗期主要有茎腐病、叶斑病、刺蛾等病虫危害，应加强防治。

正常管理，1年生苗高度可达1m，地径达1cm，每667m^{2}可出圃优质壮苗1万株左右。

2. 栽培技术

（1）栽植时间及方法：檫木萌动期早，栽植宜早不宜迟，在河南应于春季2~3月栽植为好。山区造林一般用1年生裸根苗植苗造林，种植穴规格为50cm×50cm×40cm，城市绿化栽植一般用树高3m以上大苗，移栽应带土球，栽后应用草绳缠干，以防树皮灼伤，保证成活。

（2）造林地选择：以豫南、豫西南浅山丘陵区为适生区，宜选择沟谷、缓坡、山麓、山脚等土层深厚、肥沃、湿润之地作造林地，忌低洼易涝及瘠薄干旱之地。

（3）造林方式与密度：可营造纯林或混交林。由于檫木生长速度快，对光照要求严，故初植密度宜小不宜大，一般以2m×3m，3m×3m，2m×4m为宜，待3~5年林分郁闭后应及时间伐。可与马尾松、杉木等混交，带状混交及块状混交均可。

【适生范围】

檫木可以作为大别山、桐柏山及伏牛山南部海拔1000m以下适宜立地条件下的造林树种，可以营造纯林或与杉木、毛竹、水杉等混交。由于檫木优良的观赏特性，可以尝试在豫南地区城乡园林绿化中应用。

二五、山白树

〖别名〗水桑、毛叶桑

〖学名〗*Sinowilsonia henryi* Hemsl.

〖科属〗金缕梅科，山白树属

山白树是我国特产的单种属古老稀有植物，系亚热带树种，河南太行山是其分布的北界，具有较高的科学研究价值。由于分布范围比较狭窄，野生资源稀少，所以，在河南省人民政府2005年1月4日公布的《河南省重点保护植物名录》中，被列为河南省重点保护植物。

【引种与开发价值】

山白树木材致密坚硬，纹理直，可用于雕刻、建筑和制作家具；花为很好的密源；种子可榨油。叶大花香，果序垂悬，可栽培作观赏树种。根系发达，固土保水能力强，亦是营造河岸林树种之一。

【形态特征】

落叶乔木，高达15m，胸径达50cm。嫩枝被灰黄色星状绒毛。芽被星状毛。叶倒卵形，稀椭圆形，长10~18cm，先端急尖，基部圆或微心形，稍不对称，上面沿脉稍被毛，下面被柔毛；侧脉7~9对，网脉明显；叶缘密生小齿；叶柄长0.8~1.5mm，托叶长约0.8cm。花雌雄同株，雄花序总状，雌花序长6~8cm，穗状。果序长10~20cm，密被星状毛，蒴果木质，无柄，卵圆形，长约1cm，具毛；有种子1个，黑色，果实成熟自动开裂，种子强劲弹出。花期4~5月，果熟期8~9月。

【地理分布与生境】

河南产于太行山、伏牛山及大别山区。安徽西部、湖北西部、陕西南部、四川东北部、山西中条山等地有分布。多生于海拔800~

1500m 的河溪两岸及湿润的阴坡谷底之中。在济源深山区较大的沟谷中生长茂盛。

山白树分布区虽广，但其植株数量稀少，而且生境狭窄，对环境要求严格，只有在森林植被保存较完整的山地沟谷两旁才有零散植株分布。山白树对生境条件要求严格，通常生于湿润避风的山溪狭谷、天然森林植被完整及树种组成复杂的环境。混生乔木有五角枫、领春木、鹅耳枥、茶条槭、青榨槭、葛萝槭、漆树、椋子木等；灌木有异叶天仙果、金花忍冬、胡枝子、溲疏、荚蒾、悬钩子等；草本植物有中华鳞毛蕨、韩信草、水金凤、蛇莓、窃衣、鹿药、羊胡草等。由于森林的大量砍伐，森林植物生存环境遭到破坏，山白树种群数量愈来愈少，加之结果量少，鸟兽爱食、种实病虫危害严重，极大地限制了它的更新发展。

【生物学与生态学特性】

山白树喜冷凉湿润气候，河南太行山山白树分布区年均温 7～9℃，冬季极限低温可达 -30℃ ，相对湿度 70% 左右。山白树生长的土壤为疏松、湿润、肥沃的偏酸性土壤，对土壤厚薄要求不严，只要湿润、肥沃，乱石堆及岩隙亦能生长。

山白树根蘖力和伐桩萌芽力较强，一般大树下或伐桩上有萌芽苗 3～10 株。在林荫下或散射光条件下，天然下种也能萌发成苗，但生长比萌芽苗慢，当年生苗高一般 10～30cm。

山白树属偏阴性树种，幼龄时具有一定的耐阴性，自然状态下生长较慢。河南太行山区济源黑龙沟 44 年生山白树。树高 16.6m，胸径 17.4cm，材积 0.1602m^3 。其生长进程是：胸径生长幼龄期生长缓慢，10 年生以后逐渐增加，连年生长量在 25～30 龄时达到生长高峰。树高生长波动较大，连年生长量和平均生长量分别在 15～20 龄和 18～30 龄时达到生长高峰，以后生长量呈台阶式下降。材积生长在 25 龄前均为缓慢增长阶段，25 龄以后生长量迅速增加，到 44 年生时远未达到数量成熟。因此，天然生长的山白树幼龄阶段生长较慢，且常常在阔叶林中成为被压木，直到成年才逐渐钻出林层。

【栽培技术】

1. 育　苗

（1）采种：8～9月果实成熟时应及时采集果穗，否则种子极易散落或生虫。果穗采回后，放在阳光下曝晒1～2天，种子即可脱出。山白树果实裂开时张力大，可将种子弹出数米远，摊放晒场宜宽敞，不能堆放杂物，否则种子易于散失。种子脱出后拣净装入布袋中（禁用塑料袋）干藏或沙藏。

（2）种子处理：干藏种子在翌年春季播种前，用40℃温水浸泡2天，而后用生豆芽法进行催芽，待种子有20%露白时，即可进行播种。直接沙藏，按体积计算，将1份种子与5份湿沙混匀，常规沙藏，沙少了种子容易腐烂。待春季有10%露白发芽时，可取出来播种。

（3）整地与播种：选择背风向阳、排灌条件较好、富含有机质的砂壤土作苗圃地，于冬初每667m^{2}施入3000kg有机肥和100kg复合肥深翻，次春开冻后整平耙细，做成宽1m长20m的畦待播。播前3天浇透水，待干皮时每畦均匀开4条深5cm的播种沟，将处理好的种子均匀撒入沟中，播后覆细土3cm厚。苗床架设简易棚架遮荫，一般15～20天即可发芽出土。

（4）苗期管理：要经常保持苗床湿润无杂草，待苗高10cm左右时，开始间苗、定苗，株距20cm；入秋后拆除棚架，及时松土除草。当年苗高可达50～80cm，可直接用于造林，也可移栽培育大苗。在不太干旱或水土条件好的地方也可不用荫棚，进行全光育苗。

2. 造　林

根据山白树的特性，造林地应选在阴坡、半阴坡土层较厚的山坡中下部，可按带状整地，带间距2～2.5m，带面宽1m，外面稍高。山白树在自然状态下生长较慢，但在人工条件下生长可达到中等较快水平，冠型较大，因此初始密度株距应为3m。也可按鱼鳞坑式整地，株行距2m×3m。栽植时期以春季土壤解冻后苗木发芽前最好。栽植成活后每年砍灌1次，松土除草2次，连续3年。山白树侧枝比较发达，应根据需要每年适当进行修枝。20年左右可间伐1次小径材，株行距变为3m×4m，每667m^{2}保留56株，培育大径材。

3. 道路、城区绿化

以胸径6cm的大苗为好，株行距4m×5m，植树穴规格1m×1m×1m，加强肥水管理，以促其幼树快速生长，尽快发挥景观效益。

【适生范围】

山白树为河南乡土珍稀树种，为了迅速扩大其资源量，除了在各分布区采取就地保护措施，加强保护其森林环境，积极研究病虫的防治和促进天然更新的措施外，同时要利用现有野生资源，建立母树林或种子园，繁殖苗木，在山区适宜立地条件下营造人工林，可作为蜜源林、油料林、生态林进行培育，也可培育大苗在城市园林绿化中应用，使这一珍贵稀有树种尽快得到发展和利用。

二六、枫　香

〖**别名**〗大叶枫、枫树

〖**学名**〗*Liquidambar formosana* Hance

〖**科属**〗金缕梅科，枫香属

枫香是我国亚热带地区重要的森林树种，也是南方地区秋季最重要的景观树种之一。河南是我国枫香分布的最北界，由于资源较少，在河南省人民政府2005年1月4日公布的《河南省重点保护植物名录》中，枫香被列为河南省重点保护植物。

枫香是一种起源古老的孑遗植物。早在第三纪中期，即始新世晚期至渐新世早期，在我国华南南亚热带常绿落叶阔叶林和热带红树林区的植被中，就出现了古代的枫香属植物，在我国北方，古代枫香也是普遍分布的树种。至第四纪冰期过后，枫香在我国北方消失，而在南方却保存下来而繁衍至今，并发展形成了现代的几个种。

【引种与开发价值】

枫香是一种多用途树种。其树高干直，树冠宽阔，气势雄伟，深秋叶色红艳，美丽壮观，是我国南方著名的秋色叶树种。其木材边心材不明显，浅黄、红褐或浅红褐色，色泽美丽，结构细密，纹理交错，易加工，旋刨性能好，但易翘裂，水湿易腐，易变色，保持干燥则耐久，是胶合板、食品箱、茶叶箱，建筑、室内装修、家具等用材；在制浆造纸、食用菌栽培用料等方面也有很好的应用前景。

另外，枫香叶可饲养天蚕和柞蚕；树皮可割取枫脂制作香料，是苏合香代用品，又可供药用，可祛痰、活血、解毒、止痛，作解郁剂及疥癣涂膏；果为镇痛药，可治腰痛、四肢痛等；树皮及叶含鞣质，可提制栲胶。

【形态特征】

落叶乔木，高达40m，胸径达1.5m。树冠广卵形或略扁平；树皮灰色，浅纵裂，老时不规则深裂。小枝被柔毛。叶宽卵形，掌状3裂（萌芽枝的叶常5~7裂），长6~12cm，先端尾尖，基部心形；下面被柔毛，后脱落；掌状脉3~5出；裂片边缘具细锯齿；叶柄长4~11cm；托叶线形，长1~1.4cm，早落。雄花序短穗状，组成圆锥状复花序，雌花序头状，具花22~43；花序梗长3~6cm。果序球形，木质，直径3~4cm，花柱及针刺状萼齿宿存。种子多数，多角形或具窄翅。花期4~5月，果期9~10月。

【地理分布与生境】

枫香广泛分布于我国秦岭及淮河以南的南方各地，北起河南、江苏，南至海南，东起台湾，西至四川、云南、西藏。越南北部、朝鲜南部、老挝也有分布。在我国，枫香一般垂直分布于海拔600m以下的低山丘陵及平地，在海南岛分布海拔达1000m，云南可达1660m，湖北300~1000m，但以400~700m生长较好，安徽大别山一般在600m以下。在自然分布区，枫香多生长于阳坡及半阳坡上。

可能由于起源及历史的原因，枫香的分布缺乏典型的地带性特征。枫香作为落叶阔叶林树种，而在暖温带落叶阔叶林地带并不生长；作为常绿、落叶阔叶林的组成树种，其主要分布又不在北亚热带常绿落叶阔叶林地带，而在中亚热带常绿阔叶林地带及南亚热带季风常绿阔叶林地带。

枫香由于分布的生态幅度较宽，其群落组成及结构也千差万别。在中亚热带及南亚热带，枫香群落的种类组成十分丰富，多达百种以上，结构层次也比较明显。

在河南，枫香主要分布于大别山、桐柏山和伏牛山南坡，多分布于海拔1000m以下的向阳山坡。据我们在桐柏山调查，枫香一般分布于海拔200~600m之间。多散生于落叶阔叶林内，偶也可形成优势种群。群落的主要伴生乔木有茅栗、栓皮栎、黄连木、黄檀、君迁子等；伴生灌木有珊瑚朴小苗、山胡椒、白背叶、粗榧、山莓、湖北山楂、紫弹朴、竹叶椒、蜡木、柘树、灰背叶下珠、黄荆、白檀、槲栎等；伴生草本有细叶沿阶草、黄花菜、显子草、鹅冠草、高莴苣、羊胡子草等；层间植物有五叶地锦、爬藤榕、常春藤等。

在豫南山区，枫香还是一种重要的速生阔叶林造林树种，如在信阳市南湾林场、董寨林场等，在 20 世纪 90 年代营造了大面积的枫香纯林，目前大多生长发育良好，平均胸径 15 ~ 20cm，平均密度达 600 株/hm^2。

【生物学与生态学特性】

喜温暖湿润气候，适生区年平均气温 15 ~ 18℃，不耐严寒，不能在高山生长，但从我们引种到嵩县车村海拔 800m 左右的枫香观察，冬季可忍耐 -18℃ 的低温。喜肥沃、湿润，中性及酸性土壤，在深厚、肥沃而湿润的土壤上能长成参天大树，长势数百年不衰；不耐盐碱和水湿，能耐干旱、瘠薄。枫香为喜光性树种，幼树稍耐庇荫，在采伐迹地、火烧迹地、疏林地及荒山上天然更新良好，是先锋树种。

枫香为深根性树种，主根粗长，根系发达，抗风力强。枫香具有极强的萌芽能力，目前各地现存的枫香次生林多为萌芽林。枫香是生长较快的阔叶树种，寿命也很长。在自然状态下，幼龄期生长缓慢，10 年后速度加快，50 ~ 60 年生长达到高峰，80 年后生长仍继续，是培育大径材的优良树种。在人工栽培条件下，幼龄期的枫香树也较速生，据我们在嵩县车村引种地测定，1 年生枫香种子苗平均高 1.2m，平均地径 0.8cm；2 年生平均高达 2.0m，胸径达 1.2cm；3 年生树高 3.6m，胸径达 3.3cm。

【栽培技术】

1. 苗木繁育

（1）种子育苗：

①采种及种子贮藏：选择生长健壮，无病虫害的 20 ~ 40 年生的中龄母树采种，进入 10 月，当果实由绿色渐变为黄褐色时即可采种，过迟球果易开裂，种子易飞散。采收的果球放在阳光下曝晒 3 ~ 5 天，待蒴果开裂后用棍棒敲击脱粒，筛除果壳、果梗及无翅种子等杂质，揉搓去翅，得纯净种子。放布袋中置通风干燥处干藏过冬。

一般出种率 0.5% ~ 1%，千粒重 4.3 ~ 6.4g，每千克纯净种子约 15 万 ~ 23 万粒。

②整地与播种：选择土层深厚、肥沃、疏松，中性至微酸性砂质壤土作育苗地，冬前深耕冻垡，开春细致整地。结合整地每 667m^2 施入腐熟有机肥 2000 ~ 2500kg、腐熟饼肥 100 ~ 200kg 作基肥。作成高床，床面宽 1 ~ 1.2m，高 15 ~ 25cm。于 2 月下旬至 3 月上、中旬播种。播前，先将种子倒入清水中浸泡 10min，捞出浮粒，取出下沉种子，消毒阴干后待播。宽幅条播，条距 25cm，播幅 6 ~ 8cm，播种沟深约 2cm，播后筛细土覆盖，以不见种子为度，然后盖草。每 667m^2 播种量约 1 ~ 1.5kg。

③苗期管理：播后约 20 ~ 30 天苗木开始出土，40 天左右出齐苗。在幼苗约 70% 出土时应在傍晚或阴天揭除盖草，可分 2 ~ 3 次揭除。4 ~ 5 月苗木生长缓慢，当苗高 5 ~ 7cm 时，应及时间苗和补苗，可选阴雨天进行；当苗木长出 4 ~ 5 片真叶时，应开始加强水肥管理，肥料浓度早期宜稀，后期逐渐加大，以稀薄人粪尿或尿素为宜。6 ~ 8 月是枫香苗木生长盛期，除正常松土除草外，水肥管理是关键。6 ~ 7 月以施氮肥为主，每 667m^2 每次施尿素 4 ~ 5kg，每 15 天施肥 1 次；8 月以后，以磷、钾肥为主；9 月以后，应停止施肥和浇水。苗期还应注意病虫害的防治，在出苗及幼苗期，应每间隔 10 ~ 15 天喷洒 1 次 800 ~ 1000 倍的多菌灵或甲基托布津溶液，连喷 3 ~ 4 次，以预防猝倒病及其他病害的发生；7 ~ 9 月降雨过后，应及时排除圃地积水，以改善土壤的通气条件，减少病菌的滋生。正常管理，1 年生苗高可达 50 ~ 80cm，每 667m^2 可产苗 2 万 ~ 3 万株。

（2）扦插繁殖：枫香扦插一般于春季 2 ~ 3 月进行。选择幼龄期的实生苗作采穗母树，选 1 ~ 2 年生的粗壮枝条作插穗，粗度 0.8 ~ 1.5cm，长 12 ~ 15cm，每穗应有 2 ~ 3 个芽，上口平剪，下口剪成马耳形。扦插前，用 50mg/kg 浓度的 ABT 生根粉 1 号溶液浸泡插穗下部 1 ~ 2h，浸泡深度 3 ~ 5cm。直插，株行距 25cm × 5cm，入土深度占穗长 3/4，插后灌透水，支拱棚。扦插成活率可达 80%，精心管理，1 年生扦插苗高可达 1m，地径可达 0.8cm，可用于山区造林。

2. 栽培技术

（1）栽植时间：枫香在秋季落叶后至春季发芽前均可栽植。在河南，由于冬季干冷，应于春季 2 ~ 3 月栽植最好。

（2）整地方式及造林方法：可采用全面、带状、块状整地，整地后要挖定植穴，规格为 50cm × 50cm × 40cm。山区造林多用 1 年生苗植苗造林，也可于春季进行直播造林，每穴播种 8 ~ 10 粒，覆土盖草，出苗后选留 1 株壮苗培养。

（3）造林方式及密度

可营造纯林或混交林，纯林株行距 2m × 2m、2.5m × 3.5m 或 3m × 3m 均可，每 667m^2 分别植苗 167 株、107 株和 74 株，具体可视立地条件及经营目的进行调整。在立地条件好的地段可营造枫香混交林，可与马尾松、杉木、火炬松、湿地松、毛竹等混交，采用带状或块状混交均可，混交比例以枫香占 30% ~ 40% 为宜。

（4）抚育管理：枫香幼龄期生长不甚迅速，应加强管理，以促其生长。种植后的 1 ~ 4 年内，每年要抚育 1 ~ 2 次，包括割灌、扩穴、松土除草、施肥、除萌修枝等，抚育面积要逐年扩大。当林分郁闭度达 0.9 以上，被压木占总株数的 20% ~ 30% 时，即可进行首次间伐，间伐起始年限一般 10 年左右，采用下层抚育伐方式，强度为林木总株数的 25% ~ 35%，间伐后郁闭度不小于 0.7。以后再次间伐强度为 20% ~ 30%，间伐间隔期不低于 8 年。主伐年龄一般 30 ~ 40 年。

【适生范围】

枫香为速生用材树种，且具有耐火烧、适应性强等习性，可以作为豫西南大别山、桐柏山和伏牛山南坡的速生丰产林树种、采伐迹地及火烧迹地的先锋造林树种、防火林树种、特用原料林树种、风景景观林树种等进行大面积发展，可以营造纯林，也可与杉木、马尾松、柳杉等混交，营造针阔混交林。

枫香是一种美丽的景观树种，可以作为驻马店以南城镇园林绿化树种进行发展，也可以作为行道树、庭荫树配置，列植、孤植、丛植或与其他树木混植均很相宜，尤与常绿树丛混植，秋色则更佳。

枫香具有耐火性，对有毒气体有较强抗性，可用于矿区的绿化。

从近几年的引种实践看，枫香引种到河南中北部地区，如鄢陵、嵩县、郑州、济源等地，对干热及寒冷气候均能适应，没有发生冻害，唯对黄淮海平原地区的碱性土壤不能很好适应，有待于进一步研究。

二七、杜 仲

〖别名〗银丝皮、玉丝皮、棉皮

〖学名〗*Eucommia ulmoides* Oliv.

〖科属〗杜仲科，杜仲属

杜仲是我国特有的单种属科树种，也是第三纪残遗古老树种之一，对研究被子植物系统演化具有重要意义。在1992年国家林业部公布的《国家珍贵树种名录》中，杜仲被列为国家二级珍贵树种；在2005年河南省人民政府公布的《河南省重点保护植物名录》中，被列为河南省重点保护植物。

【引种与开发价值】

杜仲为我国传统药用树种。杜仲树皮为贵重药材，古代被誉为药材“三木”之王，其药性温辛无毒，有强筋骨、补肝肾、益腰膝、除酸痛、降血压等功效。另外，还有安胎利尿、抗菌等作用。杜仲树皮及叶子中含有丰富的维生素E和胡萝卜素及人体必需的10余种元素，可开发为杜仲酒、杜仲茶和杜仲口服液等保健饮品。

杜仲除木质部外，树体各器官均含有杜仲胶，树皮含胶量10.46%~22.5%，果含胶量12.1%~27.34%，枝叶含胶量4%~6%，根皮含胶量为10%~12%。杜仲胶是一种硬橡胶，具有良好的热塑性、绝缘性、耐水性、粘着性、耐酸、耐碱、不易酸化等特性，是一种重要的工业原料，广泛应用于电器工业、化学工业和电讯器材等，尤其是制作海底电缆的重要绝缘材料。

杜仲木材为散孔材，黄褐色微红，边心材不明显，纹理直，结构细密，材质坚韧，干缩小，少翘裂，易切削，切面光滑，车旋性能良好，是制造家具、农具、雕刻和建筑的良好用材。

杜仲树干挺直，枝叶茂密，树形整齐优美，是良好的庭荫树和行道树。

【形态特征】

落叶乔木，高达20m，胸径达1m。树冠圆球形；树皮灰色，纵裂。树皮、叶和果实内均含白色胶丝。小枝光滑，具片状髓。叶椭圆状卵形、卵形或椭圆形，长6～15cm，宽3.5～7.5cm；先端渐尖，基部宽楔形或近圆形；上面微皱，无毛，叶脉凹陷，下面叶脉明显，沿脉被毛；叶缘具锯齿；叶柄长1～2cm。雌雄异株，雄花簇生，雌花单生或簇生，花先叶开放或与叶同时开放。翅果扁平，椭圆形，基部楔形，顶端2裂，长3～4cm，宽约1cm，有种子1粒。种子条形，扁平，长约1.5cm，宽约3mm，两端圆。花期4月，果熟期10～11月。

【地理分布与生境】

杜仲自然分布于我国黄河以南至南岭以北的广大地区，包括山东、河南、陕西南部、甘肃南部、湖北、湖南、安徽、江苏、浙江、广东西部、广西、四川、贵州、云南等省（自治区）。现代分布中心有两个，一是陕南、川北、鄂西及湘西一带，二是贵州省和云南东北部。垂直分布海拔多在800～1300m之间，云南、贵州等地等最高分布海拔达2500m。

在河南，杜仲自然分布于伏牛山、桐柏山和大别山区，以伏牛山南坡较多，多零星散生于海拔300～1500m的山坡及山谷杂木林中，全省各山区普遍栽培，平原有零星栽培。

杜仲在我国已有2000多年的栽培历史，目前，除各分布区普遍栽培外，还被成功引种到了北京、大连、福建三明、青岛等地，生长表现良好。杜仲1896年引入欧洲，1899年引入日本，1906年引入俄国，现美国及欧洲多国均有栽培。

据我们在桐柏山调查，杜仲零星分布于海拔300～900m之间，大多生长于山坡的中下部的落叶阔叶林中。由于人为影响，现有杜仲一般胸径在10cm以下。群落调查可知，杜仲一般位于乔木层的上层，伴生乔木树种有牛鼻栓、白檀、栓皮栎、毛栗、鸡桑等；伴生灌木树种有楤木、茶藨子、山槐、油桐、海州常山；伴生藤本植物有猕猴桃、五叶地锦；伴生草本植物有显子草、鹅冠草、茜草、鳞毛蕨等。

【生物学与生态学特性】

杜仲对气候的适应幅度较广，耐寒性也较强。中心分布区属温暖湿润型气候，年平均气温 15℃左右，1 月均温在 0℃以上，7 月均温在 29℃以下，年降水量在 1000mm 左右。在河南伏牛山南坡生长的杜仲，能耐 -20℃低温，在河南平原沙区在 43.6℃的极端高温下不受伤害。

杜仲对土壤的适应性也较强，在酸性、中性、微碱性及钙质土上均能生长，对轻度盐碱土也具有耐受性，最适宜生长在深厚、肥沃、湿润、疏松、排水良好、pH 值 5 ~ 7.5 之间的土壤，在过分干燥瘠薄、过湿、过分黏重、酸性过强的土壤上生长不良，易出现顶芽及主梢枯萎和叶片早落现象。杜仲为喜光性树种，在全光照条件下，生长发育良好，结实量多。

杜仲为深根性树种，具有明显的垂直立根和发达的侧根系统，萌芽力和成枝力极强，主干被砍伐或破坏后会萌发多株幼树。杜仲生长速度较快，结实早。在人工栽培条件下，杜仲表现出很好的速生性。据在嵩县、济源、禹州等地调查，杜仲 1 年生苗高可达 1 ~ 1.5m，地径达 0.8 ~ 1.5cm，3 年生苗高可达 3 ~ 4m，胸径达 3cm 以上。在西峡县太平镇野生 7 年生杜仲，高 5.7m，胸径 6.3cm；卢氏县瓦瑶沟 8 年生杜仲，树高 9.8m，胸径 10.5cm，已开花结实。

正常情况下，杜仲孤立木 6 年生开始结实，散生木、林缘木 8 年，林内木 10 年开始结实，20 ~ 30 年为结实盛期，30 年后渐降，50 年后产量很少，百年大树虽能结实，但多为空粒。已被剥皮的雌树虽能结实，但大多为秕粒，生活力低，不能作种育苗。结实也有大小年之分，结实间隔期一般为 1 年。

【栽培技术】

1. 苗木繁育

（1）种子育苗：

①种子采集与贮藏：选择立地条件好、无病虫害、无剥皮、生

长健壮的壮龄树作采种母树。10～11 月，当果皮呈栗褐色、棕褐色或黄褐色时应及时采种。采种后筛选去杂，置干燥通风处晾干，忌烘烤和日光曝晒，然后于室外背阴高燥处挖坑，将种子与湿河沙按 1∶3～5 的比例混匀后进行沙藏。杜仲种子因产地、生长条件不同，质量差异较大，千粒重一般为 58～130g，每千克种子（带翅）7600～17500 粒。经沙藏催芽的种子发芽率可达 85%，未经处理的种子发芽率在 60% 以下。

②整地与播种：育苗地应选择土层深厚、肥沃、湿润、排水良好的砂壤土地。冬前深翻冻垡，开春旋耕细耙整平。旋耕时每 667m^2 施入腐熟饼肥 150～200kg 或腐熟厩肥 2000～2500kg。作成高床，床面高 15～20cm，宽 60～70cm，垄沟宽 30～40cm。在 3 月平均温度稳定在 10℃以上时，即可播种。有些年份冬季温度高，沙藏杜仲种子易提前发芽，应经常检查，如出现这种情况时，可采用小拱棚等保护措施提前播种。采用条播，行距 20cm 左右，一垄 3 行，播后覆土厚 1cm 左右，然后盖草或覆盖地膜，保持土壤湿润。每 667m^2 用种约 7～10kg。

③苗期管理：播种 10 天后种子陆续发芽出土。幼苗大部分出土后，应及时揭除覆盖物。杜仲幼苗期易发猝倒病，可用波尔多液及多菌灵等药剂防治。当幼苗长至 3～4 片真叶时，应及时间苗和移栽补苗；当苗木进入速生期后，应再次进行间苗和定苗，去弱留强，去密留稀，株距保持在 5～8cm。幼苗期要适时追肥 1～2 次，每次每 667m^2 追施 1～2kg 尿素为宜，并要及时灌水。6～8 月为杜仲的速生期，水肥管理为培育优质壮苗的关键，可每月施尿素 1 次，每次每 667m^2 施用量 10～15kg，随着苗子的长大，施肥量可由小到大逐渐增多，8 月底前应停施氮肥，可叶面喷施磷酸二氢钾 1～2 次，促使苗木木质化。同时要做好松土除草、灌溉排水和病虫害防治工作。每 667m^2 产苗量 2 万～2.5 万株。

（2）扦插育苗：

①硬枝扦插：选择深厚、肥沃且排水良好的砂土和砂壤土作插床。扦插在春季 2～3 月树液流动前进行。选取幼龄实生苗上的 1 年

生枝或成龄树上的徒长萌条作插穗，穗长 10～12cm，条粗 0.5～1.5cm，上口平剪，基部斜剪成马耳形。插穗剪好后，每 50 根扎 1 捆，大头朝下放入 100mg/kgABT 生根粉 1 号溶液中浸泡 12～24h，浸入深度 3～4cm，取出后随即扦插。直插或斜插均可，入土深度 6～8cm，地表露 1～2 个饱满芽均可，插后压实，株行距 10cm × 20cm。随即浇透水。在插床上支小拱棚保温增湿。当年生苗高可达 1m，平均地径可达 0.8cm。

②嫩枝扦插：嫩枝扦插一般于 6～9 月均可进行。扦插常于阴天或傍晚进行。扦插基质可用粗河沙、泥炭、炉渣、棉籽壳、珍珠岩、蛭石等。扦插前一天用 0.3% 的高锰酸钾溶液对插床基质进行充分消毒。选用幼龄树上的当年新生枝作插穗，插穗长 8～12cm，插穗剪好后，随即放入 100mg/kg 的 ABT 生根粉 1 号溶液中浸泡 1～2h，取出后立即扦插。入土深度占插穗的 1/2～2/3，地面上留 2～3 片叶子，为了减少蒸发，插穗保留叶子可剪留 1/2。扦插后支拱棚覆膜，棚上加遮阳网，经常喷水来保持空气湿度。一般经 1 个月后苗木陆续生根，可逐步揭去荫棚和塑料薄膜炼苗。在全光照自动喷雾条件下进行效果会更好。

另外，生产上也有插根、埋条、嫁接等无性繁殖方法，也都有很好的效果。

2. 栽培技术

（1）造林技术：山区造林一般采用穴状整地，种植穴规格 50cm × 50cm × 40cm。造林方式以纯林为主，密度视经营方式和立地条件而定，乔林作业株行距以 2m × 2m、2m × 3m 为宜，每 667m^2 种植111～167 株；头木作业株行距以 2m × 3m、3m × 4m 为宜，每 667m^2 种植 56～111 株；矮林作业株行距以 1.5m × 2m、2m × 2m 为宜，每 667m^2 种植 167～222 株。

（2）抚育管理技术：幼林期在管理上以创造条件保证苗木的营养生长为目的，每年要进行 1～2 次松土除草，冬季要结合林地深翻施 1 次基肥，以有机肥或 N、P 复合肥为主。同时，要加强林木的整形修剪。杜仲的根蘖性和萌芽性极强，要及时抹除主干及根茎部的萌芽，对过密及细弱的侧枝要进行疏剪。在栽植初期，对个别树干低矮、扭曲、风折或有病虫危害的幼树，可于春季进行平茬，然后选留一旺盛萌芽培养成新干。

在林龄8~10年后，要根据林分长势进行1~2次间伐，间伐以去劣存优，改善林内光照条件为目的。乔林作业林分主伐年龄最早可在25年生进行，头木林作业林分主伐年龄以25年生以后为宜，矮林作业每间隔3年截枝1次。

（3）剥皮利用技术：杜仲适宜的剥皮年龄为15~20年，在4~8月均可进行，以6~7月为最佳时期。对生长健壮的杜仲活立木，一般采用“环剥”和“带剥”等方法来采收树皮。“环剥”又分为局部环剥和全面环剥两种，目前用得较多的是全面环剥技术，具体方法是：先从树干分枝处下面环割一圈，再在地面以上10~20cm处环割一圈，然后在两环之间纵割一刀（也有的相隔半圈对割一刀），最后从纵切口处用手撕扯剥下树皮。“带剥”是带状剥去部分干皮，带宽为干周长的1/5~1/3，在每株树上剥取若干个带状皮，每年剥皮面积不超过树干皮部总面积的20%~40%，3~5年轮剥1次。

剥皮最好在阴天或多云天气进行，晴天要在下午16点以后进行，以免日灼影响树皮新生，忌雨天剥皮，影响伤口愈合。剥皮操作要求准确、轻捷、不伤木质部。剥皮后应迅速将剥面用牛皮纸、地膜、报纸等材料包被，防止剥面失水干燥。

杜仲剥皮后4~5年，树木生长已趋正常，可以再次进行剥皮利用。

【适生范围】

杜仲为河南乡土珍贵药用树种，有极强的生态适应性，在河南全省大部分地区均可推广种植。在河南四大山区的中低山区及丘陵垄岗区，适宜进行经济林成片种植，造林地最好选在背风向阳的缓坡、山脚、山坡中下部及山谷、台地等土层深厚、肥沃、质地疏松、排水良好之处。在平原乡村可作为四旁植树树种，在城市，亦为行道树、庭荫树、景观树的上选树种。

二八、巨紫荆

〖别名〗天目紫荆、乌桑、罗钱树

〖学名〗*Cercis gigantea* Cheng et Keng f.

〖科属〗豆科，紫荆属

巨紫荆是河南省的一种乡土树种，也是近几年新引种开发的观花观果乔木树种，市场发展潜力巨大。

【引种与开发价值】

巨紫荆树形高大，树冠伞形，叶片心形硕大，嫩叶淡紫红色，枝繁叶茂。春季花先叶开放，淡红色、淡紫红色花朵繁繁密密缀满枝头，十分美丽，荚果紫红色，挂果期长达5～6个月，绿叶红果，雅趣十足。是一种叶、花、果均具观赏性的速生乔木树种。巨紫荆的开发和应用，丰富了我国城乡园林绿化树种资源。

巨紫荆边材白色，心材黄色，坚硬致密，纹理直，花纹很美，少开裂，耐腐性中等，木材切面光滑，油漆后光亮度好，胶粘容易，是建筑、家具、装饰等的良好用材。

【形态特征】

落叶乔木，高达20m，胸径达80cm。树皮黑色，平滑，老树有浅纵裂纹。新枝暗紫绿色，无毛。叶近圆形，长5.5～13.5cm，宽4.5～11.5cm，先端短尖，基部心形，下面基部脉腋有淡褐色簇毛，稀无毛；叶柄长1.8～4.5cm。先叶开花或花叶同放，花紫红色，7～14朵簇生老枝；花梗长1.2～2cm，无毛。荚果带状，果长6.5～14cm，宽1.5～2cm，腹缝具翅，先端渐尖，紫红色。花期4月，果熟期9～10月。

【地理分布与生境】

巨紫荆原产于我国中东部及西南地区，包括浙江、安徽、河南、湖南、湖北、广东、贵州等地，多生于海拔600～1450m范围内。在浙江天目山五里亭海拔700～920m地带常与柳杉、木兰、紫楠、天目木姜子、青钱柳、小叶白辛树和香果树等混生。

在河南，巨紫荆主要分布于伏牛山南坡和大别山区。据我们在商城金岗台自然保护区调查，巨紫荆主要生长于海拔600～1000m的山坡杂木林中。阳坡、半阳坡较多。其伴生乔木树种主要有石灰花楸、黄山松、野山樱、山桐子、臭辣子、北枳椇、灯台树、青钱柳、稠李、房县槭、葛萝槭等；伴生灌木有映山红、野珠兰、四照花、棣棠、接骨木、黄山溲疏、连翘、绿叶胡枝子等；伴生草本主要有蜈蚣草、落新妇、异叶败酱、山麦冬、扇脉杓兰、重楼、老鸦瓣等。巨紫荆多呈零星散生状态，分布于落叶阔叶林中或针阔叶混交林中，在群落中巨紫荆一般位于林冠上层。

自20世纪80年代以来，巨紫荆在我国北起辽宁，南至广东的范围内进行了较广泛的引种栽培，在河南鄢陵、许昌、潢川、获嘉、洛阳、郑州等苗木基地，巨紫荆已成为重要繁育品种。

【生物学与生态学特性】

巨紫荆喜温暖湿润气候，但对气候的适应性较强，既耐酷暑，又耐严寒。如巨紫荆在商城金岗台分布区的气候为北亚热带湿润型气候，年均温13～15.5℃，极端低温达－20.5℃，年积温4500～5000℃，年降水量为1200～1350mm，年平均相对湿度76%～78%。在郑州黄河滩区可耐－18℃极端低温，在北京地区露地也能安全越冬。

巨紫荆对土壤要求不严。在河南各分布区多生于由花岗岩、片麻岩、安山岩、页岩、砂岩等风化形成的黄棕壤上，pH值5.0～6.5。但从其引种实践看，巨紫荆在各种酸性、中性、碱性及石灰质土壤上均能很好生长，既耐土壤干旱，又耐水湿，可在季节性水淹中存活月余。

巨紫荆为喜光树种，喜充足光照，自然散生于杂木林中的巨紫荆由于位于林冠上层，常繁花似锦，果实累累，生长繁茂；而在人工栽培密度过大的情况下，常生长细弱，少有花果，甚至变为被压木而枯死。

巨紫荆为前期速生树种。据在郑州、许昌、获嘉等苗木生产基地调查，正常培育 1 年生种子苗高生长可达 1～1.5m，地径 0.8～1.2cm；2 年生苗高可达 2.5m，胸径达 1.5cm；3 年生苗高可达 3.5m，胸径可达 4～5cm；5 年生苗高可达 5～6m，平均胸径达 8～10cm，最大胸径达 16cm，如用育芽苗移植进行促成培育，生长速度更加惊人。

巨紫荆实生苗第 4～5 年即可开花结果，寿命长，可达 200～300 年，百年大树仍花果满树。

【栽培技术】

1. 苗木繁育

目前在生产上，巨紫荆繁育主要用种子育苗。由于种源较缺，为了节省用种，可先用苗床育芽苗，再移栽大田培育。

（1）种子采集与贮藏：选择 20～30 年生，生长健壮，无病虫害的壮龄树作采种母树。于每年 10 月荚果充分成熟后采收，采集后先置室内通风处阴干 2～3 天，使种子完成后熟阶段，然后摊晒室外充分干燥后敲打脱粒，清除杂质及空秕粒及病虫粒，得纯净种子。出种率 15%～25%，千粒重 20g，每千克种子约有 5 万粒左右。巨紫荆种子可以装透气布袋内置通风干燥处干藏，也可将种子按 1∶3 的比例混湿河沙于室外坑藏过冬。将巨紫荆种子密封贮存在 3～5℃ 的冷库内，发芽能力可以保持 2～3 年。

（2）整地与播种：选择排灌方便的砂壤土和壤土地作育苗地。初冬深翻不耙，翌春土壤解冻后顶凌整地。结合整地，每 667m^2 施入 2000～3000kg 腐熟有机肥和全元素复合肥（15∶15∶15）30kg，并施入 25kg 硫酸亚铁进行土壤消毒。作成平畦，畦面宽 1.2m，步道宽 30～35cm，长度视育苗量而定。于 2 月上旬播种。沙藏种子可直接播种，干藏种子应在播种前 15～20 天进行催芽。方法是：先用 0.5% 的福尔马林消毒，然后用 60℃ 左右的温水浸种，搅拌，使其自然冷却后浸泡 24h，捞出控水，拌 2 倍细河沙，在背风向阳处建阳畦催芽，有条件也可直接放温室内催芽。一般经 15 天左右种子开始萌动，当有30%左右种子萌动露白时即可播种。

播前先将畦面浇透水，待水下渗后，将种子均匀撒播于畦面，密度以2cm×2cm为宜，播后覆过筛细砂壤土或火烧土2cm左右。然后支拱棚，上覆薄膜，四周用土压实，保温保湿，以利出苗。每$100m^2$用种量约0.5kg，可出苗10000株左右。

（3）芽苗移植：当芽苗生长3片真叶时即可移植，一般应于清明节前完成移植，过迟则影响成活。移植最好在阴雨天或晴天的傍晚进行，移植前一天对芽苗地要浇1次透水。移植时要带宿土起苗，做到随起苗，随栽植，随浇水，栽植株行距0.8m×0.8m，每$667m^2$定植1040株。苗木定植后，应于每天上午10时至下午15时喷水补湿，以利成活，1周后可补植1次，力争全苗。

（4）苗期管理：管理措施主要有浇水、除涝、中耕除草、施肥和防治病虫害等几个方面。4~5月是河南省春旱季节，风沙、干热风盛行，应适时浇水，一般15~20天浇水1次，以小水透浇为主，忌大水漫灌；7~9月为河南省雨季，易内涝积水，应及时排水或松土晾墒，改善圃地的透气性。幼苗浇完第2次定植水后，应中耕1次，一般情况下，每年至少应中耕除草3~4次，除草要做到“除早、除小、除了”。6月中旬前的幼苗期，以施氮肥为主，稀薄的有机肥或尿素均可，尿素施用量每次每$667m^2$施10kg为宜，6月中旬至7月底以施用全元素复合肥为主，每次每$667m^2$施15kg左右，8月以后应停施氮肥，改以磷钾肥为主，如硫酸钾复合肥，每次每$667m^2$施15kg为宜，促使苗木木质化，防止徒长，提高其越冬能力。巨紫荆幼苗期主要有地老虎和蛴螬危害，可用0.1%浓度的敌百虫溶液浇灌根际，也可用敌百虫溶液拌麦麸撒于圃地诱杀。春夏季有蚜虫危害其芽叶时，可用40%氧化乐果乳油1200倍液喷雾防治。多年生苗木或老苗圃常有桑天牛危害树干，成虫期可用25%的甲胺磷喷洒防治，如幼虫已蛀入树干，用辛硫磷毒签或向虫孔注原药后用泥土封塞即可。

2. 大苗培育

按上述密度精心培育1年后，苗高可达3m，胸径可达1.5~2cm，再培育 1 年，胸径可达 3～4cm，即可用于绿化。若隔行隔株间苗，株行距变为 1.6m×1.6m，留圃苗再培育 1 年，胸径即可达6～7m，可满足绿化市场对大规格苗的需求。

由于巨紫荆叶大而多，苗木幼时枝梢又较柔软，育苗期间应及时立支架，以加速培育主干，一般支撑 1 年后即可拆除。巨紫荆枝叶繁茂，易生过密枝，易形成双主干，甚至 3 主干等，应及时整形修剪。当苗木生长高度达 3m 时，可于 2.8～3m 处截干，促生侧枝，以形成整齐宽大的树冠。

【适生范围】

巨紫荆是河南新开发的乡土树种，无论对河南的山区还是平原低海拔地区的生态环境均有很好的适应性。作为景区风景林、城乡行道树、公园庭荫树或孤植树无不相宜，尤在大型旅游区或风景区，与常绿树或落叶阔叶树配置营造混交林，常能营造出美妙的自然景观，4 月花开时节和绵长的挂果季节，远处眺望，红绿相映，引人入胜。

附：湖北紫荆 *C. glabra* Pamp. 引种栽培效果也很好，栽培技术同巨紫荆。

二九、朵 椒

〖别名〗朵花椒、刺风树、鼓钉皮

〖学名〗*Zanthoxylum molle* Rehd.

〖科属〗芸香科，花椒属

朵椒是我们近几年在野生植物调查及引种驯化试验中，发现的一种优良野生树种之一，其生长速度快，生态适应性强，经济价值高，在河南呈星散分布，资源极少，有必要加强对其保护和开发利用方面的研究。

【引种与开发价值】

朵椒是芸香科花椒属稀有的乔木，材质优良。木材为半散孔材至散孔材，边心材区别不明显，重量中，硬度小，干缩率中，强度中等，易干燥，切削容易，油漆及胶粘性能良好，适宜作胶合板、农具、车厢、包装箱、风箱等用材。叶、果可提取芳香油，又是食品调味香料；果壳、种子、叶及根均作药用，有散寒健胃、止吐泻和利尿作用。

朵椒树体通直，高大挺拔，树冠开阔，叶大色浓，干枝奇特；花虽小，但白色小花密集成大型伞房状圆锥花序，亦颇美观；果熟期，紫红色蓇葖果缀满枝头，绿叶红果，引人入胜，有很高的观赏价值。

【形态特征】

落叶乔木，高达10m。树皮淡灰色，不裂，枝粗大，被宽扁皮刺。幼时被短柔毛，小枝髓部大或中空。奇数羽状复叶，长30～40cm，小叶13～19，宽卵形或宽椭圆形，长8～14cm，宽3.5～8cm，先端突尖，基部圆形、宽楔形或微心形，全缘或中部以上有细圆锯齿，齿缝有油点，下面密被淡黄或灰白色毡状绒毛；小叶柄极短。伞房状圆锥花序顶生，花序轴有时具短刺；花小，白色。蓇葖果球形，紫红色，径 4 ~ 5mm，具细小而明显的油点。花期 6 ~ 7 月，果熟期 9 ~ 10 月。

【地理分布与生境】

朵椒在我国自然分布狭窄，主要分布于浙江、安徽、湖北、江西、贵州、陕西和河南等省，多呈单株零散分布状态，是我国亚热带地区稀有的森林树种。生于山沟两侧的杂木林中。在河南，朵椒主要分布于伏牛山南坡、桐柏山和大别山区，在近几年的调查中，我们在桐柏淮源保护区、商城黄柏山林场等地只发现有少数几个分布点，每个分布点一般仅 1 株或 2 株。在桐柏山仅发现 1 个分布点，群落立地：海拔高 920m，北坡偏西，山坡下部，坡度 25°，岩石裸露度 30%，土层深厚、腐殖质层较厚、潮湿。共 2 株，一株胸径 28cm，高 13.6m，另一株胸径 14.8cm，高 9m，2 株相距约 5m。朵椒位于群落上层，其他伴生乔木树种有君迁子、毛栗、红果钓樟、野山樱、苦木等，乔木层盖度约 30%；伴生灌木树种有野珠兰、宜昌荚蒾，红果山胡椒、血皮槭、映山红、柯楠、苦枥、山莓、棣棠、拔楔、猕猴桃等，以野珠兰为优势种，灌木层盖度约 70%；草本植物有珍珠菜、卵叶三脉紫菀、庐山藨草等，草本层盖度约 5%。

【生物学与生态学特性】

朵椒喜温暖湿润气候，稍耐寒。自然分布区属于亚热带中山或低山丘陵区，热量及降水资源丰富。在引种地郑州黄河滩区 -18℃极端低温下，除 1 年生苗稍有部分干梢外，其他均能安全越冬。阳性树种，幼苗及大树均需光照充足，遮荫条件下生长不良或不能结实。喜深厚、肥沃、潮湿且含较多腐殖质的微酸性土，常生于水肥条件优越的深沟峡谷两侧；稍耐旱，在黄柏山林场部分山坡中、上部土壤干瘠处也偶能见到，但生长较低矮。极怕涝，苗木在阴雨天生长缓慢，圃地排水不良则易成片死亡。深根性树种，主根明显，侧根也很发达，较抗风沙。抗虫性较强，在分布区或人工栽培条件下未见有虫害发生。

朵椒为速生的硬阔叶树种，在人工栽培条件下速生特性更加明显。据陕西洋县茅坪林场朵椒树干解析资料，62 年生树高 24.8m，胸径 35.4cm。树高总生长量在 25 年前增加较快，5～10 年间为生长高峰期，连年生长量为 0.8m，随后逐渐降低，45～50 年间连年生长量出现最低值，仅 0.11m。胸径生长在 55 年生前一直处于较速生阶段，20～25 年间为生长高峰期，连年生长量为 0.74cm，55 龄后迅速下降。材积生长量 55 龄前基本随着树龄的增加而递增，50～55 年间出现生长高峰，连年生长量为 0.0319m^3，随后快速下降。材积连年生长量与平均生长量在 60 龄时相交，达数量成熟。另据我们在郑州黄河滩区试验基地测定，朵椒 1 年生种子苗平均高可达 1.5m，地径可达 1.5cm；2 年生苗高 2.5～3m，胸径 4～5cm；3 年生苗高 4.5～5.5m，胸径 6～8cm，最大达 10cm，非常速生。

朵椒种子苗 3～4 年即可开花结果，7～10 年后进入正常结果期，结实大小年现象不明显。

【栽培技术】

1. 种子育苗

（1）种子采集与处理：当种子由绿色变为褐红色或紫红色时要及时采摘，采回的果实放通风干燥处阴干，待果皮开裂后，敲打震动脱出种子，如在阳光下曝晒会使种子很快丧失发芽力，据我们对采自桐柏山的朵椒种子测定，果实平均粒径 4.8mm，种子平均粒径 3.3mm，出种率 35%，种子千粒重 16.7g，每千克种子约 6 万粒。朵椒种子外壳具油脂层，必须经脱脂后方能很好地发芽。方法是：将种子放入 5% 浓度 30～40℃ 的温碱水中，不停搅拌，浸泡约 10min 后，揉搓、淘洗，去除油脂层，用清水冲洗干净，然后拌湿沙于室外背阴处挖坑沙藏过冬。沙藏时间 120 天左右，期间应经常检查，保持沙种湿润。

民间过去常用鲜牛粪与朵椒种子倒在一起，搅拌均匀，比例为 5～6∶1，然后和成饼贴于墙上过冬，或制成砖块状，阴干冬藏。开春后捣碎牛粪块直接播种，效果也很好。

（2）整地与播种：选择深厚肥沃，排水良好的壤土和砂壤土地作育苗地。两犁两耙，细致整地，结合整地，要施足底肥。作成高床，床高 15 ~ 20cm，床面宽 50 ~ 60cm，床沟宽 30 ~ 40cm。作好床后，床面土壤用硫酸亚铁消毒，每 667m^2 用量 20 ~ 30kg。条播，行距 25 ~ 30cm，播种沟深 3cm，播后覆土 1 ~ 2cm，稍镇压，然后盖草或覆地膜保湿。出苗期间如遇土壤干旱，可通过床沟透浇。每667m^2播种量 3 ~ 5kg。

（3）苗期管理：播种 30 天后苗木陆续出土，约 50 天左右可出齐苗。朵椒苗木生长很快，且叶柄较长，当苗木达 5 ~ 10cm 时，及时进行 1 ~ 2 次间苗、定苗，定苗株距以 20cm 左右为宜，每 667m^2 定苗 6000 ~ 7000 株。苗木怕水湿，7 ~ 9 月应注意及时排除圃地积水，并经常松土，改善土壤通透性。朵椒幼苗期即喜光照充足，不能遮荫，育苗密度宜小不宜大，否则易徒长，不能安全过冬。为了预防苗木秋季旺长，不能正常封顶，除了 8 月中旬后严格控制水肥外，还应从 8 月中旬开始，用 25% 的缩节胺水剂 1500 倍液喷雾，每间隔 10 天喷 1 次，连喷 3 次，可有效控制苗木旺长。

2. 栽培技术

（1）造林地选择：朵椒喜湿润、肥沃土壤和光照充足，山区造林应选择海拔 300 ~ 1000m 范围的向阳山坡下部或避风向阳的沟谷两侧土层深厚处。在城市绿化栽植应选择在公园、草地等小环境优良处，不宜在地下水位浅、土壤黏重、易涝滞积水处种植。

（2）栽植方法：栽植一般于春季 3 ~ 4 月苗木发芽前进行。山区造林可营造纯林，也可与多种速生阔叶树种混交，造林密度宜小，以 3m × 4m 或 4m × 4m 为宜。可用 1 年生裸根苗栽植，但最好栽后随即从离地面 3 ~ 5cm 处截干，否则北方春季风大干旱，不易成活。城市绿化应用 2 年生以上大苗种植，起苗时必须带土球，并用草绳缠干，保护好树干皮刺不被碰掉，苗木发芽前应每天向树干喷水，以保证树体的水分平衡。

（3）抚育管理：截干造林后苗木易萌发多数萌芽，应及时抹芽定干，以便培育端直树干。造林 1 ~ 2 年内应加强抚育管理，包括松土、除草、施肥、修枝打杈等环节。一般 3 ~ 4 年后林分即可郁闭。

朵椒在育苗或人工栽培条件下易感染根腐病。该病是一种由镰孢霉菌等多种真菌引起的病害，偏碱性土壤或田间湿度大、温度偏高均有利于该病害的发展蔓延。防治方法除改善土壤环境外，还应从每年5月下旬开始，每间隔5~7天，用100~200倍的托布津溶液涂抹树干，连续3次，可预防感染；或定期用70%的托布津800~1000倍溶液浇灌树穴土壤。对已经发病的苗圃和林地，应及时清除病死株，烧毁并填埋；发病树穴或地块应用杀菌剂消毒处理。

【适生范围】

朵椒虽为河南乡土树种，但对生境要求苛刻。可以在伏牛山、大别山和桐柏山区作为速生丰产林、特用经济林或生态林进行发展，但必须对造林地进行严格选择。城市绿化应用除了选好造林地外，还应采取措施，防止日灼病及根腐病的发生。

三十、黄　檗

〔别名〕黄柏树、黄波罗

〔学名〕*Phellodendron amurense* Rupr.

〔科属〕芸香科，黄檗属

黄檗为东亚特产植物，系第三纪古热带植物区系的残遗种类，又是我国林药两用的珍贵树种。在1992年国家林业部公布的《国家珍贵树种名录》中，列为国家一级珍贵树种；在1999年国务院公布的《国家重点保护野生植物名录》（第一批）中，列为国家Ⅱ级重点保护野生植物

【引种与开发价值】

黄檗是我国“东北三大硬阔”之一。其边材淡黄色，心材淡黄褐色，坚实耐用，富弹性，花纹美观，材质优良，是重要的国防和工业用材，供建筑、车船、枪托、高级家具、室内装饰、胶合板等用。外面栓皮层软而厚，为优良软木工业原料，可制救生圈、瓶塞及作抗震、隔音及绝缘等材料。

黄檗的树皮内层是我国名贵中药材，名“黄柏”，主要成分是黄连素，具有清热解毒、泻火燥湿之功效，主治湿热泻痢、黄疸、小便淋沥、涩痛、赤白带下、热毒疮疡、湿疹、阴虚盗汗等症。

黄檗的果实可提取芳香油，种子含油率7.76%，可制肥皂及润滑油；黄檗还是很好的蜜源树种。黄檗树冠宽阔，秋叶变黄，是美丽的秋色叶树种，对以二氧化硫、铅为主的污染物还具有很强的抗性，故可以作城市园林绿化树种和抗污染树种。

【形态特征】

落叶乔木，高达25m，胸径达1m。树冠广阔，枝开展；树皮厚，浅灰或灰褐色，木栓质发达，网状深纵裂，内皮鲜黄色。小枝

棕褐色，无毛。奇数羽状复叶，对生，小叶5~13，卵状椭圆形或卵状披针形，长6~12cm，宽2.5~4.5cm，先端渐尖，基部斜楔形或近圆形，稍不对称；叶缘具细钝锯齿，有缘毛，齿间有透明油点；上面无毛或沿中脉被疏柔毛，余无毛，下面仅中脉基部两侧被长柔毛。花小，黄绿色，萼片5。浆果状核果，球形，黑色，果径0.8~1cm，干后具5棱，有特殊香气或苦味；分核2~5。花期5~6月，果熟期9~10月。

【地理分布与生境】

黄檗主要分布于东北及华北各省（自治区）。在东北产于小兴安岭600m以下，吉林长白山1000m以下山区，常与红松、红皮云杉、臭冷杉、水曲柳、紫椴、色木等组成混交林；在辽宁、河北北部山区、内蒙古南部、宁夏山区等也有少量分布。朝鲜、俄罗斯及日本也产。在自然分布区，黄檗常作为伴生树种散生于针叶林或针阔叶混交林，多生于山涧、河谷、山坡中下部及溪流附近。

作为一种珍贵树种，我国华北、西北等省（自治区）都进行了引种和栽培，使其人工栽培区不断扩大。如在山西大同、太原、临汾等地海拔680~1200m范围内生长发育良好，没有病虫害，能安全越冬过夏，能正常开花结果，其生长表现甚至还要好于部分东北原产地。河南太行山区辉县、济源，伏牛山区栾川、嵩县、西峡、南召，大别山区商城等县均有少量引种栽培，目前大多生长发育良好。

【生物学与生态学特性】

黄檗属于温带及寒温带树种，主要分布区位于寒温带针叶林区和温带针阔叶混交林区，为湿润性季风气候，冬夏温差大，冬季长而寒冷，极端最低温约-40℃，夏季较热，年降水量400~800mm。黄檗喜生于土层深厚、腐殖质丰富，湿润而透气性好的肥沃土壤，为喜肥喜湿树种，在黏重、瘠薄的土壤上生长不良，在酸性、微酸性、中性及微碱性土壤上均能很好适应。黄檗为喜光性树种，不耐庇荫。其树冠广阔而稀疏，自然整枝良好，能在空旷地更新。在树冠下更新不良。

黄檗萌芽能力较强，伐后萌芽条生长迅速，当年生高1~2m，根部受伤后可以生出很多萌蘖苗。深根性，主侧根发达，抗风力强。

黄檗为生长速度中庸的阔叶树种，寿命较长，可达 300 年。15 ~ 20 年生开始开花结实。在辽宁新宾县生长于水肥条件较好地带的 19 年生黄檗，平均树高 7.8m，胸径 10.2cm。河南商城黄柏山林场引种的黄檗，20 年生，树高 15m，胸径 25cm，生长发育良好，能正常开花结实，树下已有天然下种的更新苗。

【栽培技术】

1. 苗木繁育

（1）种子育苗：

①采种及种子处理：9 ~ 10 月果实成熟后仍能存留于树上较长时间，但易被鸟类啄食，应及时采种。采种后将果实浸泡于缸、盆等容器内，或在室内堆放，使果肉腐烂，然后搓揉淘洗，去除果皮等杂质，得到纯净种子。将种子置通风良好处阴干，使含水率降至 9% ~ 11%，然后装入布袋，放于通风干燥处干藏或室外混沙贮藏。鲜果出种率 5% ~ 12%，净度 85% ~ 95%，平均千粒重 14.26g，每千克纯净种子 5.9 万 ~ 7.7 万粒。

②整地与播种：选择疏松肥沃、排水良好的壤土或砂壤土作育苗地，深耕细耙，施足底肥，并对土壤进行消毒和杀虫，然后作成高床，床高 15 ~ 20cm，宽 50 ~ 60cm。可秋季随采随播或春播。秋播后要浇 1 次透水。春播于春季 3 月进行。沙藏种子不必催芽，干藏种子应于播前 30 天左右拌沙层积催芽，如果是陈种子，层积时间应提早至播种前 70 天左右，当种皮有 30% 裂口露白时即可播种。条播，一床双行，行距 25cm，播种沟深 2cm，播幅宽 3 ~ 5cm，播后覆土厚 1cm，稍镇压，盖草或覆地膜，每 667m^2 播种量 4 ~ 5kg。

③苗期管理：大部分苗木出土后，应于阴雨天或晴天的傍晚揭去盖草或地膜。当苗高 5cm 左右时，进行第 1 次间苗，间去过密的双株苗、丛生苗、病弱苗，保留壮苗，株距 2 ~ 3cm 为宜；当苗高 10cm 左右时，进行第二次间苗定苗，株距 5 ~ 6cm 为宜。为了促使苗木侧根须根发育，可于幼苗长至 4 个以上真叶时用切根刀进行断根，保留主根长 5cm 左右，断根后应立即灌水；要及时追肥和浇水。

在 5~7 月，追施尿素 2~3 次，每次 667m² 用量 5~10kg；8 月追施 1 次磷钾肥，结合追肥应及时灌水；9 月以后应控制水肥。

正常管理，1 年生苗高可达 80~100cm，地径 0.6~1.0cm，每 667m² 可出苗 2 万~2.5 万株。

（2）扦插育苗：扦插育苗一般于 2~3 月进行。选择 5 年生以下实生幼树的 1 年生条或中龄树干基部的 1 年生萌条作插穗，穗长 10~15cm，粗度 0.5cm 以上，每穗保证有 4 个芽以上，上端平剪，下端斜剪。扦插于日光温室内进行，插床用园土、干净粗河沙或蛭石、珍珠岩、河沙等的混合基质均可。扦插前，用 800 倍浓度的多菌灵溶液对插穗消毒，用 100mg/kg 的 ABT 生根粉 1 号溶液浸泡插穗基部 2h。直插，插后灌透水，水分下渗后支拱棚，覆塑料膜和遮阳网，经常检查温湿度，适时补充水分，20 天后发芽，40~50 天后开始生根，扦插成活后，于阴雨天或傍晚移入大田培养。扦插成活率可至 60% 以上。

产区也有用插根繁殖的。冬前挖取 0.6~1.5cm 粗的嫩根，剪成 15~20cm 长的根穗，冬季沙藏过冬，于春季 3 月上中旬斜埋于圃地，浇透水，1 月后可出苗，1 年生苗即可出圃。

2. 造林技术

（1）造林地选择与整地：黄檗造林地应选在海拔 600m 以上土层深厚、湿润、肥沃、坡度 40°以下的阳坡或半阳坡。缓坡或坡的中下部可全面整地，坡度大时穴状整地，种植穴规格为 50cm×50cm×40cm。

（2）栽植：在河南应于春季 2~3 月造林。植苗造林，用 1 年生优质壮苗栽植，苗木地径 1cm 以上，高度 1m 以上，木质化程度高。初植密度以每 667m² 种植 111 株和 167 株为宜，株行距分别为：2m×2m 和 2m×3m；种植前应施底肥，每穴施入过磷酸钙 0.3kg，尿素 0.05kg，或复合肥 0.2kg 等，也可施入腐熟有机肥 3~5kg，将肥料与穴底土充分拌匀；栽植后浇透定根水。如遇春旱，应补充浇水，以保证成活。

（3）抚育管理：栽植后的 3~5 年内，要进行中耕除草、施肥、修枝、防治病虫害等管理。每年要全面松土除草 3~5 次；冬春季萌芽前可开环形沟施有机肥 1 次，每株施肥量 10～15kg，6～7 月可施追肥 1 次，每株施用尿素 0.1～0.2kg；冬季休眠期可进行修枝，整枝高度为树高的 1/3。主要病虫害有煤污病、锈病、刺蛾、尺蠖等，应实时监控，及时防治。正常抚育管理，3～5 年即可郁闭成林。

（4）采收与加工：

采收：定植 10 年生以上的黄檗即可采收。采收时间一般为 5 月上旬至 6 月底。采收有砍树剥皮和立木剥皮二种。砍树剥皮是于每年 5～6 月将树伐倒，剥下树干及较粗分枝上的树皮进行利用。立木剥皮是每次只剥去一部分树皮，让原树继续生长，以后再剥，持续利用的一种方法。具体做法是：选择阴天，用嫁接刀在树干上按 80cm 左右长度绕树干环切一周，切口斜度以 45°～60°为宜，再在两横切口之间纵切一刀，深度以能切断树皮但又不伤形成层和木质部为度，然后用竹刀从切口处翘起树皮，均匀撕剥。采剥后的黄檗树干应迅速用塑料膜绑扎，上、下和侧面要用塑料胶带密封，待 15～20 天长出新皮后，可于傍晚除去塑料膜。黄檗剥皮后要加强水肥管理，促使树势复壮，3 年后又可再次剥皮。

加工：将采收的新鲜树皮，趁鲜刮去粗皮，至显黄色为度，在阳光下晒至半干，重叠成堆，用石板或重物压平后，取出再摊开晒干，即为商品黄柏。以身干、大块、鲜黄色、粗皮去净、皮厚者为优质。

【适生范围】

黄檗可以作为河南省太行山、伏牛山、桐柏山及大别山海拔 600～1200m 之间的中山区的造林树种进行发展，是珍贵用材林、药用林、生态林等的上选树种，对丰富河南省的树种资源，改善其林业产业树种单一、珍贵树种少的状况有积极作用。

从我们近几年在河南平原低海拔地区，如郑州、济源市的引种情况看，黄檗对微碱性土壤及干热气候也有很好的适应性，有望作为园林绿化树种在各地推广应用。

三一、毛红椿

〖别名〗毛红楝子

〖学名〗*Toona ciliata* var. *pubescens* (Franch.) Hand. – Mazz.

〖科属〗楝科，香椿属

毛红椿是我国的珍贵用材树种之一，有“中国桃花心木”的美誉。由于其分布范围狭小，资源数量稀少，在1992年国家林业部公布的《国家珍贵树种名录》中，列为国家二级珍贵树种；在1999年国务院公布的《国家重点保护野生植物名录》（第一批）中，被列为国家Ⅱ级重点保护野生植物。

【引种与开发价值】

毛红椿木材红褐色，刨削切面光滑，花纹美丽，色泽鲜艳，香气浓郁，不翘不裂，耐腐性好，防虫蛀，易干燥，易加工，油漆及胶粘性能良好，其材质可与桃花心木相媲美，是高档家具、室内装饰、胶合板及各种贴面板材、模型、车船等的上等用材。

毛红椿树皮富含单宁，可提取栲胶；树脂胶可与阿拉伯胶媲美。

毛红椿树形高大雄伟，树干通直圆满，树冠开阔，是优良的四旁植树和城市园林绿化树种。

【形态特征】

落叶或半常绿大乔木，高达35m，胸径达1.1m。树皮暗褐色，条片状剥落。小枝粗壮。偶数（稀奇数）羽状复叶，有香气，小叶11～20，纸质，长椭圆状卵形或披针形，长6～15cm，宽2.5～4.5cm，先端微尖或渐尖，上面无毛，下面被短柔毛，脉上毛更密；侧脉10～18对；小叶柄长约9mm。花序顶生，白色，有香气。蒴果长椭圆形，褐黑色，密被白色皮孔，长2.5～3.5cm。种子褐色，上端具长翅，下端具短翅。花期4月，果熟期9～10月。

【地理分布与生境】

毛红椿的天然分布范围自喜马拉雅山脉西北坡、印度东部、孟加拉国经缅甸、泰国、越南和我国华南，至马来半岛、伊里安岛及大洋洲东部均有分布。在我国，毛红椿星散分布于中亚热带、南亚热带至热带北部地区，包括云南、四川、贵州、湖南、湖北、广东、广西、福建、浙江、江西及安徽南部。毛红椿在我国的垂直分布呈自东南向西南逐步升高的趋势，在安徽南部多散生于海拔 280 ~ 600m 的低山丘陵区，在江西上饶武夷山分布于海拔 700 ~ 1000m 的中低山区，而在云南可分布到 1400 ~ 3500m 的中高山地。通常多生于低山缓坡、谷地、溪旁的疏林中或林缘。毛红椿于 20 世纪 80 年代初引入河南，在郑州、信阳等地生长发育良好，能够正常开花结实。

在天然林中，毛红椿通常位于群落上层，如在安徽泾县的毛红椿多分布于常绿落叶阔叶混交林中，伴生乔木树种主要有紫楠、落叶桢楠、青冈栎、南酸枣、天竺桂、牛鼻栓、野胡桃等，伴生灌木有山鸡椒、尖叶山茶、南天竹、豹皮樟、金银木、接骨木、八角枫等。

【生物学与生态学特性】

毛红椿为中亚热带以南树种，喜温暖湿润气候。多生长于低温持续时间短，无霜期长，日照时数多，热量高的生态环境中，分布区年均气温 17 ~ 20℃，年降水量 1139 ~ 1400mm，相对湿度 75% ~ 80%，夏季多雨，冬季少雨。但从河南的引种结果看，除苗期外，毛红椿成树能忍耐 -17℃ 的低温。毛红椿为阳性树种，多生于疏林地及林缘，而且干形通直，自然整枝良好。幼树稍耐庇荫，在林冠下或疏林中自然更新良好。

毛红椿喜深厚、肥沃、湿润而排水良好的酸性土壤，在山谷、沟溪两边、山麓等土层深厚、肥沃之地生长旺盛。但对土壤的适应幅度较宽，在红壤、黄壤、黄棕壤、石灰性土壤、褐土及潮土上均能生长，pH 值 4. 5 ~ 8. 5 均能很好适应。

毛红椿为速生树种。广东茂名海拔 400m 天然林木，15 年生树高 14m，胸径 22cm；安徽泾县 23 年生，树高 22m，胸径 30cm。在人工栽培条件下生长更快：福建莱舟林业试验场 12 年生四旁树高达 14m，胸径 41.3cm；人工纯林 11 年生平均高 10.1m，平均胸径 15.4cm，最大胸径 29.5cm。河南郑州 4 年生树高达 12.4m，胸径达 10cm；18 年生树高 14.6m，胸径达 32cm。

毛红椿萌蘖性强，天然林分自然更新幼苗及幼树均为根蘖或伐桩萌芽苗，未见种子实生苗。浅根系树种，主根不明显，侧根发达，根系主要分布于 20～50cm 土层内，天然大树易风倒。

毛红椿寿命较长，可达百年以上，胸径可达 1.5～2m。5～7 年生开始开花结果，10 年后进入盛果期，结实有大小年现象，间隔期 1～2 年。

【栽培技术】

1. 种子育苗

（1）采种及种子贮藏：选择 15～30 年生，生长健壮，树干通直圆满，无病虫害的壮龄树作采种母树。毛红椿种子成熟后蒴果易开裂，致种子飞散，故当种子由青绿转为黄褐色时，应及时采收。可用高枝剪连果序采回，置阳光下摊晒数天，待蒴果开裂后，敲打使种子脱出，去杂，净种，装入透气布袋中，置室内干燥处过冬。种子千粒重 3～3.5g，每千克有种子 28.5 万～33.3 万粒。

（2）整地与作床：选背风向阳，土壤深厚肥沃、排水良好的砂壤土或轻壤土地作育苗地。整地前要施足底肥，每 667m^2 可施 2000～2500kg 的腐熟农家肥或 250～300kg 的腐熟饼肥，再撒施 2～3kg 呋喃丹以杀灭害虫。由于毛红椿种子细小，必须细致整地。作成高床。床面宽 50～60cm，床沟宽 30～40cm，床高 15～20cm，床面整平，土壤细碎。

（3）播种：应足墒下种。播前先将种子揉搓去翅，然后置 30℃温水中浸种 12h。并用硫酸亚铁或福尔马林浸种消毒。条播，行距 25～30cm，一床 2 行，播种沟深 2～3cm，播幅 5～8cm，将种子拌沙或细土均匀撒入沟内，播后覆细土 0.5～1cm，以不见种子为度。然后盖草或覆地膜，以便保温保湿。每 667m^2 播种量 2.5～3kg。

（4）苗期管理：主要抓好水肥管理、病虫害防治和松土除草等。4～5月为出苗期和幼苗期，当苗木陆续出土后，应及时揭除覆盖物；苗高10cm左右时应间苗和补苗，苗距8～10cm为宜；此时期蝼蛄、地老虎等地下害虫危害严重，应加强防治；春夏之交华北地区常干旱或干热风严重，应及时浇灌，保持土壤湿润。6～9月为苗木速生期，6～7月可追施2次化肥，可用尿素搭配全量复合肥，每667m^2每次施肥量以5～7.5kg为宜，结合施肥应及时灌水；8月后应停施氮肥，停业浇水，可叶面喷施1～2次磷酸二氢钾。8月下旬至9月，可每间隔10～15天喷1次缩节胺，连喷2～3次，以控制苗木旺长。7～9月是华北南部的雨季，高温高湿的环境极易引起苗木立枯病、茎腐病的发生，要及时排除圃地积水，中耕松土，增加土壤的通透性；同时可用50%的多菌灵和50%的甲基托布津600～800倍液喷雾防治，每间隔7～10天喷1次，连喷3次。

在河南中北部地区，1年生毛红椿苗过冬需加防护措施，否则易抽干。

正常管理，当年生种子苗高1～1.5m，地径可达1cm，每667m^2可出苗1万～1.5万株。

2. 造林技术

（1）造林地选择与整地：毛红椿为速生树种，但要有好的立地条件。因此造林地应选择大别山、桐柏山和伏牛山南坡海拔200～1000m的沟谷、溪边、山脚、山麓等背风向阳处，土层厚度应大于80cm，腐殖质层厚10cm左右，有机质含量丰富，坡度应小于30°，壤土和砂壤土。于秋冬整地，坡度在10°以下者要全面整地，大于10°者可带状整地，然后挖定植穴，规格为60cm×60cm×40cm。

（2）造林方法：于春季3～4月植苗造林。毛红椿苗期喜阴，初植密度可大些，以2m×2m和2m×3m为宜，每667m^2定植111～167株，有利于培育端直树干，提高木材工艺价值，也有利于幼林提早郁闭。为了有利于苗木成活，防止抽干，应用优质壮苗栽植，苗木高度应达1m，地径应达1.5cm，且根系完整。如1年生苗达不到要求，可分植再培育1年。栽植时做到“三埋、两踩、一提苗”，栽后要浇足定根水。毛红椿可以营造片状纯林，也可与亚热带速生树种如马褂木、枫香、马尾松、柳杉、水杉等混交造林，可小片状混交，也可带状混交。

（3）抚育管理：造林后3年内，应每年扩穴1次，松土除草1～2次，施肥1次，施肥量每667m^{2}尿素15～20kg，全量复合肥(1:1:1)15～20kg。有条件的地方，幼林期可以间种低秆农作物，如红薯、花生、豆类等，可实现以耕代抚，有利于幼林生长。毛红椿侧芽生长及萌发力强，易对顶芽形成竞争，应及时抹芽和修枝，以培育通直树干。幼林郁闭后，应及时进行抚育间伐，伐去被压木、细弱木、病虫木等，以保证健康林木的生长空间。

毛红椿为河南新引树种，尚未发现较严重病害。对原产区较严重的红椿梢螟、线虫等病虫害，应在引种过程中加强检疫。

【适生范围】

毛红椿虽为中亚热带以南树种，但对河南北亚热带北缘和南温带的气候和土壤条件均能适应。除了1～2年的苗期应加以防寒保护外，大苗和成年树均不需保护，而且表现出了速生特性。因此，毛红椿可以作为珍贵用材林、速生丰产林、四旁林树种在河南伏牛山、大别山和桐柏山海拔200～1000m的低山丘陵区进行引种栽培，可以作为园林绿化树种在全省各大中城市、乡镇推广应用，唯种植时宜用耐寒性较强的3年生以上大苗。

三二、西南卫矛

〖**学名**〗*Euonymus hamiltonianus* Wall. ex Roxb.

〖**科属**〗卫矛科，卫矛属

西南卫矛是我们近几年从野生植物引种驯化试验中优选出来的优良野生树种之一，观赏价值高，生态适应性强，发展潜力大。河南是西南卫矛分布的北界，资源稀少，有必要加强保护和开发利用。

【引种与开发价值】

西南卫矛是一种优良的观枝、观叶、观果树种。其树姿优美，枝叶茂密，叶片硕大，叶色浓绿，叶面光亮，夏秋粉红色的蒴果挂满枝头，绿叶红果，妙趣横生。1～3年生枝条为青绿色，每当北方冬季来临，或万木凋零，或漫天飞雪，而西南卫矛树冠外围却布满翠绿的枝条，依然显示出勃勃生机，是美丽的冬景树种。

【形态特征】

落叶小乔木，高达10m。叶对生，长圆状椭圆形、卵状椭圆形或椭圆状披针形，长7～12cm，宽3～7cm，先端急尖或圆钝，基部宽圆，边缘具粗浅齿，叶下面侧脉及网脉微突起，沿脉有短毛；叶柄粗，长1.5～2（5）cm。聚伞圆锥花序常2～3回分枝；花绿白色，直径1cm。蒴果倒三角形，径1～1.5cm，上部4浅裂，每室有种子1～2粒，种子具橙红色假种皮。花期5月，果熟期9月。

【地理分布与生境】

西南卫矛为亚热带树种，主要分布于陕西南部、甘肃东南部、河南西南部、湖北、四川、云南、贵州、湖南、广东、广西、江西、浙江、安徽等省（自治区），常生长于海拔300～1200m的常绿阔叶林中。河南是西南卫矛自然分布的北界，主要分布于伏牛山、桐柏山和大别山区各县，以伏牛山区分布较为集中，常零星散生于海拔

1000m 以下的山坡及山谷落叶阔叶林中。而在太行山区则未见到。

据我们在伏牛山调查，西南卫矛多分布于封闭、阴湿的沟谷底部及河溪沿岸，常生长于乱石堆中。主要伴生乔木有五角枫、泡花树、建始槭、千金榆、臭檀等；伴生灌木有接骨木、下江忍冬、溲疏、刺五加、胡颓子等；伴生草本有荨麻、鬼灯檠、野菊花、透茎冷水花、堇菜等；层间植物比较发达，有三叶木通、山药、五味子、山葡萄等。

【生物学与生态学特性】

喜温暖湿润的气候条件，在分布区，多散生于沟谷及山坡下部较阴湿及封闭的环境中。但也具有较强的抗寒能力，在豫西山区冬季 -20℃的低温下能安全越冬，在郑州黄河滩区冬季 -18℃的极端低温下，幼苗及新梢均不受冻害。中等喜光树种，大树在全光照下，侧方遮荫条件下均生长良好；幼苗较耐荫，在遮荫条件下生长旺盛，枝叶繁茂，而在全光下，则叶片卷曲变厚、变小，高生长明显受抑制。喜深厚、肥沃、湿润的酸性、微酸性及中性土，但从引种实践可以看出，该树种对土壤条件适应幅度极宽，在河南省的黄棕壤、黄褐土、潮土、砂姜黑土、风沙土及轻度盐碱土等主要土壤类型上均能很好生长。对土壤水分要求较严，在干旱瘠薄的土壤上生长受阻。

西南卫矛是卫矛属中生长较快的树种。据我们在济源试验基地测定，1 年生播种苗平均高达 105cm，最高达 140cm，平均地径 1.1cm，最大地径 1.6cm；2 年生苗平均高达 220cm，最高达 285cm，平均胸径 1.4cm，最大胸径 2.2cm。西南卫矛 1~2 年幼苗茎 4 棱形，多有明显的栓翅。顶端优势强，顶芽接干好，易形成通直树干。深根性树种，侧根发达，须根较多，移植易成活。5~8 年生开始开花结果，15 年后进入正常结果期，结实大小年现象不明显。

【栽培技术】

1. 苗木繁殖

西南卫矛可以采用播种、扦插和嫁接等方法繁殖。

（1）种子育苗：

①采种与种子处理：选择 20 年生以上，光照充足，无病虫害的

结果树为采种母树。当果实有部分开裂露出粉红色假种皮时，表明种子已充分成熟，应及时采种。采得的鲜果摊开晾干，使果皮开裂，敲打揉搓脱出种子。经过风选和筛选除去果壳等杂物，得到带有假种皮的种子。卫矛属的假种皮富含油脂，贮藏期间易招致虫害或滋生霉菌而使种子腐烂，故可将种子置水中浸沤 2 天，或直接放草木灰水中搓揉，去除假种皮，置阴凉通风处晾干，直播或室外挖坑混沙沙藏过冬。据我们对采自河南伏牛山的西南卫矛的种子测定，鲜果出种率 32%，种子千粒重 23.6g，每千克有纯净种子 4.2 万粒。

②整地与播种：选择深厚、肥沃、排水良好、有充足水源的地块作育苗地。冬前要深耕不耙，开春顶凌旋耕细耙，施足底肥。作成高床，床面宽 50～60cm，床高 20cm，床沟 30cm 左右，床面土壤细碎，整平，每 667m^2 用 20～30kg 硫酸亚铁均匀撒于床面对土壤消毒。条播：行距 20～25cm，一垄双行，开沟深约 2cm，播后覆 1～1.5cm 细土，然后盖草或覆地膜。出苗前经常保持床面土壤湿润。我们还采用早春 2 月在日光温室内平畦育苗，至 4～5 月苗木高达 10～15cm 时，移入大田进行培养，效果也很好。该方法幼苗期集中管理，省时省工，幼苗移植成活率高，返苗快，大田圃地苗密度均匀，生长一致，苗木质量好，规格高，值得推广。

③苗期管理：播种 25～30 天后，苗木开始发芽出土。基本出齐苗时，可逐渐揭去盖草或地膜。西南卫矛抗性较强，山区野生林分或人工栽培植株至今未发现什么明显病虫害，故苗期管理主要是松土除草和浇水施肥，只要水肥跟上，可连续生长，直到 9 月底 10 月初高生长仍不停止。1 年生苗在 6 月中旬至 8 月中旬应搭棚遮荫，透光率 50% 左右即可，立秋前后应及时拆除荫棚。

（2）扦插育苗：西南卫矛在河南种源稀少，我们尝试用嫩枝扦插育苗效果也很好。选取 2～3 年生幼树上当年生半木质化枝条作插穗，剪成 8～10cm 长，粗度 0.5cm 以上，去掉稍端幼嫩部分，每插穗要求 2 节以上，保留上部 2 片叶子，每片叶子再剪留 1/2。插穗剪好后，每 50 根扎 1 捆，下端放入 100mg/kg 浓度的 ABT 生根粉 1 号或 6 号溶液中浸泡 0.5～1h，随即扦插。扦插密度 5cm ×5cm。扦插基质用消过毒的粗河沙，扦床配备自动间歇式喷雾装置。20～30 天插穗可形成愈伤组织，40 天以后开始生根。扦插成活率可至 80% 以上，插穗生根成活后可移入大田培养。

（3）嫁接育苗：嫁接育苗也是解决种源不足的一种办法。河南省濮阳市第一苗圃采用嫁接方法繁育西南卫矛取得了很好效果。砧木选用 1～2 年生丝棉木（*E. Bungeanus* Maxim），芽接，春、夏、秋三季均可进行，亲和力强，愈合好，成活率高。芽接的 1 年生留床平茬苗，当年高度可达 1.5～1.8m。最高可达 2.2m。地径可达 3.2cm；3 年生嫁接苗胸径可达 4.5cm，高度可达 4m。

2. 栽培技术

（1）一般于春季 2～3 月移植，1～2 年生幼苗可裸根移栽，极易成活；大苗或大树移植需带土球进行。

（2）西南卫矛喜阴湿环境，配置时应避开高燥之地，在有侧方遮荫、土壤湿润、肥沃环境下，更能发挥其景观效果。

【适生范围】

西南卫矛为近几年新引种驯化的野生树种，目前或未来一段时期主要用于城市园林绿化。由于其生态适应性极强，可以在河南各大中城市、乡村等园林绿化及生态建设中广泛应用。也可以作为一种优良的园林树种逐步向北京、天津等北方城市引种试验和推广。

三三、银鹊树

〖别名〗瘿椒树、丹树

〖学名〗*Tapiscia sinensis* Oliv.

〖科属〗省沽油科，银鹊树属。

银鹊树是我国亚热带植物区系的古老植物，第四纪冰川时期孑遗植物，中国特有种，资源稀少。在《中国植物红皮书》中定为稀有种；在2005年1月4日河南省人民政府公布的《河南省重点保护植物名录》中，银鹊树被列为河南省重点保护植物。

【引种与开发价值】

银鹊树木材为散孔材，边心材不明显，颜色白，质轻软，纹理直，结构细，切面光滑，花纹美丽，干后不翘不裂，易加工，可作为家具、胶合板、建筑、火柴杆、造纸等用材。

银鹊树是一种新兴的优良园林绿化树种。其干形通直圆满，高大挺拔，树冠开阔，枝叶茂盛，黄花幽香，果实鲜艳，挂果期长，深秋时节叶色金黄一片，与深绿色植物搭配，更是美轮美奂，是行道树、大型绿地、城郊森林、沿江沿河大型风光带建设的上选树种。

另外，银鹊树起源古老，资源稀少，在研究我国亚热带植物区系与省沽油科植物的系统发育方面有一定的科学价值。

【形态特征】

落叶乔木，高达32m，胸径达1.3m。幼树皮灰白至灰色，老树皮深灰至深灰褐色，浅纵裂。小枝灰褐色，无毛。叶互生，奇数羽状复叶，长30～45cm，叶轴常带红色；1～2年生小苗常2回奇数羽状复叶；小叶5～9，卵形、长卵形或卵状椭圆形，长6～14cm，宽3～6cm，先端渐尖，基部圆形或心形，边缘有锯齿；侧脉6～10对；上面无毛，下面灰白色，密被乳头状白粉点，脉腋被柔毛；顶生小叶柄长2～3cm，侧生小叶柄长2～8mm。圆锥花序腋生，雄花序长达25cm，雌花序长约10cm；花小，黄色，微香。果序长约10cm，核果椭圆形或近球形，长7～8mm，红色至黑色。花期3～4月，果熟期7～8月。

【地理分布与生境】

银鹊树属（*Tapiscia* spp.）的化石曾于山东省临朐县山旺村（北纬36°4′，东经118°14′）的中新世地层中被发现。银鹊树的现代分布区则西起四川宝兴山地，东迄浙江永嘉县，北自陕西宁陕县、河南伏牛山南坡，南达广西龙州，间断星散分布于我国亚热带和热带少数山区。遍及贵州、云南、四川、湖南、湖北、江西、福建、浙江、安徽、河南、陕西、广西等省（自治区）。银鹊树在垂直分布上呈现东部低，西部高的趋势，其海拔高介于250～2500m之间。分布最低的是安徽省广德县，最高处为四川小凉山。

银鹊树是河南省的新分布树种。过去植物学界及林学界一直认为河南不分布银鹊树，至20世纪80年代初，河南省植物学专家王遂义、张家勋、林昌智等在豫西伏牛山区考察中发现并鉴定了这种珍稀树种，使银鹊树的自然分布线向北推移了近500km。目前已查明，在伏牛山区的内乡、西峡、嵩县等县海拔1000m以上有成片或零星分布。

银鹊树常生长于切割较深的山谷、溪沟两旁或山坡低洼处，甚至生长在小溪滩地的岩缝中，常散生于各类阔叶林内。在河南内乡宝天曼分布的银鹊树，散生于沟谷杂木林中，伴生乔木有野胡桃、水曲柳、中华槭、湖北枫杨、灯台树、桦叶四蕊槭、领春木等；伴生灌木有金花忍冬，三桠乌药、八角枫、崖花海桐等；草本植物有碎米荠、蕨类；层间植物有络石、中华常春藤、爬山虎等。

十多年来，银鹊树在我国华东、华中、华北南部及西南各省都进行了较广泛的引种栽培。在河南，银鹊树在各地的许多苗木基地均可见到，正在日益广泛地被应用于园林绿化中。

【生物学与生态学特性】

银鹊树喜温凉湿润气候。银鹊树分布区属亚热带季风区，气候温暖，雨量充足，冬无严寒，夏无酷暑。年均温 8.8～22℃，1 月均温 -2.9～13.9℃，7 月均温 20.2～28.3℃，极端最高气温 29.5～43.3℃，极端最低气温 -20.6～1.3℃；年降水量 929～2339.4mm，相对湿度 77%～85%。银鹊树怕旱喜湿，在伏牛山分布区，主要生于山谷溪旁及峡谷乱石堆积的沟槽地域，在雨季洪水期，其树根浸水达 10 多日仍生长良好。耐寒性较强，在郑州市黄河滩区 -18℃极端低温下，2 年生以上苗木枝条未见冻害。中等喜光树种，但幼龄期较耐荫，10 年生后需充足光照。在天然林中常处于林冠上层，在疏林或林缘可见到自然更新小苗。

喜深厚、肥沃、湿润的土壤环境，对土壤酸碱度要求不严。在自然分布区，主要生长于由花岗岩、砂页、板岩等风化发育的山地黄壤或黄棕壤上，pH 值 4.5～5.5，有机质含量丰富。而引种实践证明，银鹊树对河南分布的棕壤、黄棕壤、褐土、潮土、砂姜黑土等主要土壤类型均能很好适应，在酸性、中性、微碱性甚至轻度盐碱土上也能正常生长。

银鹊树为浅根性树种，根干具有较强萌蘖能力，特别是幼树主干受损后，容易萌发新枝。

银鹊树为速生树种。17 年生解析木，树高 12.7m，年平均生长量 0.75m，胸径 13.9cm，年平均生长量 0.78cm。在人工栽培条件下，银鹊树表现得更为速生。综合河南许昌和郑州、贵州六盘水、西安、南京、武汉等地的资料可知，银鹊树 1 年生苗高可达 1m，最高可达 2m，地径可达 1～1.5cm，10 年生内，年树高生长量可达 1～1.5m，年均胸径生长量可达 1.5～2cm。尤其是贵州六盘水市盘县，10 年生优树高 15.5m，胸径 41cm；5 年生树高 10m，胸径达 24.9cm，其生长速度超过杉木。

银鹊树雄株 5 年生以上即可开花，雌树 7～10 年可开花结果，有隔年结实现象。

【栽培技术】

1. 苗木繁育

银鹊树目前主要用种子育苗。

（1）采种及种子处理：当果实由黄绿色渐变为红色时，应及时将果穗梗采下，薄摊阴凉通风处后熟 2~3 天，每天翻动几次，待果皮软化后，搓掉果肉，洗净阴干。种子有休眠特性，可以秋季随采随播，也可冬季混沙室外坑藏，翌年春播。种子千粒重 40~55g，每千克种子有 1.8 万~2.4 万粒。

（2）整地与播种：选择肥沃、湿润的砂质壤土作育苗地。深耕细耙，施足底肥，作成高床。播种前 7 天，用硫酸亚铁或福尔马林对床面进行消毒。条播，行距 20~25cm，播种沟深 3~5cm。播幅宽 5~8cm。播种后覆过筛细土或火烧土，然后盖地膜，每 667m^2 用种量 5~6kg。

（3）苗期管理：播种约25 天左右苗木开始出土。当苗子有20%~30%出土时，即可揭去覆盖物。幼苗耐荫不耐旱，也怕强光直射，应搭遮阳网遮荫。8 月后，可于阴雨天逐渐拆除遮阳网炼苗。加强中耕除草和水肥管理，苗木生长前期追肥以氮肥为主，进入 8 月要施入一定量的磷钾肥，以增强苗木抗性。在郑州地区 1 年生苗木易受冻害，应搭棚保护。

2. 大苗培育

园林绿化需要大苗，一般在苗圃用 1 年生苗定植进行培育。初植密度 1m×1m，培育 3 年，胸径可达 6cm 以上，高度可达 4m 以上，即可应用。如需培育胸径 10cm 以上大苗，可将以上苗木隔行隔株移除，留圃苗再继续培育 2 年，均可达以上标准要求。

3. 栽培技术

（1）造林地选择及整地：根据银鹊树的生长习性，造林地应选在背风、温暖、湿润的山谷、溪边或山坡中下部土壤肥沃处，穴状整地，规格为 50cm×50cm×40cm。

（2）造林技术：造林一般于春季 3 月进行。用 1 年生裸根苗植苗造林，大树或大苗移植需带土球，并用草绳缠干。株行距 2m×2m。植苗后应浇足定根水。

（3）抚育：造林后，幼林常出现枯梢或萌生多枝现象，应及时进行整形修剪，培育主干。造林第 1 年应进行扩穴，造林 3 年内应加强抚育管理，如割除杂灌、松土除草、培肥土壤等，3 年后即可郁闭。林分郁闭后，重点是修枝培干，10 年生以后进行第 1 次间伐，去密留稀，使其分布均匀。

【适生范围】

银鹊树可以作为园林绿化树种在河南全省城乡进行推广应用。还可在伏牛山南坡、桐柏山及大别山区一些立地条件好的地段营造速生丰产林，在豫东、豫北平原地区作为四旁树、河堤、渠堤的护堤林进行发展。

三四、金钱槭

〖别名〗摇钱树

〖学名〗*Dipteronia sinensis* Oliv.

〖科属〗槭树科，金钱槭属

金钱槭为我国特产的古老树种，是温带东亚植物区系的残遗属种，也是槭树科中原始类型的寡种属，在植物系统演化研究上具有重要科学价值。在2005年1月4日河南省人民政府公布的《河南省重点保护植物名录》中，金钱槭被列为省级重点保护植物。

【引种与开发价值】

金钱槭木材黄褐微红或红褐色，心边材区别不明显，材质致密，纹理通直，花纹美观，有光泽，耐腐，耐磨损，物理性较好，易加工，切面光滑，是制作家具、农具、枕木、建筑等的良好用材。

金钱槭枝叶茂密，坚果周围具圆形的翅，形似古钱币，嫩时粉红色，成熟时淡黄色，非常奇特美观，且成熟果实秋冬挂树经久不落，是一种美丽的园林观赏树种。

金钱槭种子含油率高达29.14%，蛋白质含量达29.16%。在油的脂肪酸组成中，不饱和脂肪酸占88.7%，其中，油酸、亚油酸二者的含量高达60.9%。因此，金钱槭是一种优良的野生木本油料植物，可食用或供工业用。

【形态特征】

落叶乔木，高达10（15）m。老树皮灰色，1~2年生幼树皮灰褐色或褐色，光滑。小枝灰绿色，密生皮孔。冬芽小，裸露，密生柔毛。奇数羽状复叶，小叶7~15个，长圆状卵形或长圆状披针形，最下一对有时3裂或呈3小叶状，长7~10cm，宽2~4cm，先端渐尖或长渐尖，基部圆，边缘具稀疏钝锯齿，下面沿叶脉被毛，脉腋具白色丛毛；叶柄长 5 ~ 7cm，无毛，顶生小叶叶柄长 1 ~ 2cm，侧生小叶无柄或叶柄长 5 ~ 8mm。圆锥花序直立，无毛，长 15 ~ 30cm，花梗长 3 ~ 5cm；花杂性，白色，直径 2.5mm。翅果常 2 个并生，长 2 ~ 2.8cm，宽 1.7 ~ 2.3cm，幼时紫红色，被长硬毛，成熟时淡黄色，无毛。种子圆盘形，扁平，直径 5 ~ 7mm。花期 5 月，果熟期 8 ~ 9 月。

【地理分布与生境】

金钱槭主要分布于我国华北南部、西北及西南地区，包括陕西南部、甘肃南部、湖北西部、四川、贵州东北部、湖南西北部及河南等地，垂直分布于海拔 900 ~ 2400m 之间的山地疏林或林缘。河南是金钱槭资源分布较集中的省份，主要分布于大别山区的商城、新县、罗山，伏牛山区的西峡、南召、淅川、内乡、镇平、鲁山、嵩县、汝阳、栾川、卢氏、洛宁、灵宝等县，以伏牛山区各县分布最为集中，而桐柏山和太行山区则未见分布。垂直分布于海拔 800 ~ 1600m 之间，多呈零星散生状态，生长于山坡、山沟、溪流两旁的落叶阔叶林中。

据对伏牛山栾川老界岭海拔 1200 ~ 1300m 地带的调查，金钱槭分布于山坡杂木林中，群落一般无明显的优势种，林相杂乱，林冠郁闭。伴生乔木树种有光叶榉、君迁子、苦木、领春木、山核桃、灯台树、野漆树、臭辣树、珊瑚朴等；伴生灌木有粗榧、水蜡、山梅花、接骨木、旌节花、冠盖溲疏、省沽油、白檀等；伴生草本有玉竹、荨麻、金龟草、唐松草、虎掌南星、活血丹、碎米桠、野菊等；层间植物有五味子、葛、山药、瓜叶乌头等。

【生物学与生态学特性】

金钱槭喜温暖湿润气候，但其耐寒性也较强。在河南嵩县中山区，冬季绝对低温 -20℃ 以下，当年枝条也未见冻害，引种到郑州黄河滩区，在冬季极端低温 -18℃ 条件下，1 年生苗能安然过冬。金钱槭为弱喜光性树种，幼树较耐庇荫，10 年生后对光照要求强烈。在嵩县车村海拔 750m 山地育苗，幼龄期不需遮荫，苗木生长良好；但在郑州、济源等低海拔地区育苗，1 ~ 2 年幼苗必需遮荫，否则，

6～8 月苗木有干叶、叶片焦边现象，影响生长。金钱槭对土壤要求不严，喜生于土层深厚、湿润疏松的壤土或砂壤土上。在微酸性、中性、微碱性及轻度盐碱土上均能生长。

金钱槭为深根性树种，主根明显，侧根也很发达，抗风力较强。萌芽力和根蘖力也较强，根茎受创伤后，易萌生多数枝条，被砍伐的百年大树桩，仍可萌生丛生枝条，且年高生长可达 1m 以上。

金钱槭为生长速度中庸的树种，但早期速生，寿命较长。据内乡宝天曼 17 年生金钱槭解析木资料，胸径 12.7cm，平均年生长量 0.75cm；树高 12.2m，平均年生长量 0.72m；材积 0.0753m^3，平均年生长量 0.0044m^3。另据陕西省宁西林区 32 年生金钱槭解析木资料：树高 15.3m，胸径 16.8m，带皮材积 0.13m^3。树高前期生长较快，10～15 年为高峰期，连年生长量为 0.94m；直径生长旺盛期在 20 年以前，连年生长量 0.56～0.62cm，以后随着树龄的增加而显著减慢。从解析木资料可知，金钱槭是一种前期速生显著的树种，可以培育小径材和薪炭材。

金钱槭实生苗 5～8 年开始开花结实，15 年进入正常结实期，有大小年现象，结实间隔期为 1 年。

【栽培技术】

1. 苗木繁育

（1）种子育苗：

①采种及种子贮藏：选择 15～30 年生，生长健壮，树干端直，无病虫害的壮龄树作采种母树。当种子由紫红色逐渐变为黄色或淡黄色时即可采种，可以采摘果序或用高枝剪剪下果序。采种后置室内通风处阴干，去除果序等杂质后，得纯净翅果，即种子。可随采随播或贮藏至翌年春季播种，贮藏方法有干藏和室外混沙坑藏两种。从我们近几年的育苗实践来看，以随采随播或沙藏过冬翌年春播效果最好。经测定，种子（带翅）千粒重为 25.6～29.4g，每千克有种子 3.4 万～3.9 万粒，有仁率约 87%。

②整地与播种：选择深厚肥沃、排水良好的砂壤土或砂土作育苗地。深耕细耙，施足底肥，作成高床，床面宽 50～60cm，床高

20cm 左右，床沟宽 30 ~ 40cm。开沟条播，行距 30cm，一床双行，秋播于 10 ~ 11 月进行，开沟深 3 ~ 4cm，覆土厚 3cm，开春后应去除 1 ~ 2cm 表土，以利出苗；春播于 2 ~ 3 月进行，开沟深 2 ~ 3cm，播后覆土厚 1 ~ 2cm。沙藏种子可直接播种，干藏种子应先用 40℃温水浸种 2 ~ 3 天，然后拌湿沙置阳畦内或背风向阳处催芽，每天淋温水 1 ~ 2 次，15 ~ 20 天后有部分种子萌动时即可播种。春播后应盖草或覆地膜。每 667m^2 播种量 8 ~ 12kg。

③苗期管理：播种后约 20 ~ 30 天苗木出土。当大部分苗木出土后应及时揭除盖草或地膜，并随即搭荫棚。4 ~ 5 月苗木生长缓慢，抵抗力差，应重点抓好中耕除草、灌水和防治地下害虫几个环节，为幼苗生长创造良好的土壤环境。6 ~ 8 月正值高温多雨季节，也是金钱槭苗木的速生期，应加强水肥管理，每间隔 15 天左右追施 1 次氮肥或全元素复合肥，每次每 667m^2 用尿素 10kg 或全元素复合肥 15kg，连施 3 ~ 4 次，结合施肥要及时灌水，汛期要注意排水。8 月下旬以后应控水控肥。

当年生苗高可达 50 ~ 80cm，个别可达 1m，平均地径可达 0.8 ~ 1cm。

（2）扦插育苗：一般用硬枝扦插，可于 10 ~ 11 月或春季 2 ~ 3 月进行。选用野生幼树的 1 ~ 2 年生枝条或大树上的萌条作插穗，剪成 15 ~ 20cm 长，粗度要求 1 ~ 2cm，上剪口平剪，下剪口靠近最下部一对芽子，剪成马耳形，每插穗要保留 2 ~ 3 对芽子。插穗剪好后，分清上下头，按 50 根 1 捆捆好，将下端放入 200mg/kg 的 ABT 生根粉 1 号或 6 号溶液中浸泡 1 ~ 2h，浸入深度 5cm，然后取出随即扦插。选择背风向阳、土壤肥沃、排灌方便的圃地建插床。可用 80% 的园土 + 10% 的粗河沙 + 10% 腐殖质充分拌匀，整细整平，作成平床，床宽 1 ~ 1.2m，结合作床，施入硫酸亚铁和呋喃丹进行消毒和杀虫。床作好后，灌透水，落水扦插，扦插深度约为插穗长的 2/3，插穗上部一对芽子要露出床面，株距 10cm，行距 20 ~ 25cm。插后支拱棚，覆膜密封。

插后管理以调节插床温湿度为主。冬季阴天或雨雪天气应盖草苫保温，春季温度高时，应及时打开拱棚两头通风换气，插床内温度保持在 15～30℃为宜。经常检查插床的土壤湿度，应及时灌水。

管理得当，扦插成苗率可至 80%以上，1 年生苗高可至 1m 以上。冬前 10～11 月扦插的苗子，也可于春季 3～4 月苗木成活后移入圃地培育。

（3）大苗培育：金钱槭目前主要用于城市园林绿化，需培育成大苗。一般用 1 年生优质壮苗定植，株行距 0.8m×0.8m。定植第 1 年，高度可达 1.5m，胸径达 1cm；第 2 年高度可达 2～2.5m，胸径可达 2.5～3cm；第 3 年高度可达 3～4m，胸径可达 5cm。可隔行或隔株移除利用。留圃苗再培育 2～3 年，胸径可达 8～10cm。

2. 栽培技术

（1）金钱槭移植于秋末冬初的 10～11 月或春季 2～3 月均可进行。1～2 年生苗可裸根移植，易成活；3 年生以上大苗或大树移植应带土球，并缠草绳保护树干。

（2）金钱槭在山区造林宜造混交林，可与领春木、七叶树、刺楸等落叶阔叶树混交，片状或带状混交均可。株行距以 2m×2m 或 2m×3m 为宜，目的是培育中、小径材。金钱槭对立地条件要求较严格，应选择坡位下部沟谷、河溪两侧或山脚等土层深厚、肥沃、湿润之地作造林地。

（3）金钱槭萌芽力极强，靠近顶梢的侧芽易萌发，且生长旺盛，往往与顶芽形成竞争之势，应及时进行抹芽和修枝，以培育端直树干。

【适生范围】

金钱槭系我省近几年新引种驯化的野生珍稀树种。在嵩县车村、济源轵城、郑州黄河滩区各引种地均生长表现良好。可以作为河南各山区中山、低山地区适宜立地条件下的造林树种进行推广种植，用于营造生态林、用材林、景观林、水源涵养林均可。也可以培育大苗用于全省各地城市园林绿化，孤植、丛植、行植等均很适宜，唯金钱槭不喜干热环境，配置时应考虑小环境或小气候。

三五、血皮槭

〖别名〗红皮槭、红色木、猴不上、马梨光

〖学名〗*Acer griseum*（Franch.）Pax

〖科属〗槭树科，槭树属

血皮槭是我国特产的一种珍贵野生景观树种，其秋叶红艳夺目，美轮美奂，近几年深受国内外客商青睐，开发潜力巨大。

【引种与开发价值】

血皮槭树干通直，树皮殷红色或桃红色，常呈薄片状剥落，奇特而壮观。秋叶经霜红艳，远观或如丹霞映红片片山崖，或如篝火点缀于万绿丛中，是河南省伏牛山、太行山等山区秋叶最为红艳美丽的树种。

血皮槭木材坚硬，材质致密，花纹美观，是贵重家具、器具的良好用材。

【形态特征】

落叶乔木，高达20m。树皮棕褐色，呈薄鳞片状剥落。小枝淡紫色，幼时密被淡黄色长柔毛。3出复叶，小叶卵形、椭圆形或长圆状椭圆形，厚纸质，长5~8cm，宽3~5cm，先端钝尖，边缘有2~3个粗钝齿；顶生小叶基部楔形或宽楔形，小叶柄长5~8mm，侧生小叶基部斜，小叶柄2~3mm；上面绿色，嫩时被柔毛，渐老近无毛，下面淡绿色，稍被白粉，被淡黄色疏柔毛，脉上更密；侧脉9~11对，上面中脉常凹下；叶柄长2~4cm，疏被柔毛，嫩时更密。顶生聚伞花序，被长柔毛，具3花，花梗长约1cm。翅果长3.2~3.8cm，果核黄褐色，凸起，密生黄褐色绒毛，翅张开呈锐角或近直角。花期5月，果熟期8~9月。

【地理分布与生境】

血皮槭在我国分布范围狭窄，主要分布于湖北西部、陕西南部、四川东部和河南西南部。在河南主要分布于伏牛山区的嵩县、栾川、卢氏、灵宝、西峡、南召、内乡、鲁山，桐柏山区的桐柏，太行山区的济源、沁阳等县、市，多生于海拔 1000 ~ 1800m 的山坡杂木林中。

在自然分布区，血皮槭多呈零星散生状态，很少能形成单优群落或纯林。如据我们在伏牛山栾川老君山林场海拔 1380m 调查，血皮槭多分布于阳坡、半阳坡的陡坡、悬崖峭壁等岩石裸露处，生长低矮，枝冠横生。伴生乔木有青榨槭、野漆、千金榆、华山松、锐齿槲栎等；伴生灌木有山甘橿、光叶溲疏、叶上花、中华栒子、大花溲疏、珍珠梅等；伴生草本有马蹄香、七叶鬼灯檠、宽叶苔草、毛花菊、柴续断、芒等；藤本植物有南蛇藤、野葡萄等。

【生物学与生态学特性】

血皮槭喜温凉湿润气候。自然分布区的气候特点是夏季凉爽，多雨多雾，冬季寒冷多霜雪。在冬季极端温度 -20℃以下枝稍未见冻害。喜光性树种，但幼苗耐庇荫，在郁闭度较大的林下或林缘可见到各规格种子更新小苗，生长良好。对干热气候不甚适应，1 ~ 3 年生幼苗不遮荫不能很好生长，从山上移植大树在低海拔地区栽培也有叶子焦边现象。

血皮槭对土壤的适应性较强，在酸性、中性、微碱性及石灰质土壤上均能很好生长，喜生于深厚、肥沃、腐殖质层厚且排水良好的土壤上，但也能耐土壤干旱瘠薄，常生于悬崖峭壁、岩石缝中、干旱的山脊等较差立地上。

血皮槭为慢生树种，尤其是苗期生长极为缓慢。据我们在郑州黄河滩区试验基地测定，1 年生苗平均高 6.5cm，最高达 12cm，平均地径 0.3cm；2 年生苗平均高 18cm，最高 33cm，平均地径 0.6cm；3 年生苗平均高 65cm，最高达 85cm，平均地径达 1.0cm。年生长节律表现为先快后慢，4 ~ 6 月高生长较快，7 月以后即封顶，高生长停止；地径生长以 6 ~ 8 月份较快。血皮槭寿命较长，在分布区人迹罕至处，常可见到百年甚至数百年的大树或古桩。

血皮槭 10～15 年后开始开花结实，20 年后进入正常结实期，百年生大树仍能结实累累。大小年现象明显，果实有仁率较低，常常仅有 20%～30%，其余全为秕粒或空粒。

【栽培技术】

1. 种子育苗

（1）采种与种子处理：选择 30～50 年生，树干端直，生长健壮母树作采种树。8～9 月当翅果由灰绿色渐变为黄褐色时应及时采种。据我们对采自河南嵩县的血皮槭种子测定，翅果长 3.6～4.2cm，宽 1.1～1.4cm，两翅夹角 60°～70°，带翅千粒重 166.7g，去翅千粒重 107.5g，有仁率 28%。种子采收后，阴干 3～5 天，然后揉搓去翅，筛除杂质得纯净种子。血皮槭种子为深休眠种子，必须经长期沙藏处理才能萌发。方法是：将种子放入 40℃ 的温水中浸泡 3 天，每天换水 2 次，泡好后捞出控水，将种子与粗河沙按 1∶3 比例混匀，在室外背阴高燥处挖坑沙藏。从当年 10～11 月沙藏，一直到第 3 年春天播种，期间要经常检查沙藏种子的湿度及通气情况。

（2）圃地选择与整地：育苗地应选择地势平坦，水肥条件好，排水方便的壤土或砂壤土地，切忌土壤黏重，易积水的地方。冬前深耕冻垡，开春浅耕细耙，结合耕翻，每 667m^2 施入腐熟有机肥 2000～2500kg，或氮磷钾全效复合肥 50～60kg。然后作成高床，床高 10～15cm，床面宽 80～100cm，床沟宽 30～40cm。

（3）播种：播种于 3 月中下旬至 4 月上旬进行。播种前 15～20 天，应检查沙藏种子的萌动情况。如种子尚未萌动，应把种子从沙藏坑中取出，在背风向阳处建阳畦进行催芽，有条件也可直接放日光温室内催芽。当有 10% 以上的种子萌动时即可播种。开沟条播，行距 20～25cm，每床播 4～5 行，开沟深 2～3cm，播后覆土厚 2cm 左右，然后稍镇压，覆地膜或盖草。每 667m^2 播种量 25～30kg。

（4）苗期管理：当苗木出齐后，应及时撤除地膜或盖草。幼苗怕干热气候，应在 5 月下旬起搭荫棚遮荫，透光度以 50% 为宜。血皮槭幼苗喜湿润透气的土壤环境，应在出苗后至 6 月底，视天气情况及时补充水分，结合浇水进行中耕松土；7～8 月是华北地区的雨季，应及时排出圃地积水，中耕松土显得更为重要。5～7 月为血皮槭幼苗的生长高峰期，应及时追肥，5～6 月可追施 1 次氮肥，每 667m^2 可施入尿素 10～15kg；7 月可追施 1 次复合肥，每 667m^2 可施入全元素复合肥 15～20kg；8 月后应控水控肥。

血皮槭种子育苗困难，且幼苗生长缓慢，一般不主张间苗，密度特别大时，可移出另圃培养。在原圃培养 3～5 年，树高可达 1m，地径可达 1～2cm，即可用于山区大面积造林。如城市园林绿化应用，则需胸径达 3～5cm 的苗木，至少需要培育 10 年才能满足要求。

2. 栽培技术

（1）血皮槭移植时间为秋末冬初的 10～11 月或早春的 2～3 月。由于缓苗期长，生长缓慢，故 1～3 年生小苗可裸根移植，但应蘸泥浆；3 年生以上大苗移植或大树移植应带好土球，并用草绳缠干。树势恢复不易，最好带全冠移植。可适当对过密侧枝进行修剪。

（2）血皮槭幼苗及幼龄树喜半阴环境，在设计时，初期应考虑与阳性树种混交，形成侧方遮荫的效果。虽能耐干旱瘠薄，但更喜湿润肥沃环境，应配置于溪边、池畔、路边、石旁、草地及庭院等小环境。

【适生范围】

血皮槭是近几年我国园林界新开发利用的树种，并受到欧洲国家及美国、日本、韩国等国的重视，每年各种苗木进出口公司都有大量需求订单，但国内尚未能进行批量生产，不能满足其需求。

血皮槭可以作为园林绿化树种在河南全省各地推广应用。可以作为风景林、行道树、公园树进行种植，如与深绿色的常绿针叶树搭配，深秋时节更能营造出梦幻般的景观。

三六、七叶树

〖别名〗菩提树、梭椤树、天师栗

〖学名〗*Aesculus chinensis* Bunge

〖科属〗七叶树科，七叶树属

七叶树被誉为世界四大行道树之一，也为著名的佛门“三宝树”之一。七叶树起源于我国黄河流域，现河南伏牛山南坡有原始群落，栾川陶湾、济源大明寺、虎岭等均有树龄千年以上的古树，是河南省重要的乡土树种。在2005年1月4日河南省人民政府公布的《河南省重点保护植物名录》中，被列为河南省重点保护植物。

【引种与开发价值】

七叶树是优良的用材树种。其木材为散孔材，边心材区别不明显，木材淡黄褐色，有光泽，无特殊气味，纹理直，结构细而均匀，材质轻而软，易干燥，防腐处理及切削易，切面光滑，油漆及胶粘性良好，钉着力强，不易劈裂，是制作绘图板、单板及胶合板、家具、农具的良材，也是制浆、人造丝、纤维板、刨花板的良好用材。七叶树种子入药，俗名“开心果”，有理气解郁，安心定神之效；种子含油量31.8%，可制肥皂；含淀粉约36%，可工业用。

七叶树树体通直高大，叶大而奇特，枝叶茂密，冠如华盖，花序硕大，花白而芳香，开花时节，如烛台般的花序竖立于浓密的绿叶丛中，蔚为壮观，是世界著名观赏树种之一。七叶树还是一种色叶树种，早春绯红的新叶簇生枝端，娇艳可人，入秋满树的霜叶或红或黄，引人入胜。

【形态特征】

落叶乔木，高达25m，胸径达1.5m。树皮深褐色或灰褐色，呈片状剥落。小枝栗褐色，粗壮，无毛。冬芽大，卵圆形，具树脂。

掌状复叶，对生，具长柄，叶柄长6～10cm；小叶5～7，纸质，长圆状披针形或长圆状倒披针形，稀长椭圆形，长6～10cm，宽3～5cm，先端渐尖，基部楔形，边缘具钝尖细锯齿，下面中脉及侧脉的基部嫩时被疏柔毛，余无毛；侧脉13～17对；中央小叶柄长1～1.8cm，两侧小叶柄长0.5～1cm，微被灰色柔毛。圆锥花序顶生，直立，长21～25cm，花序轴被微柔毛，组成花序的小花序长2～2.5cm，花梗长2～4mm；花杂性，白色，雄蕊6，花柱无毛。蒴果球形或倒卵圆形，顶端扁平略凹下，密被黄褐色斑点，果壳干后棕网状，厚度5～6mm。种子近球形，1～2个，直径2～3.5cm，栗褐色；种脐淡白色，约占种子一半。花期5～6月，果熟期9～10月。

【地理分布与生境】

七叶树产于河北南部、山西南部、陕西南部及四川、湖北、河南等省，各地多为栽培，自然分布仅见陕西秦岭和河南伏牛山区。在河南，七叶树主要分布于太行山区的济源和伏牛山区的卢氏、栾川、嵩县、西峡、南召、内乡等县，在伏牛山南坡的西峡县黑烟镇、黄石庵林场等地有天然林分布，主要生长于海拔800～1500m地带，呈条带状分布于沟谷两侧。除此之外，河南各地的七叶树主要零星分布于古寺庙及古村落中，如济源的阳台宫、虎岭关帝庙、盘谷寺、万泉寨、大明寺等分布的七叶树，树龄均愈千年，登封永泰寺的七叶树据记载树龄已愈1400年。

据丁向阳在西峡军马河调查资料，七叶树群落中伴生乔木树种主要有米心水青冈，白蜡、化香、漆树；伴生灌木有水马桑，棣棠、绣球、猫儿屎、杜鹃、荚蒾等，伴生草本植物有吉祥草、白头翁、卷丹、山飘风、丹仙花、鳞毛蕨等。

【生物学与生态学特性】

七叶树喜温暖湿润气候，也较耐寒，对光线要求中等，幼树稍耐荫，怕干热气候及阳光直射。喜深厚、肥沃、排水良好的土壤，在干旱瘠薄的土壤上生长不良；对土壤酸碱度适应较强，在微酸性、中性、微碱性及轻度盐碱土上均能很好适应。

七叶树为生长速度中庸偏慢的树种，寿命极长。苗期生长较慢，圃地 1 年生苗一般苗高 20 ~ 70cm，平均高约 50cm，地径 1 ~ 1.5cm，4 ~ 5 年生苗高可达 2.5 ~ 3m，胸径达 4 ~ 5cm。5 ~ 6 年以后生长速度加快，25 ~ 30 年后生长又渐趋缓慢，七叶树开始结实年龄约 15 ~ 20 年，结实盛期极长，千年以上的大树每年仍繁花似锦，果实累累。

【栽培技术】

1. 苗木繁育

（1）种子育苗：

①采种与种子贮藏：选择 20 ~ 50 年生生长健壮，无病虫害的七叶树作为采种母树，9 月下旬至 10 月初，当蒴果转黄或开始开裂时即可采种，采种可以直接从树上采摘，或振落或自然脱落后拣拾。采种后应尽快在室内背阴处剥掉果皮，取出纯净种子，蒴果出种率可达 70% ~ 80%，净度可达 100%，千粒重 10 ~ 35kg，每千克种子 28 ~ 100 粒。净种后应拣出受伤或已破裂的种子，将完好种子尽快混沙贮藏。沙藏方法是：在背阴高燥处挖深宽各 50cm 的沙藏坑，坑底铺 10cm 厚粗河沙，将种子与湿河沙按 1∶5 的比例混匀，放入沙藏坑，上面再加盖 5 ~ 10cm 的湿河沙，坑内每间隔 30 ~ 50cm 竖一通气草把，沙藏期间应注意防治鼠害，并定期检查种子的湿度，不能过湿或过干。由于七叶树种子从树上落下时极易摔坏，在冬季沙藏期间易腐烂，故应定期翻种，及时拣出腐烂变质的种子。

②圃地选择与整地：选择土层深厚肥沃、排灌方便、地势平坦、背风向阳的地块作育苗地，壤土、砂壤土、黏土均可，微酸性、中性、微碱性土壤均很适宜。冬前深耕，开春后施足底肥，以农家肥或复合肥为好，然后浅耕细耙，整平圃地。作成高床，床面宽 50 ~ 60cm，高 15 ~ 20cm，床沟宽 30 ~ 40cm。

③播种：播种于 2 月底至 3 月上、中旬进行。点播，一床双行，行距 30 ~ 40cm，株距 10 ~ 15cm，播种深度 4 ~ 5cm，种脐朝下，覆土厚度 3 ~ 4cm，稍加镇压。如墒情不足，可在点种后每穴点水。播后覆盖地膜。约 20 天后开始陆续出苗，应注意及时破膜，播后 40 ~ 45 天苗木出齐。

④苗期管理：七叶树幼苗初期生长十分迅速，4 ~ 6 月，大多苗

木高生长占全年生长量的 80% 以上，至 7 月高温期即封顶停长，个别苗木能产生秋梢。因此，幼苗期除松土除草外，应加强水肥管理，应于 5、6、7 月各追施尿素 1 次，每 667m^2 施肥 15 ~ 20kg，条状沟施，结合施肥要及时灌水。7 ~ 9 月虽大多苗木高生长已停止，但其粗生长却在继续，应多施磷钾肥，促使苗木生长健壮，提高其木质化程度。

精细管理，1 年生苗平均高 50cm 左右，平均地径 1 ~ 1.5cm，每 667m^2 可产苗 1 万 ~ 1.5 万株。

（2）大苗培育：目前，七叶树主要用于城市园林绿化，多用大苗栽植，故大苗培育就显得尤为重要。较好的方法是用 1 年生苗定植，初植株行距 50cm × 100cm，每 667m^2 定植 1330 株。定植 3 年后，大多苗木胸径达 3 ~ 4cm，高度达 2 ~ 3m，隔行、隔株移出部分苗木利用；此时圃地剩余苗木株行距为 1m × 2m，每 667m^2 有苗木 333 株，再培育 2 年，大多苗木胸径达 5 ~ 6cm，可再隔株移出；株行距变为 2m × 2m，每 667m^2 留苗 167 株，可继续培育成 10cm 以上的大规格苗木。七叶树的干性及顶端优势均较强，培育期间一般不需要特殊的修剪措施，唯出现双头干时选留其一即可，当主干高达 2.5 ~ 3m 时，应注意培育树冠。

2. 栽培技术

（1）在河南，无论平原或山区育苗，均可在全光照下进行，不需要遮荫，在干热季节只要保持圃地土壤湿润，苗木即可正常生长。

（2）七叶树 1 年生苗可裸根移植，2 年生以上大苗均应带土球移植。七叶树树皮较薄，易碰伤或灼伤，故移植大苗或大树时应缠草绳。七叶树主根深而侧根少，为不耐移植树种，每次移植成活难，返苗期长，在圃地应尽量减少移植次数。

七叶树苗期常见病害有叶斑病、白粉病、炭疽病等，常于 7 ~ 8 月高温、高湿季节发生，可用 70% 甲基托布津可湿性粉剂 1000 倍液喷雾，每间隔 10 ~ 15 天防治 1 次，连续防治 2 ~ 3 次。主要食叶害虫有刺蛾、金龟子等，可在发生初期喷洒 15% 澳氰菊酯 4000 ~ 5000 倍液，对刺吸式害虫，喷洒 40% 氧化乐果 1500 倍液效果良好。

【适生范围】

七叶树对河南全省的气候及土壤条件均有很好的适应性，可以作为山区的造林树种和城乡园林绿化树种进行广泛种植。在海拔1500m以下的中低山区，可以选择立地条件较好的沟谷、缓坡、山麓等处，营造风景林、生态林、特用经济林等。在城乡园林绿化应用时，对植、列植、孤植、丛植均很合适，为防止枝叶遭日灼之害，可与其他树种搭配种植。

附：同属植物天师栗 *Aesculus wilsonii* Rehd. 也为河南省重点保护植物，栽培技术与应用同七叶树。

三七、铜钱树

〖别名〗摇钱树、刺棕子、鸟不宿

〖学名〗*Paliurus hemsleyanus* Rehd.

〖科属〗鼠李科，铜钱树属

铜钱树是一种美丽的观果树种，被产区百姓誉为“摇钱树”。由于分布范围狭窄，资源稀少，在2005年1月4日河南省人民政府公布的《河南省重点保护植物名录》中，被列为河南省重点保护植物。

【引种与开发价值】

铜钱树果大如古钱币，6~7月，串串果实青绿色，8月成熟后变为黄褐色，经冬春风雪不凋，常累累满树，清奇可爱，是一种美丽的观果树木。

铜钱树还是枣树的优良砧木。用铜钱树作砧木嫁接枣树品种，可以显著提高枣果产量，增强枣树对病虫的抗性，减轻或降低枣疯病的发生。

【形态特征】

落叶乔木，高达15m。小枝细长，紫褐色或黑褐色，无毛，呈“之”字形曲折，密被小皮孔。单叶互生，椭圆状卵形至宽卵形，长4~12cm，宽3~9cm，先端长渐尖或渐尖，基部宽楔形或近圆，稍偏斜，边缘具细锯齿或圆锯齿，无毛；基部三出脉；叶柄长0.6~2cm，近无毛，或上面疏被柔毛；无托叶刺，幼树叶柄基部具2个直刺。聚伞花序顶生或腋生，无毛，花黄绿色。果实草帽状，周围有革质宽翅，红褐色或紫红色，无毛，似铜钱，直径2~3.8cm；果梗长1.2~1.5cm。花期5月，果熟期9~10月。

【地理分布与生境】

铜钱树主要分布于秦岭淮河一线以南的陕西、甘肃、河南、江苏、浙江、安徽、江西、湖南、湖北、四川、云南、贵州、广西、广东等省（自治区），多生于海拔 1600m 以下中低山区。在南方石灰岩山地，铜钱树常与黄连木、化香树、黄檀、青冈、冬青等组成常绿落叶阔叶混交林。

在河南，铜钱树主要分布于伏牛山南坡、大别山和桐柏山区，多生长于海拔 800m 以下的低山丘陵区，生于山坡及山谷杂木林中。

【生物学与生态学特性】

铜钱树生态适应性极强。喜温暖湿润气候，能耐 -18℃ 极端低温。对土壤要求不严，在酸性、中性、轻度盐碱土及石灰性土壤上均能很好生长，能耐干旱瘠薄，是石灰岩山地的重要指示树种和造林先锋树种。铜钱树为喜光性树种，在林缘或疏林中生长旺盛，果实累累，而在郁闭度大的林分内不结果或结果很少，生长也受到抑制。1 年生幼苗即表现出强烈的喜光性。

铜钱树为生长速度较快的树种。在圃地人工栽培条件下，1 年生苗高可达 1m，地径可达 1 ~ 1.5cm；2 年生苗高可达 2 ~ 2.5m，胸径达 1.5 ~ 2cm；3 年生苗高可达 3.5 ~ 4m，胸径达 3 ~ 4cm；5 年生苗高达 6 ~ 6.5m，胸径达 7 ~ 8cm。

据试验测定，铜钱树 1 年生苗生长规律表现为前慢后快。从 4 月出苗至 6 月，苗木高生长非常缓慢，仅占全年生长量的 18%，但其地下根系扩展迅速。进入 7 月以后，其树高和粗度生长加快，7 ~ 9 月高生长量占全年生长量的 82%，地径生长也占全年生长量的 70% 以上。

铜钱树种子苗 5 ~ 6 年生即可开花结果，结实盛期在 10 ~ 30 年。

【栽培技术】

1. 种子育苗

（1）采种及种子处理：8 月，当果实由青绿色转变为黄褐色，果柄开始干缩时，可以采种。可以直接采摘，也可用棍子、竹竿打落后拾集，也可在果实自然脱落后拣拾，晒干待处理。铜钱树果实果壳木栓质，坚硬不透水，故必须经破壳脱粒才能正常萌发。过去一般用石碾压碎或小锤敲打等方法操作，既慢且不易掌握轻重幅度。

后来我们尝试采用机械脱粒的办法，取得了很好的效果。方法是：直接用碾米机或粉碎机（去箩）破碎，1 遍即可完美脱粒，脱粒率可达100%，种子破碎率为3%～5%，使铜钱树大批量育苗成为可能。据我们2006 年对采自伏牛山的种子测定，铜钱树带翅果实千粒重为142.9g，脱粒后出种率58.4%。种子脱粒后，选室外背阴高燥处挖坑拌湿河沙贮藏过冬，贮藏时间120 天左右。

（2）圃地选择及整地：选择深厚肥沃、中性或偏碱性的砂土作育苗地，冬前深耕冻垡，以杀灭越冬害虫和改良土壤结构，开春施足底肥，每667m^2 施入腐熟有机肥2000～2500kg，N、P、K 复合肥25～30kg，浅耕细耙，整平作床。采用高床种植，床面宽50～60cm，床高20cm 左右，沟宽30～40cm。

（3）播种：播种于3 月上、中旬进行。播前如种子尚未萌动，可采用阳畦加温催芽。为了减少间苗量，可采用开沟点播，一床双行，行距30～40cm，株距10cm 左右，沿播种沟每间隔10cm 左右点入2～3 粒种子，播种深度3cm，覆土厚度2cm，播种后稍加镇压。盖草或加盖地膜以保温保湿。

（4）苗期管理：播种20 天后，苗木陆续出土，当有40%～50%的苗木出土后应及时揭除覆盖物。在4～5 月幼苗期，随着温度的升高，小地老虎、蝼蛄类害虫活动渐趋频繁，而苗木尚未木质化，极易造成危害，形成缺苗断垄，应及早用敌百虫拌炒香的麦麸诱杀。铜钱树系苗期速生且侧枝发达的树种，在苗高达5～10cm 时，应及时间苗、定苗，每墩只留1 株，不留对子苗或丛生苗，也可于阴雨天或傍晚将过密苗移出另圃定植。在7～9 月苗木速生期，应加强水肥管理，7～8 月应追施化肥2～3 次，每次每667m^2 以15～20kg 尿素为宜，在行间开沟施入；进入9 月，应控制氮肥和灌水，可叶面喷施磷酸二氢钾1～2 次，促使苗木木质化。铜钱树抗性较强，苗期未见其他病害发生，也未见丛枝病的发生。

2. 栽培技术

（1）铜钱树侧根发达，须根较多，是移栽较易成活的树种。1～2 年生苗木可以裸根移栽，极易成活；3 年生以上大苗移栽可带土球，也可裸根移栽，但应对过密的树冠进行适当的短截或疏剪，亦可成活。

（2）铜钱树为强阳性树种，在大苗培育和山区造林时，以稀植为宜，密度不宜过大，否则将影响其正常生长发育。

【适生范围】

铜钱树可以作为豫西伏牛山及豫南大别山、桐柏山中低山区的造林树种，可作为用材林或立地条件较差地区的生态林树种来发展；在山区次生林改造中，也可作为保留树种进行经营。在豫北太行山及平原枣产区，可以尝试用铜钱树作砧木嫁接来改造枣的品质，提高枣树的抗性。作为园林树种，可以培育大苗在河南全省城镇及旅游景区进行推广种植。

三八、拐　枣

〖别名〗北枳椇、甜半夜、鸡爪梨

〖学名〗*Hovenia dulcis* Thunb.

〖科属〗鼠李科，枳椇属

拐枣是河南省一种多用途经济树种，尤其在药用、食用方面，具有很大的开发利用潜力。随着技术的进步和社会的发展，拐枣这种古老的乡土树种必将迎来新的发展机遇。

【引种与开发价值】

拐枣具有重要的食用及药用价值。拐枣的果梗肥大，富含糖、蛋白质、维生素及多种矿质元素。新鲜拐枣含总糖 24.9%，总还原糖 16.8%，葡萄糖 8.9%，总脂量仅 0.58%，胆固醇 0.12%，属高糖低脂类可食资源；新鲜拐枣含蛋白质 3.26%，与干枣类似，明显高于柑橘、梨等新鲜水果；含有维生素 B1 0.27mg/kg，B2 0.67mg/kg，总 C 23.6mg/kg，胡萝卜素 0.42mg/kg，可作为这些维生素的辅助食物来源；含有 K、Mg、Ca、Na、Fe、Mn、Cu，Co、Zn 等 9 种人体必需的矿质元素，尤其是钾的含量较高，达湿重的 1.31%。拐枣的根皮、树皮、叶、种子、果梗等均可供药用，种子有清热、利尿、解酒毒之功效；果序轴可治疗风湿；果梗可健胃、补血等。近年来，国内外学者对拐枣的化学成分及药理学研究表明，拐枣中含有萜类、黄酮类、生物碱类、多糖类等多种化学成分，具有抗突变、抗肿瘤、降压和抗氧化作用等药理活性，有较大的药用开发价值。

拐枣材质优良，边材黄色或黄褐色，心材红褐色或深红褐色，纹理直或斜，色泽艳丽美观，结构中至粗，硬度适中，加工容易，可作为家具，车船、雕刻、细木工、农具、建筑、工艺品等用材。

拐枣树干通直，树形美观，枝叶茂密，生长迅速，适应性强，是行道树，庭荫树及农村四旁树的合适树种。

【形态特征】

落叶乔木，高达25m，胸径达1m。树皮灰黑色，深纵裂。小枝红褐色，无毛。叶卵圆形、宽长圆形或椭圆状卵形，长7~17cm，宽4~11cm，先端渐尖或短渐尖，基部平截、近圆或心形，常偏斜，边缘具不整齐锯齿或粗锯齿，稀浅锯齿，两面无毛或仅下面沿脉腋有柔毛；叶柄长2.5~5.5cm，无毛，红褐色。聚伞圆锥花序顶生或兼腋生，不对称，花序轴及花梗均无毛。花柱浅裂。浆果状核果，近球形，成熟时黑色，直径0.6~1cm，无毛；果序分枝增肥，粗度约5mm，肉质多汁，味甘甜。种子暗褐色，坚硬，有光泽，背面凸起，腹面平或微凹，常被灰白色乳点。花期6~7月，果熟期9~10月。

【地理分布与生境】

拐枣主要分布于我国华北南部至长江流域，包括山东、山西、河北、河南、甘肃、安徽、江苏、江西、湖北、四川等省，多生于海拔1400m以下，大多处于野生状态。在日本、朝鲜也有分布。

在河南，拐枣分布于太行山、伏牛山、桐柏山及大别山区，一般生于海拔1500m以下的山坡、山谷及沟边杂木林中。在驻马店上蔡、新蔡等地部分农村，常植为庭荫树或四旁树。

据我们在伏牛山区栾川老界岭海拔1240m的地带调查，拐枣分布于落叶阔叶和针叶混交林内，位于林冠上层，伴生乔木树种有灯台树、臭椿、巨紫荆、苦木、山核桃、君迁子、油松、锐齿槲栎等；伴生灌木有连翘、粗榧、棣棠、膀胱果、鸡桑、光叶溲疏、旌节花、大叶铁线莲等；伴生草本有贯众、求米草、水金凤仙、天南星、茜草、野菊、香茶菜等；层间植物有多花勾儿茶、川木通、五味子、鸡矢藤等。

【生物学与生态学特性】

拐枣喜温暖湿润气候，稍耐寒，能在-18℃条件下安全越冬，可以忍耐早霜或晚霜的冻害。喜光，不耐荫。除1年生小苗怕烈日曝晒外，均喜充足阳光，光照不足，则生长缓慢，结实率低，生长在阳坡及林缘的拐枣比阴坡或林内的结果多。

拐枣对土壤条件要求不严，在微酸性、中性、微碱性及石灰岩山地均能生长，最喜欢生长在深厚、肥沃、湿润且排水良好的土壤上，在河南驻马店的砂姜黑土、郑州地区的潮土及济源市的褐土上均生长良好。

拐枣萌芽力强，生长速度较快，在郑州黄河滩区人工栽培条件下，1 年生苗平均高达 1.3m，平均地径达 1.0cm；2 年生苗高达 2.2m，胸径达 1.5cm；3 年生苗高达 3 ~ 3.5m，胸径达 2.8cm；8 年生平均树高达 8.6m，平均胸径达 15.4cm，最大胸径 18.2cm。

拐枣 7 ~ 8 年生开始开花结实，20 ~ 40 年为结实盛期，无大小年现象。

【栽培技术】

1. 苗木繁育

(1) 种子育苗：

①采种及种子处理：9 月中、下旬，当果实由浅褐色逐渐变为灰褐色或紫褐色，并有光泽时，即可采集，一般上树采集或用高枝剪带果序剪下收集。采收后，数量少时可直接从果梗上取下果实，数量多时，可连果梗晒干，然后揉搓果皮，去杂后取得种子。净种放于通风干燥处阴干，然后，选室外背阴干燥处沙藏过冬。据我们 2007 年对采自河南嵩县的种源测定，种子千粒重 18g，有仁率 58%，每千克纯净种子约 5.6 万粒。红色，有光泽者为饱满种子，而黑灰色的种子均为秕粒。

②整地与播种：选择深厚、肥沃的砂壤土地作育苗地，高床整地。春播，于 3 月上中旬播种；条播，1 床两行，行距 30cm，播幅 5 ~ 8cm，播深 1.5 ~ 2cm，覆土厚 1cm，稍加镇压。播后覆地膜，约 15 天后开始陆续出苗，30 天左右可出齐苗，用水选过的饱满种子播种，每 667m^2 播种量 5 ~ 7.5kg。

③苗期管理：拐枣 1 年生苗的生长规律表现为前慢后快。当苗木大部分出土后，应及时揭去地膜。4 ~ 6 月，苗木地上部分生长缓慢，至 6 月底，平均高度仅 15cm。首先，当苗木达 10cm 时，要及

时间苗、定苗，株距4～5cm，每667m^2 留苗2.5万～3万株。其次，这期间是小地老虎、蝼蛄类、金龟子类的活动盛期，可用敌百虫拌麦麸进行诱杀，也可人工捕杀；对猝倒病，可用多菌灵、甲基托布津等杀菌剂800～1000倍液，每间隔10～15天喷雾1次进行预防。7～9月是河南的高温高湿季节，也正是拐枣的快速生长期，期间应加强水肥管理，7～8月施肥2～3次，以氮肥为主，每667m^2 可施入15～50kg尿素，施肥量可先少后多，逐次增加；9月以磷、钾肥为主，控制氮肥，促使苗木木质化。正常管理，每667m^2 可出圃标准苗2.5万株以上。

（2）大苗培育：拐枣虽然是河南的一种乡土树种，但其真正引起人们的重视也仅是近几年的事，目前主要用于城市园林绿化上。城市绿化一般需胸径5～6cm的大苗栽植，培育方法多采用1年生苗分植，株行距1m×1m，每667m^2 定植667株，培植3～4年，平均胸径可达5～6cm，即可移除部分苗木利用，留苗株行距调整为2m×2m，每667m^2 留苗67株，再培育2～3年，胸径即可达到10cm，可以达到城市绿化的要求。拐枣的顶端优势很强，只要种植密度合理，自然整枝良好，干性很强，不需其他整形修剪措施；拐枣生长速度快，对水肥条件要求高，应加强水肥管理。

2. 栽培技术

（1）拐枣为深根性树种，主根发达。1年生苗移植可裸根进行，2年生以上大苗或大树移植应带土球进行。

（2）拐枣为阳性树种，造林或绿化配置时密度宜小不宜大，密度太大易造成偏冠或树形不良，影响其景观效果。

【适生范围】

拐枣可以作为河南各山区中低山地区的造林树种，应选择山坡下部、山麓、山脚、沟谷两侧等立地条件较好的地方作造林地，可以作为特用经济林、风景林、水源涵养林等进行培育。在资源较多的山区，可以作为次生林改造的保留树种进行定向培育。在河南全省城镇及平原地区，可以培育大苗作为园林绿化树种或四旁树进行广泛栽植。

三九、紫　茎

〖别名〗猴不上、马骝光、天目紫茎、野茶子

〖学名〗*Stewartia sinensis* Rehd. et Wils.

〖科属〗山茶科，紫茎属

紫茎是1915年Rehder和WiLson根据从我国湖北西部采到的标本而定名的，是一种我国特有、起源于第三纪以前的古老残遗树种，天然分布星散，资源稀少，渐危种。在2005年1月4日河南省人民政府公布的《河南省重点保护植物名录》中，被列为河南省级重点保护植物。

【引种与开发价值】

紫茎是我国特有珍贵树种。紫茎属是现代东亚与北美间断分布的属，在第三纪时，在相当于现在北温带的广大地区形成连续分布，自白垩纪起，全球气候发生较大变化，使欧洲的这一类群全部灭绝。紫茎的引种和栽培，对研究东亚－北美植物区系和古植物地理有重要科学价值。

紫茎还是一种多用途经济树种。木材为散孔材，淡黄褐色或微带淡红色，色泽鲜艳，纹理直或斜，结构细密均匀，材质坚重，硬度大，耐腐朽，刨面光滑，油漆及胶粘性能良好，钉着力强，是建筑、造船、电杆、农具、家具、文具、工艺美术等的良好用材。在河南省南阳地区，有时百姓也用作南阳烙花筷的原料。种子含油量达40%，可食用或供工业用。根、树皮均可入药，具消寒表汗功效，可治跌打损伤，风湿麻木等症。

紫茎树干通直圆满，树皮光滑，赤红色或栗红色，色泽艳丽，光亮如漆，花大而洁白，红杆白花，亭亭玉立，野趣横溢，幽然入画，是天然阔叶林中的极品，更是美丽的园林观赏树种。

【形态特征】

落叶小乔木，高达10m。树干通直，枝下高长。树皮薄灰黄色，呈薄片状脱落后深褐色，光滑。小枝红褐色或褐色，平滑。叶纸质，椭圆状卵形或卵状椭圆形，长6～10cm，宽2～4cm，先端渐尖，基部楔形，嫩叶两面具灰白色绢毛，边缘有粗锯齿；侧脉7～10对；叶柄长约1cm，红色。花两性，单生叶腋或近枝顶，白色，直径3～5cm，苞片2，先端尖，萼片5，长达2cm，先端尖，外面被毛，宿存；花瓣5，倒卵形，长约2.5cm，宽1.3～1.8cm，外面被长柔毛。子房被毛，花柱长16～18mm。蒴果圆锥形至长圆锥形，长约1.5cm，直径0.8cm，顶端长喙状，外面密被黄褐色柔毛，成熟时5瓣裂。种子棕褐色，椭圆状卵形，背面凸起，腹面平，中间有微凹线。花期5～6月，果熟期9～10月。

【地理分布与生境】

紫茎为亚热带树种，主要分布于安徽、浙江、福建、河南、湖北、湖南、广西、四川、云南、贵州等省（自治区），垂直分布于海拔600～1900m范围内。在河南，紫茎主要分布于大别山的商城金岗台、黄柏山，新县的老庙、连康山，伏牛山南坡的内乡宝天曼，西峡黄石庵、黑烟镇等林区。生于海拔1000m以上的山沟或山坡杂木林中。多呈零星散生状态，有时也能形成片林。河南是紫茎分布的最北界。

据我们在伏牛山南坡调查，紫茎多生于阴坡或半阴坡的落叶阔叶林中，其伴生乔木主要有短柄枹、水榆花楸、野茉莉、槲栎、青榨槭、权叶槭等，伴生灌木有六道木、映山红、荚蒾等。

【生物学与生态学特性】

紫茎喜温凉、湿润气候。紫茎分布区主要在我国长江流域的山地阔叶林中，这一地带多为东部湿润季风气候区，降水丰沛，气温适中。在河南内乡宝天曼紫茎自然分布区，年平均气温15.1℃，1月平均气温1.5℃，7月平均气温27.8℃，年均降水量885.6mm，年均相对湿度为68%。紫茎为中等喜光树种，幼树较耐庇荫，在林冠下生长旺盛；成年树需要良好的光照才能开花结实。喜生于深厚、肥沃、湿润但排水良好的酸性土上，主要土壤类型为山地红黄壤、黄壤、棕壤和黄棕壤，pH 值 5.5～6.5，在干旱瘠薄之地，植株低矮，枝丫横生。紫茎为深根性树种，根系发达，水平根伸展极远。根茎萌蘖力较强，常在伐根上生出萌芽更新幼苗；种子天然更新情况良好，在林下阴湿地常见有种子更新幼苗。

紫茎为生长缓慢，寿命极长的树种。据内乡宝天曼自然保护区134 年生陕西紫茎解析木资料：树高 12.0m，胸径 12.0cm，材积 0.0647m^3。树高生长在 30～40 年和 120～130 年出现两次生长高峰，第 1 次年生长量达 0.11m，第 2 次年生长量达 0.13m；胸径生长在 70 年前一直较缓慢，年生长量维持在 0.1cm 左右，70 年后逐渐加快，80～90 年达到最高峰，年生长量达 0.23cm，此后又骤降到 0.08～0.10cm；材积生长在 70 年前一直较为缓慢，70 年后生长速度加快，80～90 年间出现第 1 次生长高峰，以后缓慢生长，到 134 年时尚未达到数量成熟龄。

紫茎结实大小年现象不明显。结果树对光照敏感，疏林、林缘等光照充足处开花结实良好，郁闭度大的林木或被压木结实不良或不能结实。在同一结果树上，朝阳面结实较多，背阴面或树冠下部结实较少。

【栽培技术】

1. 种子育苗

（1）采种与种子贮藏：10 月上中旬，当果实由青绿色转变为黄褐色时，应及时采摘果实。采收后放室内干燥通风处阴干，蒴果将自动开裂，敲打并收集种子，去除果皮等杂质得纯净种子。据对采自伏牛山的紫茎果实及种子测定，蒴果直径 0.8～1.3cm，长度 1.4～1.8cm；种子长 0.5～0.7cm，宽 0.4～0.5cm，千粒重 18.6g，每千克有种子 5.38 万粒。紫茎种子具休眠特性，需进行沙藏处理以完成其生理后熟。沙藏方法是先将种子用清水浸泡 24h，然后将种子与湿沙按 1∶3 的比例混匀，在室外背阴高燥处挖坑沙藏，沙藏时间 75～90 天，沙藏后期，应经常检查种子萌动情况，一旦萌动应及时播种。

（2）整地与播种：育苗最好在海拔 600～800m 的山地进行，选择肥沃、湿润、阴坡或半阴坡的土地作育苗地。按常规方法整地施肥，作成高床。春季2～3月播种。条播，行距25～30cm，播种后覆土厚度1～2cm，上盖草或盖地膜。每667m^2 播种量5～8kg。

（3）苗期管理：播种后约20～30天苗木出土，应及时撤除盖草和地膜，并随即搭棚遮荫，透光率50%即可。紫茎幼苗怕干热气候，应加强圃地管理，也可在其他大苗地里间种育苗，可起到间接遮荫的作用。1年生苗高可达15～20cm，地径可达0.5cm，在原圃培育2年，可出圃造林。如培育大苗可用2年生苗定植，株行距0.8m×0.8m，每667m^2 定植1042株，培育3～4年，高可达2m，胸径可达3cm。

2. 造林技术

（1）造林地选择：选择海拔600～1500m山谷或山坡土层深厚、湿润处作造林地，土壤以山地棕壤和山地黄棕壤为好。

（2）造林方式：由于紫茎生长缓慢，且苗期耐荫，故要营造混交林。可以选择生长快，抗性强的树种，如刺楸、马褂木、水杉、拐枣等与其混交，当林分郁闭后，可逐步伐除速生的非目的树种，调整林内光照，促使紫茎成材。初植密度以2m×2m为宜，每667m^2 种植167株。

（3）种植方法：植苗造林，一般于春季2～3月进行。山区造林宜用2～3年生苗，可裸根种植，但应蘸泥浆。园林绿化栽植应用大苗，宜带土球，全冠进行。

【适生范围】

紫茎为国内近几年新引种驯化的野生珍稀树种，浙江、湖南等省都对其进行了初步试验研究。我们从2006年开始在郑州进行引种栽培，目前已取得了一些初步经验。随着紫茎苗木的人工繁育成功，建议在河南伏牛山、桐柏山和大别山海拔600～1500m适宜的立地条件下进行推广种植。然后可逐步尝试在低海拔及各大中城市园林绿化中应用。

四十、山桐子

〖别名〗水冬瓜、丰霜红、山梧桐

〖学名〗*Idesia polycarpa* Maxim.

〖科属〗大风子科，山桐子属

山桐子既是重要的生物能源树种，也是重要的园林观赏树种，是河南省近年来引种驯化比较成功的乡土野生树种之一，具有广阔的市场发展前途。

【引种与开发价值】

山桐子树姿开张，树枝层性明显，形态高大潇洒美观，具有伟丈夫之形象。叶大、浓密而光亮，叶柄长而发红，观叶价值极高。花黄绿色，虽不鲜艳但清香宜人。尤其是入秋以后，约20~30cm长的果穗着满红色的果实，垂挂树冠，如玛瑙般鲜艳夺目，经久不落，可为温带地区枯燥的秋冬季提供亮丽的景观。是非常优良的观叶、观果和芳香树种，具有绿化、美化、香化之功能。

山桐子不但具有极高的观赏价值，还具有极高的经济价值。其生长快而材质优良，是建筑和制造家具、器具的轻质木料；花可提取具有清爽香味的芳香油；山桐子还是优质高产的野生木本油料树种，果实含油量43%，种子含油量29%，干果出油率30%，其油料可供制肥皂和润滑油，亦可作为桐油的代用品，经过精炼还可食用，其种子油对高血压、冠心病有较好疗效。最新研究表明，山桐子果实还是制造生物质柴油的新型原料。

【形态特征】

落叶乔木，高可达15m，树冠圆锥状塔形，枝条呈轮生状。树皮光滑，灰白色，皮孔大而明显；小枝红褐色，有皮孔和叶痕。叶卵形至卵状心形，厚纸质，长8~16cm，宽6~14cm，先端锐尖至短渐尖，基部圆形或近心形。叶缘有疏锯齿，表面光滑有光泽，背面被白粉，仅沿脉生柔毛，脉腋有丛毛，基部掌状 5 ~7 出脉，叶柄红色，长 6 ~ 15cm，圆柱形，具短柔毛，靠叶附近有两个较大腺体。圆锥花序长 15 ~ 30cm，下垂，花黄绿色，芳香。花单性，雌雄异株或杂性，无花瓣，萼片 5 个，长卵形。雄花有多数雄蕊及 1 退化雌蕊，花丝丝状；雌花具 1 球形上位子房，1 室，有 3 ~ 6 个侧膜胎座，基部有多数退化雄蕊；浆果球形，红色，直径 6 ~ 8mm；种子多数，卵形，褐色，长 1mm，径 0. 8mm。花期 5 ~ 6 月，果熟期 9 ~ 11 月。

【地理分布与生境】

大风子科植物全球约有 93 属 1000 多种，主要分布于热带、亚热带地区。我国有 15 属 50 多种，也多分布于南部和西南部，而河南只有山桐子属的山桐子、山拐枣属的山拐枣两属两种。山桐子在我国主要分布于陕西、甘肃、安徽、浙江、湖北、四川、贵州等地，多零星散生于海拔 700 ~ 1000m 的山坡林中。在河南，分布于太行山、伏牛山、桐柏山和大别山区，其伴生树种主要有栓皮栎、槲栎、鹅耳枥、橿子栎、北京栾、五角枫等。

【生物学与生态学特性】

山桐子属强阳性树种，在上方庇荫下生长不良，甚至枯死；林分密度大时，自然整枝和林木分化非常严重。之所以常生于沟谷或阴坡半阴坡下部，是因为它还喜欢土壤湿润、肥沃缘故。山桐子属于较速生树种，只要能满足肥水和生长空间的要求，高生长和胸径生长都很快。山桐子芽有早熟性，侧枝萌发多且生长势强，常常抑制主干生长。山桐子喜通透肥沃土壤和温暖气候，适应性强，具有一定的耐干旱瘠薄能力，但在过于干旱瘠薄和黏土积水的地方生长不好。在自然状态下连续结果性较差，每隔 5 ~ 8 年才有一个丰年。

【栽培技术】

1. 育苗技术

（1）采种：10 月，当果实变为深红稍微发软时及时采集。采回来后，就鲜搓碎晒干，再搓出种子筛簸干净，装置于麻袋或布袋中，置通风干燥处干藏。种子千粒重约 2. 5g。需要注意的是种子采回后要及时晒搓筛簸干净，果实在袋中捂的时间过长，发芽率将大为降低。

（2）整地：选择背风向阳、排灌方便的砂壤土作为苗圃地，施足腐熟的有机肥，冬季深翻，春天解冻后及时整成1m宽、40m长的平畦，畦内要耙细整平待播。

（3）种子处理：播前10天，取出种子曝晒1天，用硫酸铜溶液或0.2%高锰酸钾溶液消毒30min，用清水淋净，再用冷水浸泡3天，每天换水。而后按生豆芽法在20～25℃下催芽，待有1/5种子露白时及时播种。

（4）播种：3月中旬，于播前浇透水，干皮后，浅锄、耙平、整细，而后开沟，行距35～40cm，沟深3cm，将种子均匀撒播于沟内，而后盖弓形塑料棚，增温保湿，每亩用种子2～3kg。亦可不开沟，播种前直接浇透水，待水渗下后及时均匀撒播，用细土覆盖0.4cm厚，而后盖弓形塑料棚。

（5）苗期管理：

①出苗管理：播后7～10天，苗木开始出土，土壤干时可喷细水，20天后苗木基本出齐，待苗木长出5片真叶时，每天通风炼苗，于阴雨天揭膜去棚。

②间苗：苗木长出7～10片真叶时，要及时间苗。由于苗木都有群体生长习性，不能一次间苗太稀，否则影响生长，所以间苗要多次进行。第1次间苗在幼苗长至10cm时，每5cm留苗1株；第2次，待苗长至20cm时，隔15cm留苗1株。待苗长至30cm高时定苗，苗距30cm。每次间苗后要浇1次水，干皮后及时中耕，保墒除草。间下的苗有荫棚条件时，可在荫棚内移栽，成活率很高，株行距按40cm×50cm。移栽苗当年生长量稍小，第2年生长迅速。

③施肥：定苗后，可进行追肥，每667m^{2}用尿素或硝酸磷肥30kg，进行沟施，施后浇水。待苗长至60cm时可进行第2次施肥。有条件时将肥料化成水浇灌效果也好。如果叶面喷施，可半月一次，直到9月下旬。前期以氮肥为主，中后期逐步增加磷钾肥。

④病虫害防治：山桐子适应性比较强，一般没有病虫害，如偶

尔发生病虫害，可根据情况进行防治。

打杈：山桐子极易发杈，而且杈生长极快，往往超过主干生长，喧宾夺主，形成卡脖现象。如不及时打杈，将严重影响高生长。一般苗高 50cm 以后，应每隔 10 天检查 1 次，见杈就打，这是培育高干的关键。

如管理得当，当年苗高可达 1～1.5m，地径可至 1.5cm 以上，可直接用于造林。

2. 培育大苗

目前庭院、道路和城市绿化多用大苗，因此当年不直接造林的苗木，可于早春及时移栽培育大苗。根据培育苗木规格，移栽密度一般 660～1300 株/667m^2。山桐子虽然移栽成活率高，但缓苗期长，保持根系完整和充足供应水分是关键。如果肥力、水分、密度和管理能满足要求，每年高生长量可达到 1～1.5m，胸径生长量可达 1.5～2cm。

3. 栽培技术

（1）山地造林：选择背风山脚或沟洼土壤比较肥厚的地方作为造林地，进行大坑整地。山桐子由于生长较快，枝条开张，栽植密度不能太大，株行距以 3m×3m 或 3m×4m 为宜。定植时千万要保持苗木根系的完整和舒展，否则缓苗期长。栽后为达到干高通直的目的，一是截取顶稍 20～30cm，利用剪口下芽继续高生长；二是要经常打杈，直至达到要求的干高为止。一般 20 年可提供优质用材。如以收果为目的，要对多余的雄株进行改接，适当控制树冠或降低密度。人工种植在地势向阳、土质疏松、排灌方便的地方，生长快，结果多，产量高。栽后 5 年开始开花结果，10～20 年生树株产 20～40kg，20 年后进入盛果期，株产逐年上升，30 年后最高株产可达 200kg，寿命可达百年。

（2）道路绿化：山桐子生长快，枝条开张，因此不能栽植太密，株距应保持 4m 以上，其下可栽植花灌木，构成独特的风景通道。栽植时如需截干，截口要用凡士林油封闭，并用塑料薄膜包裹，否则，常因髓大抽风而干死。

【适生范围】

山桐子系河南省乡土树种，可以在太行山、伏牛山、桐柏山和大别山等山区海拔500～1500m范围内造林，对其他立地条件要求不严，土层较厚的山坡、山谷等均可，可以作为生物柴油原料林、生态林、景观林等培育。也可以培育大苗，在平原乡村和城市园林绿化中应用，孤植、行植或片植均很适宜。

附：山桐子的变种毛叶山桐子 *Idesia polycarpa* var. *vestita* Diels 的引种效果也很好，栽培技术同山桐子。

四一、喜　树

〖**别名**〗旱莲、千丈树

〖**学名**〗*Camptotheca acuminata* Decne.

〖**科属**〗蓝果树科，喜树属。

喜树为单型属植物，该属仅此 1 种，为我国特产。喜树为国际著名的抗癌药用植物资源，目前，喜树碱的国内收购价为 14 万元/kg，喜树碱类产品开发也列入了我国“九五”到2010 年制药业发展的重点品种。由于野生资源稀少，在 1999 年国务院公布的《国家重点保护野生植物名录》（第一批）中，被列为国家Ⅱ级重点保护野生植物。

【引种与开发价值】

喜树是一种重要的药用植物。喜树自古以来就是我国南方一些少数民族地区的传统药材，全株入药，用于治疗恶性疔毒、肿瘤效果非常好。现代医学研究证明，喜树根、果实、树皮、叶均可入药，主要含具有抗肿瘤作用的喜树碱，主治胃癌、结肠癌、直肠癌、膀胱癌、慢性细胞性白血病和急性淋巴细胞性白血病，外用可治牛皮癣。

喜树木材为散孔材，颜色黄白或浅黄色，边心材不明显，纹理略斜，结构甚细，均匀，质轻软坚韧，干燥快，易翘裂，不耐腐，易变色，钉着力差，但切削容易，切面光滑，胶粘性好，油漆后光亮性中等。供造纸、食品包装箱、火柴杆、胶合板、绘图板、家具、室内装修等用。

喜树树干通直圆满，树冠宽阔，姿态端直雄伟，树荫浓郁，嫩叶呈红色，花淡红色或白色，清雅可爱，球形果序随风摇曳，奇特美观，是优良的城乡园林绿化树种。

另外，喜树枝叶含有丰富的氮、磷、钾等元素，是很好的绿肥植物；果实含油率19.53%，供工业用。

【形态特征】

落叶乔木，高达30m。树干通直，树皮灰色或淡灰色，纵裂成浅沟状。小枝圆柱形，平展，髓心片状分隔，1年生枝有灰色微柔毛，2年生枝无毛，疏生皮孔。单叶互生，椭圆状卵形或椭圆形，长12~28cm，宽6~12cm，先端突渐尖，基部圆或宽楔形，全缘或具粗锯齿，幼树之叶锯齿粗大，上面幼时脉上有短柔毛，后脱落，下面疏被短柔毛，脉上更密，侧脉11~15对，在叶下面稍凸起；叶柄长1.5~3cm，常带红色，幼时有微柔毛。头状花序近球形，顶生或腋生，径约1.5cm，常由2~9个头状花序组成圆锥花序，通常上部为雌花序，下部为雄花序，总梗长4~6cm，花杂性，同株。果矩圆形，长2~2.5cm，顶端具宿存的花盘，两侧具窄翅，着聚为近球形的头状果序。花期5~7月，果熟期9~10月。

【地理分布与生境】

喜树主要分布于我国长江流域及其以南地区，包括四川、江西、湖北、湖南、贵州、广东、广西、云南、浙江、江苏、福建等省（自治区），以四川、贵州、广东、广西最为集中。一般垂直分布于海拔400~1600m之间，以400~1000m之间生长最好，1200m以上生长较慢，幼树常出现枯梢现象。在云南省垂直分布最高可达2100m，以1300~1800m之间生长最好，超过1800m幼树就会枯梢。影响其分布的限制因素主要是温度和湿度。

目前，喜树的引种栽培区域已扩大到北亚热带、南温带、热带湿润地区及干热河谷地带。在河南，喜树最早引种于大别山区新县、商城、鸡公山、南阳方城等地，郑州、洛阳公园也有少量栽培，大多生长发育很好。20世纪90年代后期以来，河南信阳、南阳、驻马店、周口、焦作、济源等地林业及种苗企业都进行了引种，发展趋势良好。

【生物学与生态学特性】

喜树喜温暖湿润气候，不耐干燥和寒冷，在0℃以下常使幼树梢端抽干。喜树的自然分布区属于南亚热带、中亚热带温暖湿润气候类型，年平均气温 14 ~ 18℃，年平均降水量 1000mm 以上，且分布均匀，1 月平均气温不低于 2℃，相对湿度在 80% 以上。喜树为喜光性树种，但幼苗及幼树稍耐荫，在阴湿谷地天然更新良好。喜树对土壤条件适应性较强，在分布区山地黄棕壤、红壤、黄壤、紫色土等土壤上均生长良好，在河南褐土、潮土、砂姜黑土等土壤类型区，引种适应良好；对土壤酸碱度要求不严，在酸性、中性和微碱性土壤上均能适应；在干燥瘠薄、含石砾较多、微碱性的石灰岩山地，虽能适应，但生长缓慢。喜树喜水湿环境，在地下水位较高的平坝、河渠边、小溪边和田埂上均生长良好。喜树抗病虫能力强，但耐烟尘能力弱。

喜树为早期速生树种，1 年生苗高可达 1m，地径可达 1cm，3 ~ 5 年即可郁闭成林，在好的立地条件下非常速生，在湖南衡山生长于深厚砂壤土上的人工林，14 年生平均树高 23.23m，平均胸径 35.05cm；在洞庭湖沿渠栽植的林带，7 年生，平均树高 11m，胸径 13cm。喜树高生长速生期在 3 ~ 10 年，年生长量可达 1 ~ 1.8m，10 年后高生长逐渐下降，20 年后基本停止。胸径生长高峰出现在7 ~ 15 年，20 年后逐渐下降，30 年左右基本停止。

【栽培技术】

1. 苗木繁育

喜树繁殖主要用种子育苗。

（1）采种与种子贮藏：选择 15 ~ 25 年生壮龄树为采种母树，母树最好为林缘木、孤立木或四旁树。当果实由青绿变为淡黄褐色时，即可采集，过早则未完全成熟，易得秕粒，过迟则易散落。翅果采回后，在通风干燥处摊晾阴干，筛选去杂后，装于布袋或麻袋内置通风干燥处干藏，或混湿河沙置室外坑藏。据我们对采自郑州航院的种子测定，千粒重 38.9g，有仁率 85%，每千克有种子 2.57 万粒。

（2）整地与播种：选择土层深厚、肥沃、湿润、疏松的壤土和砂壤土作育苗地，并要有灌溉条件。冬前深耕 25cm 以上，开春浅耕细耙，并施足底肥。育苗前一周应作床，作成高床或平畦均可。高床床面宽 50～60cm，床高 15～20cm，床沟宽 30～40cm；平畦宽 100～120cm，畦埂高 20cm。床作好后，用 0.3% 的硫酸亚铁溶液进行消毒。沙藏种子可直接播种。干藏种子播前应先用 40℃ 温水浸泡 24h，捞出控水后，拌湿沙置阳畦或日光温室内催芽，一般经 5～7 天当有 30% 以上种子露白时即可播种。播种于3 月进行，条播，行距 30cm，播后覆土厚 1.5～2cm，再覆盖地膜或支小拱棚。每 667m^2 播种量 4～5kg。

（3）苗期管理：播种后约 15～20 天可出苗，待基本出齐苗后，应于阴雨天或晴天的傍晚揭除覆盖物。5 月中、下旬，当苗高 10cm 左右时，应及时间苗、定苗和补苗，留苗株距 10cm 左右，每 667m^2 留苗量约 1.3 万～1.7 万株。由于喜树生长速度快，应加强肥水管理，5～6 月可叶面施肥 2～3 次，可用 0.3% 的尿素或 0.3% 的氮磷钾复合肥喷施；7～8 月可沟施复合肥 1～2 次，每次每 667m^2 施10～15kg，结合施肥要随即灌水；8 月底以后要严格控水控肥。在河南中北部繁育喜树苗木，普遍存在秋末苗木不封顶、木质化程度差、难以过冬的现象，为了促使苗木停长，可于 9 月上中旬至 10 月上旬连续喷施缩节胺溶液 2～3 次，可起到很好效果。

（4）过冬防护：喜树 1～3 年生幼苗新梢在河南中北部过冬易抽干，故必须用拱棚或日光温室进行保护才能安全越冬。

2. 栽培技术

（1）栽植季节与方法：喜树一般于秋季落叶后至春季发芽前均可栽植，考虑到北方冬季较干冷，以春季 2～3 月栽植更好。植苗造林，1 年生苗裸根栽植，大苗栽植应带土球。

（2）造林方式：根据其营林目的和作业方式不同，一般分乔木状造林和灌木状造林两种方式。

①乔木状造林：以采果和木材生产为营林目的。株行距 3m × 4m，每 667m^2 种植 56 株，栽后 6～10 年，可隔行间伐或移植利用，每 667m^2 保留 28 株左右。

②灌木状造林：以采收叶片为主要经营目的。初植株行距以 0.4m × 1m 为宜，每 667m^2 种植 1667 株。

（3）抚育管理：乔木林的抚育内容主要有松土除草、除萌抹芽、施肥浇水和病虫害防治等，乔木林定干高度一般为 2～2.5m。灌木林的抚育除以上内容外，整形修剪是抚育的关键，当苗木定植后，可在离地面 30cm 处截干促发新枝，当新枝长到 10～15cm 时，按不同方位选留 5 个主枝，当主枝长到 30cm 左右时可再次摘心，使其再次萌生新枝，如此 3～5 次，即可形成基本树形。植株高度宜控制在 2m 以内，每年的生长期内，可分期分批采收叶片，或将叶与幼枝一同收获，供提取药物。

【适生范围】

喜树在河南虽为引入树种，但多年栽培实践证明，其对河南的气候、土壤等生态条件均有较强的适应性。在豫南地区可露地育苗，可用于四旁植树、城市园林绿化和低山及丘陵地区营造生态林、药用原料林、速生丰产林等。在河南中北部地区育苗，1～3 年生苗冬季需要保温防寒，5cm 以上大苗或大树可应用于城市园林绿化，未见冻害。

四二、珙 桐

〖别名〗鸽子树

〖学名〗*Davidia involucrata* Baill.

〖科属〗蓝果树科，珙桐属

珙桐为我国特产的单型属孑遗植物。起源和繁盛于晚白垩纪和新生代第三纪，至新生代第四纪冰川运动后，全球除我国以外，皆已灭绝，仅幸存于我国西南山区局部地区。珙桐最早于1869年在我国四川穆坪被法国神父戴维斯发现，一经发表即引起全球植物学界的轰动，随后，欧洲各国、美国及日本等国的植物学家先后来到我国进行考察和引种。珙桐在1992年国家林业部公布的《国家珍贵树种名录》中，被列为国家一级珍贵树种；在1999年国务院公布的《国家重点保护野生植物名录》（第一批）中，被列为国家Ⅰ级重点保护野生植物。

【引种与开发价值】

珙桐树姿优美婆娑，叶片嫩绿宽大，花朵美丽奇特，为世界上公认的观赏树种，被誉为“中国鸽子树”。珙桐花绽放初期，花蕾直立向上，两苞片着生浓密的黄绿色绒毛，颜色为鸭蛋清色，花蕊部分为浅棕色，好像小鸽子的“脑袋”，一朵花宛如刚刚破壳的雏鸽；开花中期至后期，两个苞片逐渐由雪青色变化为乳白色，恰似白鸽的一对翅膀，在阳光下熠熠生辉。每当微风吹拂，白花摇曳似群鸽在林海中起舞；而当风静树止，又似群鸽栖止林梢，观之美不胜收。欧美人士更把美丽洁白的珙桐花看作“和平、高雅、名贵”的象征。

珙桐还是优良的用材树种。木材黄白或浅黄褐色，边心材区别不明显，结构致密，有光泽，纹理通直，切面光滑，不易腐烂，干燥时不翘不裂，是建筑、家具、模具、室内装饰及工艺美术等优良用材。另外，珙桐的果实含油率高达47%～67%，油呈黄色，半干性，味道浓纯，清香，是优良的食品用油，也可作工业用油；珙桐还是很好的蜜源植物；珙桐的树皮、果皮可提取栲胶或作活性炭材料。

珙桐是一种古老的“活化石”植物。研究珙桐的起源、演化与濒临灭绝的原因，对研究古植物区系、系统发育及古地理环境等方面都有重要的科学价值。

【形态特征】

落叶乔木，高达20m，胸径达1m。树冠呈圆锥形，树皮深灰褐色，呈不规则薄片状剥落。小枝紫绿色，无毛。单叶互生，纸质，常密集于小枝顶端，叶阔卵形或近心形，长9～15cm，宽7～12cm，先端突尖或渐尖，基部心形，边缘有粗尖锯齿，具毛刺状尖头，上面疏被长柔毛，后脱落，下面密被黄白色粗丝状毛；侧脉8～9对；叶柄长4～5cm，稀达7cm。花杂性同株，由多数雄花和一个雌花或两性花组成顶生近球形的头状花序，花序下具两片矩圆状卵形或矩圆状倒卵形的花瓣状大苞片，苞片纸质，初青绿色，后乳白色，长8～15cm，中部以上有锯齿，羽状网脉明显，下垂，花后脱落。核果长卵形或椭圆形，长3～4cm，直径1.5～3cm，紫绿色，密被锈色皮孔，种子3～5。花期4～5月，果熟期9～10月。

【地理分布与生境】

珙桐化石发掘于欧洲古地层，而活植物却仅在中国发现，珙桐的分布随着历史的延续及巨大的地质变迁也发生着沧桑巨变。从大的区域看，珙桐自然分布于我国西南山地，包括湖南的西北部、湖北西部、四川盆地边缘地区、贵州的北部及云南的横断山脉。从地理位置看，从北纬21°1′的云南维西县到北纬31°7′的湖北神农架，从东经98°6′的云南贡山县到111°1′的湖北长阳县均有珙桐分布，其中，以四川的大、小凉山和卧龙自然保护区分布最为集中。从海拔高度看，珙桐一般分布在海拔700～1400m的中山和高山地带，在云南维西县，其分布海拔最高可达3150m。

珙桐多生长于崇山峻岭中的沟谷两侧，距沟底200～500m范围内。随着海拔高度的变化，珙桐生长的群落及伴生树种也有较大差异。在海拔 700 ~ 1000m，珙桐主要生长于由石栎、青冈、木荷、木莲、樟树类等树种组成的常绿阔叶林内；在海拔 1000 ~ 1600m，珙桐主要生长于由上述常绿阔叶树种和香桦、蓝果树、银鹊树、香果树等落叶阔叶树种组成的常绿落叶阔叶林内；在 1600m 以上，珙桐主要生长于由亮叶水青冈、苦桃木、大穗鹅耳枥、槭树类等组成的落叶阔叶林内。

自 1869 年珙桐被发现后，国内外对珙桐进行了广泛的引种。目前在美国及欧洲各国的一些著名植物园几乎都可见到珙桐的踪迹，在瑞士日内瓦的普通庭院中也可观赏到珙桐花。国内从 20 世纪 60 年代开始对珙桐进行引种栽培，但当时只是个别科研单位进行少量的引种栽培试验，大多无果而终；直到 20 世纪 80 年代以后，才进行了有计划的引种栽培；尤其是到了 90 年代以后，随着市场经济的发展和国家生态环境建设的推动，以分布区为核心，以苗木生产企业和广大苗农为主力军的珙桐苗木繁育及引种驯化热潮，才使这种珍稀树种走向全国成为现实。目前，在河南、云南、四川、湖南、湖北、安徽、浙江、江苏、上海、北京等省（直辖市）均有引种栽培。

珙桐已在河南郑州市、周口商水、焦作获嘉、信阳鸡公山、南阳宝天曼等多个地区引种，其中郑州市荥阳邙山村试验基地引种的珙桐，是目前国内珙桐分布区以外低海拔地区引种最为成功的。引种地海拔约 200m，土壤为典型褐土，土壤肥力中等，pH 值 8.0 ~ 8.2。10 年生珙桐平均胸径 5.5cm，最大胸径达 10.2cm；平均高 5.5m，最大树高 6.8m。栽植第 7 年后开始陆续开花结实，在目前的 1000 余株珙桐中，开花植株有 200 余株，约占 20%。

【生物学与生态学特性】

珙桐为中亚热带中高山树种，对立地条件要求十分严格。自然分布区气候湿润冷凉，具有湿度大、雨雾多、夏凉爽、冬冷长的特点。年平均气温 8 ~ 12.4℃，极端最高气温 35 ~ 38℃，极端最低气温 −18 ~ −7℃；年均降水量 1200 ~ 1400mm，平均相对湿度 80% 以上，日照时数为 1200 ~ 1400h。由此可见，珙桐喜冷凉，不耐炎热和阳光曝晒。在天然林内，可见到更新小苗，且生长良好；林内大树枝下高较低，自然整枝不良；珙桐多分布于东北坡或东南坡；这些特征说明珙桐是喜光中庸或稍偏阳的树种。

珙桐为浅根性树种，喜深厚、肥沃、湿润且排水良好的土壤。在自然分布区，珙桐多生长于砂页岩、花岗岩、石灰岩等发育成的山地黄壤和黄棕壤上，土壤 pH 值一般在 4.5 ~ 6.5 之间；但在郑州黄河滩区引种地，土壤的 pH 值高达 8.3，珙桐也能正常生长，说明珙桐对土壤酸碱度有着较强的适应性。

珙桐有较强的萌芽力和成枝力。当植株被砍伐或干梢等上部生长受阻时，均会从根茎部产生大量萌条。在天然林中，珙桐利用萌条进行自然更新的现象较为常见；在低海拔干热地区栽植珙桐，由于气候等生境条件影响而使植株地上部分生长缓慢时，根茎部会萌条不断，如不加以修剪，一些萌条会很快超过老干，这是一种很奇特的现象。

【栽培技术】

1. 繁殖技术

(1) 种子繁殖：

①种子处理：珙桐种子外壳十分坚硬，不利于种胚吸水，再加上种子后熟期长，在自然条件下发芽率很低，采后直接播种，发芽时间需 2 年以上，发芽率仅有 30%。因此，必须对种子进行处理才能顺利萌发。生产上处理方法主要有：一是露天低温层积带皮种子法，即将采收的珙桐种子带皮直接置于露天环境下层积冷冻，至次年 3 月再将冷冻过的种子在露地挖沟拌干净河沙沙藏，至秋末冬初或第 3 年春季 2 ~3 月播种，发芽率可达 90% 以上；二是自然变温沙藏处理，即将鲜种去皮洗净消毒后，按 1∶3 的比例与湿河沙混匀，然后埋藏于露地沙藏坑中，坑深 30cm 左右，上盖 10cm 左右细河沙，期间注意防鼠害、防干燥、防积水，历经冰雪霜冻、日晒雨淋，至春季 2 ~3 月播种，出苗快且整齐；三是人尿浸泡法，是分布区农民多年摸索出来的土办法，即将新采种子带果皮直接投入盛有新鲜人尿的容器内，连续浸泡 6 ~8 周，然后取出洗净，拌上草木灰，直接

播种，也可以有效打破种子休眠，促使发芽。

②圃地选择与整地：育苗地应选择在背阴、背风的地方，忌冲风口，土壤以疏松肥沃、排水良好的砂壤土为宜，忌黏重土壤。播种前，要施足底肥，每 $667m^2$ 施入农家肥 2000～3000kg，然后深耕细耙，整成平畦或高垄。结合整地，要用毒土、硫酸亚铁等进行土壤消毒和杀虫。

③播种：珙桐种子播种分秋播或春播两种，秋播在河南一般于10～11 月进行，春播于 2～3 月进行。播种方法一般采用开沟条播，行距 30～50cm，点播株距 8～10cm，覆土厚度以 3～5cm 为宜。播后要稍加镇压，并加盖塑料薄膜。

④苗期管理：刚出土的苗子非常细弱，不能让太阳直射，应用遮阳网进行遮荫，密度以 75% 为好。北方地区土壤容易干旱，要经常补充土壤水分，保持土壤湿润，但不能积水；6～8 月高温季节，在出现 35℃以上高温的前一天晚上，要给苗木灌 1 次透水，但忌中午前后阳光直射时浇水；9～10 月要控制浇水，防止苗木徒长，促使苗木木质化，为安全越冬作准备。珙桐苗木速生期在 4～6 月，期间要追施 1～2 次氮磷复合肥，每 $667m^2$ 每次施 10～15kg 为宜，施后要及时浇水；7 月以后随着高温季节来临，珙桐苗木生长基本停滞，要控制肥料。珙桐为浅根系树种，幼苗根系分布更浅，一般在 5～15cm 以内，因此，在苗期一般不主张中耕松土，以免伤根，在必须除草时，要细心操作，做到"除早、除小、除净"。在 7～9 月高温、高湿季节，是珙桐苗木根腐病的高发期，可用甲基托布津 1000 倍液或代森锌 500 倍液每间隔 10～15 天喷洒 1 次，以防治该病的发生。

（2）扦插繁殖：珙桐扦插繁殖方法有硬枝扦插和软枝扦插两种。硬枝扦插一般于秋季 9 月下旬至 11 月上旬或春季 2～3 月进行；选 1～2 年生健壮萌生枝条作插穗，枝条粗度以 0.5～1cm 为宜，插穗长度 15～20cm，每插穗至少要有 2 个节间；基质用干净细河沙或消过毒的肥沃培养土均可；扦插前用 ABT 生根粉或萘乙酸浸蘸插穗，成苗率可达 75% 以上。软枝扦插一般于 5～7 月在配备有全光照自动喷雾设备的插床进行，用当年生半木质化枝条作插穗，剪截成 15cm

左右长，然后用 ABT 生根粉浸蘸，约经 30 ~ 40 天即可生根，成苗率可至 80% 以上。

（3）嫁接繁殖：珙桐嫁接繁殖主要用于加快繁殖苗木速度、提早开花时间或培育珙桐盆景。由于珙桐种源稀少，种子又有大小年之分，所以，可以用蓝果树作砧木嫁接珙桐，春季可以用劈接或带木质芽接，夏秋季可以用芽接法，效果都很好。为了使珙桐提早开花，可以用 2 ~ 3 年生实生苗作砧木，选择壮年开花树树冠外围、向阳、无病虫害的 1 年生枝条作接穗，用劈接或“T”型芽接法进行嫁接，成活率可达 90% 以上。另外，也可用嫁接法培养古桩盆景，可以矮化树干，增强观赏性。

2. 栽培技术

珙桐从高海拔引种到低海拔，从西南山区到以平原为主的河南省，其立地条件发生了剧烈变化，如极限温度、土壤酸碱性、降水量、空气及土壤湿度等。多年引种试验和观察可以知道，冬季低温对珙桐的生长发育影响不大，在郑州黄河滩区近几年最低温度曾达 -18℃，3 ~ 5 年生的珙桐苗基本不受冻害；在土壤方面，无论是砂姜黑土、潮土、褐土等，土壤 pH 值从 6 ~ 8.3，珙桐基本都能适应；而春季及春夏之交的干、热气候，如降水量小、光照强烈、西北风大、地表蒸发量大等，致使土壤和空气湿度小，这些是珙桐引种成功与否的主要限制因子。

为此，在栽培措施上要抓住以下几点：

（1）要搞好水分供应，突出浇好“三水”。首先是封冻水，在 10 ~ 11 月地表结冰前要浇 1 次透水，以大水漫灌为好，以保证珙桐安全越冬；其次是春季萌动水，由于珙桐根系活动早，春季又干旱严重，所以，在立春前后土壤解冻后立即浇 1 次透水，以利于植株的顺利萌动和生长；三是生长季节勤浇水，6 ~ 7 月正是珙桐的速生期，而这时亦是河南地区高温和干热风的多发期，要根据天气条件经常浇水，既能保持土壤湿润，增加空气湿度，还可以降低地温，以利于植株正常生长。

（2）要进行遮荫和地面覆盖。珙桐 1 ~ 3 年生苗怕曝晒，因此遮荫条件是低海拔地区珙桐栽培必需的。现在一般用遮阳网简便易行，1 年生苗透光率 25% 即可，2～3 年生苗或刚移栽苗木透光率 50% 为宜。地面覆盖也是珙桐栽培的一项重要措施，它可以有效减少地表蒸发，保持土壤湿度，降低地表温度等，覆盖材料用麦草、稻草、玉米秸均可，可就地取材。

（3）种植苗子宜小，种植时间宜早。珙桐苗子越小，移栽越易成活，长势越好。因此移栽或远距离引种，用小苗最易成功。1～2 年生苗可以裸根移栽，3 年生以上苗移栽一定要带好土球。由于珙桐属于春季发芽较早的树种，所以移栽最好在秋末冬初进行，如必需春季移栽则宁早勿迟，以 2 月底前为好。

【适生范围】

珙桐喜冷凉湿润气候，可以在河南省伏牛山、大别山、桐柏山海拔 700m 以上山地适宜立地条件下种植；在平原地区或黄土丘陵地区种植要对立地条件进行适当改造，如遮荫或加湿；在城市园林绿化应用时，要创造湿润的小环境，尽量配置于建筑物的侧方或背风向阳处。

四三、刺 楸

〖别名〗刺枫树，茨楸，丁桐

〖学名〗*Kalopanax septemlobus*（Thunb.）Koidz.

〖科属〗五加科，刺楸属

刺楸是一种珍贵用材树种，在我国分布虽然广泛，但野生资源稀少，在全国很多地方濒临灭绝。在1992年国家林业部公布的《国家珍贵树种名录》中，刺楸被列为国家二级珍贵树种；在2005年1月4日河南省人民政府公布的《河南省重点保护植物名录》中，被列为河南省级重点保护植物。刺楸也是我们近十多年来引种驯化最为成功的珍稀树种之一。

【引种与开发价值】

刺楸是一种优良的用材树种。其木材坚实致密，边材黄白色或浅黄褐色、心材黄褐色，纹理通直美观，花纹有光泽，干燥迅速，加工容易，胶粘和油漆性能良好，适宜作建筑、家具、枕木、车辆、乐器、造船、雕刻、室内装饰、工艺美术等用材；木材纤维长度长，纤维素含量高，符合造纸原料要求；木材声衰减力大，导热系数低，分别具备作减振材料和隔热保温材料的基本条件。

刺楸是一种用途广泛的药用植物资源。刺楸根皮及树皮是我国及日本、朝鲜等东亚国家传统的民间草药，具有清热祛痰、凉血散瘀、祛风除湿、收敛镇痛的作用，可治霍乱、赤白痢、跌打损伤、风湿骨痛、腰腿痛，也可治脚气及皮肤疥癣等。近几年国内外对刺楸的化学成分和药理活性的深入研究表明，刺楸树皮、根皮及叶中含有丰富的单糖链皂苷和能被人体肠微生物区系代谢为活性成分的双糖链皂苷，这些成分具有显著的抗肿瘤活性、抗菌活性、抗炎活性及抗类风湿、抗糖尿病作用，其潜在开发价值巨大。

刺楸具有优越的观赏性能。其树干高大挺拔，树冠茂密紧凑，黄白色大花序斑阑夺目，掌状枫形叶清奇典雅，秋色金黄，以及满身长叶的独特的着叶方式，树干上特有的大皮刺等特殊的观赏性状，使其成为近年来全国各地城市园林绿化和生态建设的新宠。

刺楸还是一种野生木本蔬菜资源。刺楸嫩芽是五加科山野菜中具有独特风味的山野菜珍品。其嫩芽中含有丰富的钙、铁、镁、锌等元素及β-胡萝卜素；是一种营养价值较高，污染较少的天然绿色食品，深受东北地区人民的喜爱，而且还出口日本 、韩国等地。

【形态特征】

落叶大乔木，高10～20（30）m，胸径30～70（100）cm。树皮暗灰棕色，纵裂，小枝淡黄棕色或灰棕色，1年生枝绿色或红棕色。树干及树枝上散生粗皮刺，刺基部宽阔扁平，宽6～7mm，刺长一般5～6mm，顶端尖锐，在茁壮枝上的刺长可达1cm以上，刺基宽超过1.5cm。叶片纸质，在长枝上互生，在短枝上簇生，圆形或近圆形，直径9～25（35）cm，掌状5～7浅裂或中裂，基部心形，裂片先端渐尖，上面深绿色，无毛或几无毛，下面淡绿色，幼时疏生短柔毛，边缘有细锯齿，基出5～7脉，两面均明显。叶柄细长，长8～30（50）cm，无托叶，无毛。伞形花序，组成顶生圆锥花序，长15～25cm，直径20～30cm；小伞形花序直径1～2.5cm，花多数，花梗细长，无关节，无毛或稍有短柔毛；花两性，白色或淡黄绿色；萼无毛，长约1mm，边缘有5小齿；花瓣5，三角状卵形，长约1.5mm；雄蕊5，花丝长3～4mm；子房二室，花盘隆起；花柱合生成柱状，柱头离生。果实球形，直径约5mm，蓝黑色；宿存花柱长2mm；种子1～2，扁平，胚乳均匀。花期7～10月，果期9～12月。

刺楸除了原种 *Kalopanax septemlobus*（Thunb.）Koidz. 外，还有深裂刺楸 *Kalopanax septemlobus* var. *Maximowiczii*（V. Houtte）Hand. -Mazz 和毛叶刺楸 *Kalopanax septemlobus* var. *magnificus* 两变种。深裂刺楸叶片分裂较深，长达全叶片的3/4，叶裂片长圆状披针形，先端长渐尖，下面密生长柔毛，脉上更密。河南洛阳、郑州等地有引种栽培。毛叶刺楸枝干上的刺较少或近无刺，叶片较大较宽，长18～

30cm，宽 20～40cm，裂片卵形，叶下面密生短柔毛，脉上更密。

【地理分布与生境】

刺楸在我国的自然分布极广。北自东三省起，南至广东、广西、云南，西自四川西部起，东至东海之滨的广大区域内均有分布。在垂直分布上，从海拔数十米到海拔 1000m 以上均有生长，尤其在云南西部分布高达 2500m，一般在数百米的浅山丘陵区分布较多。在河南，刺楸在太行山、伏牛山、桐柏山和大别山等山区均有分布，分布海拔在 500～1600m 之间的中低山和浅山区，但非常零星。

刺楸还分布于朝鲜、韩国、日本和俄罗斯西伯利亚等国家和地区。

在野生状态下，刺楸多生于山谷、溪旁、林缘、疏林及灌木林中，多数混生于常绿或落叶阔叶林内，少有片状纯林分布；常生于土层深厚，腐殖质较多的缓坡及沟谷地带，偶见于阳坡干旱的石质山地。

【生物学与生态学特性】

刺楸对气候的适应能力非常强，从南亚热带的海洋性气候到北温带的大陆性季风气候，从年均温 23℃以上到年均温 0℃左右的广大区域内都能适应。但以中亚热带至南温带地区生长最为适宜，如湖北大部、陕西南部、四川东北部、重庆北部、河南伏牛山等地区，由于气候温和湿润，雨量充沛，光照充足，刺楸通直高大，生长迅速。

刺楸虽也能耐寒冷的气候，但由于温度低，生长周期短，再加上苗期新梢连年抽干，生长非常迟缓，所以虽然能勉强生存，也很难再产生好的经济效益。据报道，辽宁垣仁县年均温为 6.3℃，年降水量 870mm，全年无霜期 135 天。当地繁育 1 年生刺楸种子苗，年均高生长仅 30cm 左右，地径生长 0.7cm；11 年生人工栽培刺楸，树高 4.5m，胸径 3.3cm。而在河南平原地区，1 年生刺楸种子苗平均高可达 1.5m，地径达 1.5cm；6 年生刺楸平均胸径达 12.5cm，平均树高 6.7m；15 年生刺楸平均胸径 27.23cm，平均树高 10.11m。

刺楸最适宜生长在深厚、肥沃、湿润、疏松的土壤上，在干旱瘠薄的土壤上虽也能生存，但其生长发育受到很大抑制。生长量与水肥充足的肥沃土壤比起来差异显著。土壤质地要求疏松透气，以轻壤土、壤土和黏壤土为好。刺楸对土壤酸碱度的适应范围较宽，对酸性、微酸性、中性、微碱性甚至轻度盐碱土和钙质土都能适应，但以微酸性、中性和微碱性最为适宜。我们在河南黄河两岸微碱性和轻度盐碱土上栽培，也生长适应良好，说明刺楸具有一定的抗盐碱能力。

刺楸为喜光树种。叶大枝疏，树冠紧凑，不耐庇阴。刺楸在野生状态下，在沟谷密林内不能天然更新，多为散生，而在林缘、疏林内或阳坡中上部有部分光照的立地条件下，可见到天然更新苗木。在自然状态下，成年刺楸一般都位于阔叶林林冠的上层。刺楸的喜光特性还表现在幼龄时期，在人工繁育刺楸苗木时，全光条件下，刺楸苗木生长快，木质化程度高，自然封顶正常；而遮荫条件下或苗木密度过大，通风透光不好，则苗木生长细弱，秋末不能正常封顶，冬季抽干严重。这些都充分说明，刺楸是一种阳性喜光树种。

通过盆栽和大田耐水淹试验观测，说明刺楸对水淹的抵抗和忍耐力较差，属于较不耐涝树种。在正常情况下，水淹 1 ~ 2 天尚影响不大，水淹 3 天以上即开始萎蔫落叶，水淹 7 天以上就会全株死亡。刺楸的抗病虫能力较强。在野生刺楸上，没有发现特有的病虫害。在人工栽培刺楸大树上，除了大袋蛾等杂食性虫害偶有发生外，没有发现其他蛀干、食叶害虫和严重性病害。

【栽培技术】

1. 播种育苗

（1）种子的采集及处理：据我们的调查和观测，刺楸果实在河南、陕西等地的成熟期在 9 ~ 11 月，在湖北恩施及江西九江地区可延迟至 12 月。刺楸果实为浆果状核果，每枚果实中有种子 2 粒，当有 60% 以上的果实由黄绿转蓝黑时应及时采摘。果实采集后，应摊放于阴凉处阴干，然后进行预处理。方法是：先将果实用 30 ~ 40℃的温水浸泡 2 ~ 3 天，随后捞出拌以草木灰或烧碱用半硬物件反复揉搓去皮，用清水漂洗干净，捞出控水阴干备用。

（2）种子的休眠及打破休眠的方法：刺楸种子属于深休眠种子，不经过特殊处理的种子是不会发芽的。在华北南部采用室外混沙坑藏是一种简便易行的处理方法。大约经过 100～120 天沙藏，即可打破种子休眠，正常发芽。另外，用 100～200mg/kg 赤霉素处理沙藏过的种子，对提高刺楸种子发芽率有明显效果。

（3）圃地选择与整地：刺楸苗木喜肥喜湿，怕旱怕涝，所以苗圃地应选择在地势平坦，排灌方便，土层深厚，土壤肥沃，地下水位在 2m 以下的砂壤土或壤土地。由于刺楸种子较小，幼苗细弱，所以要求育苗地床面平整，土壤细碎，上虚下实，便于排水。多年的试验表明，苗床用高床或平畦均可。结合整地，每 667m^2 施 30～50kg 硫酸亚铁进行土壤消毒，用 0.5kg 地虫净拌毒土翻入苗床杀灭地下害虫。

（4）播种：在河南平原地区播种时间以 3 月中下旬为宜。如果用地膜覆盖或拱棚覆盖，播种时间可提前至 2 月下旬至 3 月上旬。垄床种植以条播为主，行距 20～30cm，播幅 3～5cm，播后覆盖细土 0.5cm 厚；平畦种植则以撒播为好，先将畦床浇透水，待畦内水分下渗后随即撒入种子，上覆 0.3～0.5cm 的细沙土、腐熟牛马粪、蛭石或锯末等，播后加盖覆盖物，经常保持床面湿润。每 667m^2 播量 10kg 左右。

（5）种子苗的生长规律及管理措施：在河南平原地区，刺楸从播种出苗到苗木停止生长进入休眠，需要经过出苗期、幼苗期、速生期及生长后期四个阶段，整个年生长周期约为 230～250 天。

①出苗期：约需 30～40 天，其管理目标是为种子发芽和苗木出土创造良好的环境条件。

②幼苗期：约需 50～60 天，其间苗木地上部分生长非常缓慢，近 2 个月的生长量仅为全年生长量的 3%～5%，地下根系扩展却非常迅速。在管理上要加强病虫害的防治，并及时松土除草和灌溉。

③速生期：约 3～4 个月，此时正值高温多雨，光照充足，非常适合刺楸生长。据我们调查，其高和地径生长量分别占全年的 85% 和 70%。在管理上提倡“前促后控”，一般在 8 月中旬前以促为主，

加强肥水管理；8 月中下旬以后要控水控肥，促使苗木木质化。

④生长后期：约需 30～40 天。要严格控制肥水，并于 10 月连续喷施缩节胺等植物生长抑制剂 2～3 次，每次间隔 10 天左右，以达到控长效果。

2. 插根育苗

（1）整地作床：对选好的圃地进行精耕细作和施肥，做成高床，床高 15～20cm，床面宽 50～60cm，床沟宽 30～40cm，并按前述方法对苗床消毒和杀虫。

（2）种根选择及采集：据我们多年试验，用于刺楸育苗的种根最好是 1～2 年生苗木的根系。种根的长度、粗度及采根部位对埋根成活率和苗木的生长均有较大影响，种根长度 12～15cm，大头粗度 0.8～1.5cm，采根部位紧靠根茎部为最好。从落叶到土壤冰冻之前或春季 2～3 月采挖均可，冬季采挖的种根要沙藏，春季采挖的种根可随采随埋。

（3）阳畦催根：阳畦催根可以解决刺楸埋根发芽迟，出苗不整齐的缺点。方法是：于 1 月下旬至 2 月中旬，选背风向阳、排水良好处建造阳畦，用麦糠、牛粪与人粪尿的混合物作发热物，将种根大头朝上码放其上，种根上下及间隙用营养土隔离填充，浇透水，覆膜密封。催芽期间，经常检查畦内温度，种根底部温度经常保持在 20～25℃。约经过 1 月左右，大部分种根新根吐白时，即可移埋大田。

（4）适时埋根：

①埋根时间：以 2 月下旬至 3 月上旬最好。埋根前对种根要根据粗细进行分级，不同粗细的种根要分片种植，以保证出苗和生长整齐；对新挖取的种根，应晾根 1～2 天，以防烂根。

②埋根方法：以直埋为好。先按株行距挖穴，将种根大头向上直立穴内，上端与地面平，然后填土，再封 5～10cm 大的土丘，拍实即可。

③埋根密度：刺楸生长快，叶柄长，喜光，其埋根密度不宜过大。河南平原地区以每 667m^2 植 2220～3700 株为宜，即 1 床 2 行，

行距 60cm，株距 30～50cm。

④其他措施：用浓度为 50～100mg/kg 的 ABT 生根粉 1 号溶液或 IBA 溶液浸泡种根 10～12h，可有效提高其发芽率。

3. 栽培技术

由于刺楸自身系统发育的原因，使其在 1 年中速生期比较靠后，在暖温带以北的广大地区，秋后苗木的木质化程度比较差，难以抵御冬春的干冷气候，栽植易抽干，这也可能是影响刺楸广泛推广应用的重要原因之一。

（1）栽植时间：在河南平原及其以北的广大地区，适宜栽植时期是春季，即从土壤解冻至苗木萌芽前这段时间均可。秋冬季北方干冷的气候不适合刺楸苗木栽植。

（2）栽植方法：栽植 1 年生刺楸苗可裸根进行，但栽植后必须于地表上 5～10cm 处平茬。正常管理下，移栽成活率可达 95% 以上。2 年生以上刺楸苗和刺楸大树栽植必须带土球进行，其移栽成活率可达 80%～90%。

（3）树干保护措施：刺楸满身皮刺，其树皮及皮刺非常容易碰破或损坏。因此，在整个起苗、运输、栽植过程中，要采取各种措施保护好苗木树皮及皮刺不受损害，以保证较高的成活率。

【适生范围】

刺楸对河南全省的气候及土壤条件均有很好的适应性，可以作为山区的造林树种和城乡园林绿化树种进行广泛种植。在海拔 1000m 以下的中低山区，可以选择立地条件较好的沟谷、缓坡、山麓等水土肥沃处营造速生用材林、生态林、防火林等。在城市绿化应用时，用作行道树、庭院树、景观树均很合适。在平原农村，可以作为四旁树、农林间作树进行广泛栽植，不但能生产优质木材，还能有效提高农林生态系统的稳定性。

四四、灯台树

〖别名〗六角树、瑞木

〖学名〗*Bothrocaryum controversum*（Hemsl.）Pojark.

〖科属〗山茱萸科，梾木属

灯台树是河南的一种野生乡土树种。由于其观赏效果好，被誉为园林绿化珍品，在未来的园林绿化和生态建设中具有很好的发展前景。

【引种与开发价值】

灯台树是一种美丽的观赏树种。其树干端直，树冠圆整，枝条紫红色，分枝成层状，宛若灯台，更似倒挂的伞，冬春落叶期观之，层性分明规整，美丽天成，饶富风趣。叶大而碧绿秀美，颇具观赏性。5~6月白花繁密，清雅素洁，妩媚动人。花后累累圆果紫红鲜艳，是一种叶、花、果、形俱佳的绿化佳品。

灯台树是优良的用材树种。其木材为散孔材，心、边材区别不明显。木材黄白色或黄褐色，有光泽，结构细而均匀，纹理直，重量、硬度及强度中等，气干密度0.62g/cm^3，易干燥，易切削，切面光滑，油漆后光亮性中等，胶粘容易，钉着力中等，不劈裂，耐腐性差，是制作纱管、玩具、雕刻、铅笔杆、农具把的良好用材。原木可旋制胶合板，板材可作箱盒、家具、门窗、车厢等。

灯台树树皮含鞣质，可提制栲胶；种子含油率达22.9%，可榨油制肥皂及润滑油。

【形态特征】

落叶乔木，高达20m，胸径达60cm。树冠阔圆锥形，层性分枝明显。树皮暗灰色，平滑，老树浅纵裂。小枝暗紫红色，无毛。单叶互生，常聚生于枝顶，宽卵形或宽椭圆形，长6~13cm，宽3~

6cm，先端突尖，基部圆形，全缘或微波状，上面无毛，下面浅灰绿色，密被白色丁字毛；侧脉6～7对；叶柄长2～6.5cm，无毛。伞房状聚伞花序顶生，径7～13cm，微被平伏柔毛；花小，白色。核果球形，直径6～7mm，熟时由紫红色变为紫黑色，果核顶端有近方形小孔。花期5月，果熟期9～10月。

【地理分布与生境】

灯台树自然分布较广，北起东北辽宁南部，南至广东、广西，西起甘肃、陕西，东至华东沿海及台湾等均有分布，常生于海拔400～1800m（西南可达2500m）杂木林中，以长江流域及西南地区为其集中分布区。除我国外，朝鲜、日本、印度、尼泊尔、锡金、不丹等国也有分布。

在河南，灯台树主要分布于太行山、伏牛山、桐柏山和大别山区，常生于海拔400～1700m的山坡或山谷杂木林中。据我们在桐柏山淮源保护区调查，灯台树在海拔700～900m范围内分布较多，常在群落中形成优势种群。在300m^{2}样地内有灯台树11株，胸径为10.3～19.0cm，树高7～9.8m，盖度60%，灯台树为优势种。伴生乔木有葛萝槭、黄檀、稠李、君迁子、华山矾、野山樱等；伴生灌木有林荫悬钩子、山莓、水蜡、红果钓樟、金花忍冬、钩儿茶、鸡树条荚蒾、葛萝槭幼苗等；伴生草本有求米草、沙参、兔儿伞、毛果堇菜、玉竹等；层间植物有南蛇藤、鸡矢藤。

【生物学与生态学特性】

灯台树的生态适应性很强。喜温暖湿润气候，较耐寒，对平原低海拔地区的干热气候不甚适应。对土壤要求不严，在酸性、中性、微碱性土壤上均能生长，尤其在深厚、肥沃的土壤上生长旺盛。喜光性树种，幼树稍耐荫，在天然林中或林缘幼树更新良好，在平原人工育苗时，1年生苗应稍加遮荫。深根性，大树主根不明显，侧根及须根发达，根系多分布于20～50cm的土层内。

灯台树为生长速度中等偏快的树种，尤其是幼龄期较为速生。如我们在郑州黄河滩、济源轵城培育的1年生种子苗，平均苗高可达80～100cm，平均地径可达0.6～0.8cm；3年生苗平均高可达3～

3.5m，地径达3～4cm。萌芽性较强，当砍伐或植株遭破坏后，能萌发多个枝条，且生长旺盛。天然林内常见2～3株，甚至更多的丛生植株，均是伐根上萌芽更新发展起来的，灯台树结实较早，一般4～6年生即能开花结实，常结实量大，结实期较长。

【栽培技术】

1. 苗木培育

目前，生产上主要用种子育苗。

(1) 采种与种子处理：选择生长发育良好，树干端直，树冠圆整，无病虫害的20～50龄健壮母树作采种树。灯台树种子成熟期在河南各产区一般为8月中下旬至9月上旬。果实成熟期短，脱落快，当果实逐渐由青绿色变为紫红色或蓝黑色时要及时采种。果实采回后，在室内薄摊2～3天后熟，或置容器中浸泡1～2天，待果皮软化后捣烂揉搓，漂洗去除果肉、果皮及杂质，然后再用肥皂水或5%的碱水或草木灰水浸泡揉搓，去除种皮外面的油脂，用清水冲洗干净，阴干备用。种子有休眠习性，秋季直播或沙藏春播。沙藏方法是：先将种子用800～1000倍的甲基托布津或多菌灵溶液消毒后，与粗河沙按1∶3的比例混拌均匀，在背阴高燥处挖深50～70cm的坑，坑底填10cm厚的粗河沙，中间放30～50cm厚的种沙混合物，上面再加盖10～15cm厚的粗河沙。由于灯台树种子成熟较早，河南省各地气温尚高，处理不当极易变质或腐烂，故沙藏时一定要对种子消毒，沙子不能过湿，以半干半湿为宜。灯台树果实出种率为30%～40%，千粒重62～120g，每千克有种子0.8万～1.6万粒。

(2) 整地与播种：选择背风向阳，水源充足，土层深厚、肥沃，排水良好的中壤土或砂壤土作育苗地，以微酸性至中性土较适宜。冬前深翻冻垡，翻深25～30cm；春季浅耕细耙，结合耕翻，施足底肥，每667m^2施腐熟农家肥2500～3000kg，或腐熟饼肥300kg。作成高床，床面宽1～1.2m，高15～20cm，床沟宽30cm左右。为了方便苗木均匀采光，苗床以南北向为宜。结合作床，每667m^2施入硫酸亚铁15～20kg进行土壤消毒。要求床面平整，土粒细碎，上虚下实。秋播于10～11月进行，春播于3月上中旬进行。播前沙藏种子如未萌动，可于播种前 15 ~ 20 天将种子取出，置于背风向阳处的阳畦内或日光温室内催芽，期间应经常上下翻动，使上下种子受热均匀，出苗整齐，并适时补充水分。当种子有 30% ~ 40% 裂嘴露白时，即可播种。条播，行距 20 ~ 30cm，开沟深 2 ~ 3cm，播幅 5 ~ 8cm，播后覆土厚 2cm，稍镇压。加盖地膜或覆草。苗木出土前应防止鸟兽危害。每 667m^2 播种量 5 ~ 10kg。

（3）苗期管理：经催芽处理的种子播种后 15 ~ 20 天即可出苗，约 30 天即可齐苗。苗木出齐后应及时撤除盖草或地膜，在低海拔地区应搭荫棚遮荫。苗高达 10cm 以后，应分 2 ~ 3 次进行间苗、定苗，最后留苗密度为每 667m^2 留 3. 3 万 ~ 4 万株。出苗后的 30 ~ 40 天内，应用 800 倍多菌灵溶液喷雾 2 ~ 3 次，每次间隔 10 ~ 15 天，以防止根腐病、猝倒病的发生。6 ~ 9 月为苗木速生期，应加强水肥管理，6 ~ 7 月以追施氮肥为主，每间隔 15 ~ 20 天追施 1 次，连施 3 ~ 4 次，每次每 667m^2 施入尿素 5 ~ 8kg；进入 8 月以后应控制氮肥，可叶面喷施 0. 2% ~ 0. 3% 的磷酸二氢钾 1 ~ 2 次，以提高苗木的质量和抗寒能力，每次施肥要及时灌溉。1 年生苗可出圃用于山区造林，或移植培育大苗。

2. 栽培技术

（1）山区造林：选择海拔 500 ~ 1500m 之间的阳坡、半阳坡、坡度在 30°以下的山坡、沟谷、山麓等土层深厚、肥沃、湿润之地作造林地。穴状整地，种植穴规格为 50cm × 50cm × 40cm。可营造纯林，也可与其他阔叶树种混交营造混交林，株行距以 2m × 2m 或 2m × 3m 为宜，每 667m^2 种植 110 ~ 167 株。2 月下旬至 3 月上中旬种植，用 1 ~ 2 年生苗定植，定植前每穴施入 10 ~ 15kg 腐熟有机肥或 0. 5kg 复合肥，与底土充分拌匀，定植后浇足定根水。灯台树须根发达，栽植时应对过长主根及侧根进行适当修剪。

造林后应加强对幼林的抚育管理。每年要中耕除草 2 次，第 1 次于 5 ~ 7 月进行，采用全垦方式；第二次于 8 月进行，仅清除树穴周围杂草及杂灌即可。每年要于苗木生长旺季施肥 1 次，每株苗木施复合肥 0. 2 ~ 0. 3kg 为宜，挖穴施入。冬春季节要进行修剪，促使苗木树干端直，树冠圆满。

（2）城市园林绿化：城市绿化宜用胸径5cm以上苗木定植。绿化大苗培育一般用1年生苗分植，初植密度以1m×1m或1m×2m为宜，培育2~3年，当胸径达3~4cm时，可移出部分利用，留圃苗可培育大规格苗木。大苗培育密度不宜大，否则将影响树冠及树形，降低其观赏效果。

大苗或大树移植一般于春季2~3月进行，应带土球，带全冠。为了提高其成活率，可在移栽前1年5~6月对苗木挖沟断根，促使须根及毛根的生成。移栽后1~2年内要全面遮荫或侧方遮荫，使其逐步适应城市夏季的干热环境。

【适生范围】

灯台树可以在河南全省范围内推广种植。在河南各中低山区生长更好，可以作为次生林改造保留树种，也可作为用材林、生态林等进行发展。在城市绿化中，灯台树可以作为行道树、庭荫树、公园景观树等种植，行植、孤植、丛植均很适宜。

四五、椋子木

〖别名〗梾木、冬青果、光皮树

〖学名〗*Swida macrophylla*（Wall.）Sojak.

〖科属〗山茱萸科，梾木属。

椋子木是河南山区野生的一种乡土树种。我们从 1999 年开始对该树种进行引种驯化和栽培，先后在河南孟州、嵩县车村、郑州黄河滩区、济源轵城等不同生态类型区引种栽培，均表现出了良好的生态适应性和速生特性，是近十多年来我们引种驯化最为成功的野生树种之一。

【引种与开发价值】

椋子木是一种多用途树种。其果肉和种仁含油脂，鲜果含油量33%～36%，出油率20%～30%，且油色黄红、透明、无异味，是山区百姓的传统食用油资源；椋子油含不饱和脂肪酸约77.68%，其中油酸约38.3%，亚油酸约38.85%，对治疗高血压症有显著疗效；另外，椋子木油还是重要的化工和轻工业原料，还是优良的生物柴油原料。

椋子木是山区重要的阔叶硬杂木树种，其木材坚硬，纹理致密美观，有光泽，易干燥，是制作家具、农具、桥梁及建筑等的优良用材。树叶可作青饲料或绿肥，花为良好的蜜源。

椋子木树干笔直，挺拔，树冠圆满，枝叶茂密，聚伞花序硕大，花洁白亮丽，是优良的园林绿化树种。

【形态特征】

落叶乔木，高达20m。树皮暗灰色，小枝红褐色或褐黄色，疏被柔毛。单叶对生，椭圆状卵形或椭圆形，长9～16cm，宽4～8cm，先端渐尖，基部宽楔形或圆形，全缘或微波状，上面深绿色，下面灰绿色，两面被疏柔毛；侧脉 5 ~ 8 对；叶柄长 1.5 ~ 3cm，淡红色，近无毛。二歧聚伞花序圆锥状，总花梗长 3.5 ~ 4.5cm，紫红色；花小，白色，有香气。核果球形，直径 4.5 ~ 6mm，熟时蓝色至黑色。种子球形。花期 6 ~ 7 月，果熟期 9 ~ 10 月。

【地理分布与生境】

梾子木主要分布于我国西北、华北南部、西南及华东的部分省（自治区），包括山东、河南、陕西、甘肃、山西、江苏、浙江、台湾、安徽、湖北、湖南、四川、贵州、云南和西藏等地，主要生于海拔 600 ~ 2200m（在云南可达海拔 4000m）山区。日本、巴基斯坦、印度、尼泊尔等国也有分布。在河南，梾子木分布于伏牛山、大别山和桐柏山区，生于海拔 700 ~ 2000m 之间的山坡杂木林中，以伏牛山区分布最为集中。

据我们在伏牛山栾川老君山海拔 1500m 处的调查，梾子木在阳坡或半阳坡下部生长旺盛，位于群落上层。伴生乔木有山核桃、膀胱果、黑榆、四照花、房县槭、锐齿槲栎、金钱槭、臭椿等；伴生灌木有接骨木、楤木，棣棠、山梅花、八角枫等；伴生草本主要有耐荫的南星、水金凤仙、黄精、贯众、活血丹等；藤本植物有中华猕猴桃、南蛇藤、蛇葡萄等。

【生物学与生态学特性】

梾子木为亚热带山地森林树种，生态适应性极强。喜温暖湿润气候和深厚肥沃土壤。在分布区，生长于缓坡下端及沟谷、山麓地带的梾子木，生长旺盛，树体高大。能耐寒冷，耐干旱和瘠薄土壤，在分布区也常散生于向阳山坡的中上部，陡坡、岩石缝隙等土壤干瘠之处，只是树体比较低矮，生长速度缓慢；能忍耐 -20℃ 以下低温。喜光性树种，幼苗也不耐荫，在分布区的疏林、林缘及灌丛草地，均可见到种子更新小苗，生长发育良好。

梾子木是生长速度中庸的树种，但在人工栽培下，幼苗及幼树非常速生。如我们在郑州黄河滩区基地测定，1 年生种子苗平均高达 1.61m，平均地径达 1.1cm；3 年生苗平均高 4.38m，平均地径 4.2cm；5 年生苗平均树高 6.56m，平均地径达 7.78cm。梾子木顶端优势极强，树木自然接干及自然整枝良好，树枝分布均匀，干冠比例适中。播种苗6~8年即可开花结实，15年后开始正常结实，结实量大，结实期长，树木寿命也较长，可达200年左右。

深根性树种，主根明显，侧根也很发达，须根较多；抗风沙，耐烟尘污染；对病虫的抵抗力较强，在自然分布区或引种地多年观察，未发现有蛀干害虫和其他较严重的病虫害发生。

【栽培技术】

1. 种子育苗

（1）采种与种子处理：选择树干通直高大，树冠圆满，光照充足的15~50年生壮龄树作采种母树。果实易被鸟兽啄食，当果实由青绿逐渐变为蓝黑色时应及时采种。采集的核果在室内薄摊堆放3~5天，厚度10~20cm，使种子后熟，种皮腐烂变软，预防堆放过厚而致果实发热烧种。然后将果实放水中搓揉，漂去果肉和果皮等杂质，得纯净果核。椋子木果实含油脂量大，淘洗时可用草木灰水或5%的碱水对果核进行去脂。将纯净种子放通风干燥处阴干，然后拌湿沙室外坑藏。阳光曝晒使种子过度失水，能降低种子生活力，而且还可使种子延迟萌发1年。据对采自河南伏牛山的椋子木种子测定，带果皮粒径6.2mm，千粒重63.3g，去果皮后种子粒径3.6mm，千粒重36.7g，每千克有纯净种子约2.7万粒。

（2）整地与播种：选择深厚肥沃的砂壤土地作育苗地。深耕细耙，施足底肥。作成高床，床面宽50~60cm，床高15~20 cm。椋子木种子有休眠特性，可以秋季随采随播，也可以冬季沙藏后春播。春播前1个月应对沙藏种子作催芽处理：将种子取出，置于日光温室或阳畦中催芽，下铺稻草或麻袋等透气保温材料，上加盖塑料薄膜，种子厚约20cm，种子温度控制在15~25℃之间，过热应揭膜透风，晚上可加盖草苫，种子湿度保持在60%左右，干燥可用40℃左右温水淋浇，待种子有部分露白时即可下地播种。条播，行距25~30cm，一床双行，播幅宽5~8cm，开沟深2~3cm，播后覆土厚1~2cm，然后覆地膜保湿增温。每667m^2播种量15~20kg

（3）苗期管理：椋子木播种后约30天左右开始出苗，出苗期应保护土壤湿润，干燥时应及时通过床沟浇灌。苗木出齐后的 1 个月内，地上部分生长十分缓慢，高生长量仅占全年生长量的 8% 左右，而地下根系扩展非常迅速。此期间要加强松土、除草和浇水；并注意防治小地老虎、蝼蛄类害虫对幼苗的危害；可追施尿素 1 次，每 667m^2 追施 3 ~ 5kg 即可。5 月中下旬至 9 月上中旬，正是河南各地高温多雨、光照充足的季节，也正是棕子木的快速生长期，此时期苗木的高生长和地径生长量分别占全年生长量的 78.8% 和 59.1%。期间要加强水肥管理，可施追肥 4 次，前 2 次以氮肥为主，每 667m^2 每次追施尿素 5 ~ 10kg，先少后多；后 2 次以磷钾肥为主，可追施全元素复合肥或叶面喷施磷酸二氢钾。9 月中旬至 11 月底为苗木生长后期，应严格控水控肥，促使苗木木质化，提高苗木质量。棕子木抗病性较强，圃地未发现有病害发生。

2. 大苗培育

山地造林可用 1 年生苗，而城市园林绿化必须用大苗栽植。

大苗培育可以用 1 年生苗定植。初植密度易稀不宜密，一般以 1.5m × 1.5m 为好，以便形成圆满树冠。大水大肥管理，定植 2 年后苗高可达 4m，胸径可达 3cm，即可隔行或隔株移除利用。留圃苗再培育 2 年，苗高可达 6m，平均胸径达 6cm，即可满足绿化市场的要求。棕子木自然整枝良好，培育期间不宜整形修剪，不能破坏顶梢。

3. 栽培技术

（1）造林地选择与整地：棕子木对立地要求不严，山区造林可选择向阳山坡的中下部，山沟谷地，浅山丘陵地等均可；在平原地区选择向阳的房前屋后、渠旁路边、河溪沿岸、河滩荒地等质地疏松、土层深厚、排水良好的土地即可。大穴整地，规格为 70cm × 70cm × 60cm；每穴施入腐熟农家肥 30 ~ 50kg 作底肥，与底土充分拌匀后踩实，浇水待其沉实后再行栽植。

（2）栽植方法：春季 2 ~ 3 月苗木萌芽前起苗种植，要求随起随栽。山区造林用 1 ~ 2 年生苗，平原植树用 2 年生苗，城市绿化用胸径5 ~ 6cm 大苗，1 ~ 2 年生苗移植可裸根进行，对过长、过多侧枝应适当短截修剪；大苗移植应带土球，应保留全冠或保留 1 ~ 2 级侧枝，以维持较好树形。栽植密度因造林目的而异，用材林或生态林初植密度以 2m×4m 为宜，林分郁闭后间伐，调整到 4m×4m；油料林密度以 3m×3m 为宜；城市绿化及景观林按设计要求进行。

（3）抚育管理：棕子木生长旺盛，一般造林后对幼林抚育 2～3 年即可成林或郁闭。

①松土除草：栽植当年要松土除草 2～3 次，并视墒情及时浇水抗旱，盖草保墒。第 2～3 年要结合松土除草逐年扩穴，并垦复树盘。

②施肥：幼树要结合中耕除草，于每年春夏各施肥 1 次，每次每株施过磷酸钙和尿素各 50g，或磷酸二氢胺 100g。结果树春季要施氮磷钾全元素复合肥，株施 150～200g；夏季以施氮肥为主，也可用人粪尿浇灌；冬季在树冠外围开沟施入腐熟农家肥，每株施入 150～250kg 为宜。每次施肥后及时浇水。

③整形修剪：油料林应进行整形修剪。棕子木树势强健，分枝较多，应及时修剪，改善其通风透光条件，树高 1.5～2m 时应截干定型，选留 4～5 个主枝，每主枝再选留 2～3 个侧枝。逐年培养成矮化型的结果树形。冬春修剪要剪去徒长枝、细弱枝、过密枝和枯枝；对当年结过果的枝条冬季应重剪，促其次年发新枝，以培养成第 3 年的结果枝。

【适生范围】

棕子木是河南省的乡土树种，对河南全省各地的生态环境均能很好适应。在山区，可以作为次生林改造保留树种进行培育，也可以在适宜的立地，营造油料林、生态林、水源涵养林、景观林或用材林。在平原地区，可以作为城市园林绿化树种、乡村四旁植树、通道绿化树种等大力推广应用。可以有效改善园林绿化或生态建设中乡土树种少、树种单一、系统稳定性差的现状，丰富河南城乡生态系统的生物多样性。

四六、四照花

〖别名〗石枣、青皮树、凉子、石楂子树、小六角、野荔枝。

〖学名〗*Dendrobenthamia japonica*（A. P. Dc）Fang var. *chinensis*（Osborn.）Fang

〖科属〗山茱萸科，四照花属。

四照花因其花序有4枚白色花瓣状总苞片，花开时节，光彩四照而得名，是我国的一种传统乡土花木。全世界四照花类群分两大种类，即北美四照花种类和东亚四照花种类。北美四照花种类含山茱萸属的3个种；而东亚四照花种类即四照花属，含13个种，我国均有分布。我国是四照花种质资源最丰富的国家，也是引种栽培较早的国家。

【引种与开发价值】

四照花为美丽的观赏树种。其树姿秀丽，叶片碧绿光亮，初夏玉花满树，层层叠叠，微风拂动，如群蝶漫舞，引人入胜。果实形如足球，初为绿色，渐变为黄色，成熟时变为紫红色，红艳可爱，观之远胜荔枝，给人带来一种硕果累累、丰收喜悦的气氛。秋末，片片绿叶变为褐红色，给秋天的山野更增加了一份艳丽。

四照花木材坚硬，纹理通直而细腻，加工容易，是制作工具、农具等的良好用材。另外，四照花果实营养丰富，清香甘甜，味道鲜美，可鲜食，也可做酒或做醋。其花、果、叶、根和种子在民间均可入药，花可消炎止痛，果有暖胃、通经、活血的作用，鲜叶敷伤口可消肿，根及种子煎水服用可补血，治妇女月经不调和腹痛。

【形态特征】

落叶小乔木，高达8m。嫩枝被白色柔毛，后脱落；2年生枝灰褐色，无毛或近无毛。单叶对生，纸质或厚纸质，卵形或卵状椭圆形，长5～12cm，宽3～6.5cm，先端渐尖，基部圆形或宽楔形，常稍偏斜，上面疏被白柔毛，下面粉绿色，被白色柔毛，脉腋具淡褐色绢毛；侧脉4～5对；叶柄长0.5～1cm，被柔毛。头状花序球形，具花20～30，序基具4枚乳白色花瓣状总苞片，苞片椭圆状卵形，长5～6cm。聚合核果球形，直径1.5～2.5cm，成熟时紫红色，味甜；总果柄纤细，长5.5～6.5cm。花期5～6月，果熟期8～9月。

【地理分布与生境】

四照花在我国分布较广，包括山西、陕西、甘肃、河南、湖北、湖南、四川、贵州、云南、安徽、浙江、江西、江苏、福建、台湾等省（自治区）均有分布，主要生于海拔740～2100m的山坡、溪边、沟谷等混交林中。在河南，四照花分布于伏牛山、大别山和桐柏山区海拔600～2100m的山坡或山谷杂木林中。

据我们在桐柏山陈庄林场12林场调查，立地：海拔890m，坡向东南，坡度25°，林分郁闭度0.85。在400m^2的样地内，有四照花22株，胸径6.0～20.7cm，树高2.5～10.2m，四照花为群落的优势种。其他伴生乔木有君迁子、湖北山楂、葛萝槭、化香、盐肤木、灯台树、油松等；伴生灌木有中华茶藨子、下江忍冬、山梅花、荚蒾、红果钓樟、山甘橿等；草本植物有玉竹、光果堇菜、三叶委陵菜、异叶天南星、糙苏、兔儿伞、白花碎米荠、穿山龙、萱草等。

【生物学与生态学特性】

四照花是温带树种，喜温暖湿润的气候环境，但对气温及降水量的适应幅度较广，产区年平均气温12～18℃，绝对最高气温41.2℃，绝对最低气温－20℃，年降水量500～1600mm。夏季喜温凉，不耐低海拔地区及城市的干热环境，在干热环境下易引起落叶、叶片发黄焦边等现象，使生长受阻。喜深厚肥沃的砂质壤土，在酸性、微酸性至中性土壤上生长良好，而在河南沿黄地区的微碱性和轻度盐碱地上虽能生长，但生长发育速度明显迟缓。阳性树种，在遮荫度较高的情况下常开花结实不良，在苗期稍耐荫。

四照花为慢生树种。在郑州黄河滩区培育种子苗，1年生苗平均高28cm，平均地径0.6cm；2年生苗平均高66cm，平均地径1.3cm；

3 年生苗平均高 140cm，最高达 180cm，平均地径 2.3cm，最大地径 3.3cm。四照花为深根性树种，侧根发达，须根较多。

从我们对四照花苗期的观测可知，4～5 月是其速生期，6～8 月生长缓慢，这可能是因为 6～8 月为河南省的高温季节，四照花不能适应干热环境造成的。8～10 年生开始开花结实，20 年生以后进入正常结实期，结实大小年现象不甚明显。

【栽培技术】

1. 种子育苗

（1）采种与种子处理：选择 20～50 年生，树形端庄，生长旺盛，光照充足，且无病虫害的壮龄树作采种母树。当果实由青黄变为紫红色时即可采收，在河南各山区，果实成熟期一般为 9 月。用采种刀或高枝剪截取果梗，采下头状果序堆放室内发酵。当果皮果肉沤熟后装入竹筐或竹筛内，置于水中搓擦淘洗，反复用清水漂洗，去除果肉、果皮及其他杂质，下沉果核即通称种子，取出种子控水、阴干。鲜果的出种率约 10%，种子千粒重约 150g，含水量 20%～35%，每千克种子约有 0.67 万粒。

四照花种子忌日晒也不宜裸露存放，可随采随播，也可沙藏过冬后春播。四照花种子是硬粒种子，正常播种 2 年后才能发芽，所以在沙藏前要进行处理。方法是：将种子浸泡后碾除油皮，再加沙碾去蜡皮，然后再沙藏，沙藏时间 4～6 个月。

（2）整地与播种：苗圃地宜选在背风向阳、土层深厚、肥沃的微酸性或中性砂质壤土上，要有充足的灌溉水源。施足底肥，深翻细耙，细致整地。一般作成高床，床面宽 50～60cm，床高 15～20cm，床沟宽 30cm，床面要求平整，土壤细碎，并用硫酸亚铁或福尔马林对床面土壤进行消毒。床整好后，灌足底水，保证足墒下种。播种前 15～20 天，应检查沙藏种子，如未见萌动，应将种子取出，置温暖处催芽，方法是：将种子淘出，先用温水浸泡 1～2 天，然后摊放于箩筐或蒲包、麻袋上，种子上覆盖塑料膜，置阳畦或日光温室内加温催芽，温度控制在 20～28℃之间，每天淋温水 3～5 次，当种子有 30% 左右裂嘴露白时即可播种。春播一般于 3 月上中旬进行。

条播，播种行距 20～25cm，播种沟深 2～3cm，播后覆土厚 1～2cm，并盖草或加盖地膜保墒。每米播种 50 粒左右，每 667m^2 播种量 15～20kg。

（3）苗期管理：出苗前应保持土壤湿润，以保证出苗整齐。播后约 20 天开始出苗，当苗木基本出齐后，应及时揭除盖草或地膜，并搭荫棚遮荫。苗高 10cm 以后，要结合松土、除草分 2 次间苗和定苗，株距 5～8cm。除草要本着“除早、除小、除了”的原则，每年至少进行 3～4 次。在幼苗期，可每间隔 7～10 天喷洒 1 次 0.2% 的高锰酸钾或 1% 的硫酸亚铁，预防苗木猝倒病的发生；6～8 月高温高湿季节，可定期喷施多菌灵或代森锌 800～1000 倍液，防止叶斑病的发生。四照花亦为喜肥树种，5～7 月应施肥 3～4 次，以施氮肥为主，每次每 667m^2 施尿素 2.5～5kg 为宜，原则是“先稀后浓，少量多次”，进入 8 月，可每间隔 15 天喷施 0.2%～0.3% 的磷酸二氢钾 1 次，连喷 2～3 次，促进苗木木质化，便于安全越冬。

2. 栽培技术

（1）造林地选择：山地栽植应选择在半阳坡中下部、山谷、山麓等土层深厚、肥沃、湿润的壤土或砂壤土为佳；城市公园、庭院栽植应选择在背风向阳、温暖湿润的地方，最好成片种植。

（2）造林技术：秋季或春季栽植均可，秋季可在即将落叶的 10～11 月进行；春季在芽子萌动前的 2～3 月进行。采用穴状整地，1～3 年生苗种植穴规格为 50cm×50cm×40cm；5 年生以上大苗或大树种植穴规格为 80cm×80cm×60cm。零星或少量种植密度自由掌握，山区造林或绿化成片种植密度宜稀不宜密，一般初植密度以 3m×3m 为好。1 年生苗移栽可裸根进行，但应尽量多带宿土或蘸泥浆；大苗和大树移植必须带土球。种植后应浇透定根水。

（3）抚育管理：造林后要加强抚育管理。幼林期每年抚育 2～3 次，连续数年，直至幼林郁闭止。抚育内容包括：松土、除草、施肥、灌溉、整形修剪、病虫害防治等。林分郁闭后，可隔行或隔株移出部分大苗应用。对进入开花期的植株，每年要保证施肥 2 次，秋末冬初要施 1 次腐熟有机肥，开环状沟施入；春季萌芽前后追施 1

次氮肥，树穴埋施即可，以促开花繁盛，树势强健。

【适生范围】

四照花为近几年新引种开发的树种，可以在河南各山区适宜立地条件下种植，也可以在城市、乡村及风景区种植，只是在低海拔地区种植应选择有侧方遮荫、潮湿的小环境。

四照花虽为河南乡土树种，但野生资源数量并不多，人工栽培更少，城市及平原民众多未见过，甚至很多园林工作者也只闻其名，不识其树。因此，应加大对各种四照花的引种驯化栽培和推广示范力度，使这种美丽的白花天使早日为亿万民众带来快乐。

四七、秤锤树

〖别名〗捷克木

〖学名〗*Sinojackia xylocarpa* Hu

〖科属〗野茉莉科，秤锤树属。

秤锤树为我国特有植物，系我国著名植物学家胡先骕先生根据秦仁昌先生1927年在南京幕府山采集的模式标本而定名，其所属秤锤树属也是我国植物学家发表的第一个新属（1929）。秤锤树分布范围极度狭窄，仅江苏南京及河南信阳有野生资源的记载，近几十年的多次野外考察和寻找均未发现其踪迹。在1999年国务院公布的《国家重点保护野生植物名录》（第一批）中，被列为国家Ⅱ级重点保护野生植物。

【引种与开发价值】

秤锤树花瓣洁白，花梗细长下垂，绿叶白花相映成趣，观之令人赏心悦目；夏秋时节，串串红褐色的果实，似秤锤、赛陀螺，颇为奇特，是一种美丽的观花观果树种。

秤锤树为我国特有属植物，资源稀少，对研究野茉莉科的系统发育具有重要科学价值。

【形态特征】

落叶小乔木，高达7m，胸径约10cm。小枝红褐色，幼时密被星状毛，后脱落。单叶互生，纸质，倒卵形或椭圆形，长3～9cm，宽2～4cm，先端短尖，基部楔形或近圆，边缘具硬质细锯齿，两面沿脉疏被星状毛，余部无毛；侧脉5～7对；叶柄长约5mm。聚伞花序3～5花，花梗长达3cm，常下垂；花冠钟形，5（6～7）裂，白色。果实卵形，木质，长2～2.5cm，红褐色，有浅棕色皮孔，具钝或凸尖圆锥形的喙，无毛。种子1粒，长约1cm，栗褐色。花期3～4月，果熟期 8 ~9 月。

【地理分布与生境】

秤锤树为我国北亚热带东部地区特有树种。分布于江苏南京幕府山、宝华山、老山，河南新县黄毛尖、商城黄柏山等地，呈间断分布。两分布区纬度相近，约在北纬 31°25′ ~32°09′之间。年平均气温 15℃以上，1 月（最冷月）平均气温 2℃左右，极端最低气温为 -16.7℃，无霜期 220 ~226 天，年降水量 1000 ~1300mm，分布区土壤为黄棕壤，呈微酸性至中性反应。秤锤树常生长于山坡林缘或疏林灌丛中，伴生乔木有黄连木、麻栎、白栎、华瓜木、山合欢；伴生灌木有灰木、薄叶鼠李、苦糖果等；草本植物有荩草 、白头翁和蕨类等。

秤锤树自然分布范围狭窄，且多呈零星单株散生分布。由于人为因素的破坏和森林植被自然演替的影响，再加上秤锤树自身种子更新困难，使这种植物很快陷入濒危状态，近十几年来，江苏相关部门组织专家对南京地区原秤锤树分布地进行了多次考察，均未发现野生植株，估计已经绝迹。在河南新县、商城的原分布区，我们也组织过几次野外考察，但仍未发现其踪迹。

目前，秤锤树在河南、江苏、北京、上海、湖北等地均有引种。河南在郑州、南阳宝天曼、信阳鸡公山均有引种，生长良好。河南省科学院于 20 世纪 90 年代末开始引种，现已繁育各规格苗子数万株，并已在园林绿化上推广应用。

【生物学与生态学特性】

秤锤树喜温暖湿润的亚热带气候，但对生态条件适应性较强，对华北的干热、干冷、风沙等气候条件也能很好适应。秤锤树为阳性树种，除初发幼苗稍耐庇荫外，其余皆需全光。圃地苗木在密度太大情况下生长不良，成年树在全光下开花结实良好，但在侧方遮荫条件下，背阴面不见花果，而见光面果实累累。秤锤树对土壤条件要求不严，在微酸性、中性、微碱性土壤上均能生长良好，如在郑州黄河滩区 pH 值达 8.3 的潮土上，秤锤树仍表现出很好的适应性，生长旺盛。

秤锤树自然萌芽力和成枝力都很强，在自然生长状态下多呈丛生灌木状。但秤锤树的顶端优势很强，在人工栽培条件下，只要栽培密度合适，无论是实生苗或是扦插苗，均很容易培养成小乔木。

秤锤树为生长速度中等的树种。据我们在郑州黄河滩区基地测定，其 1 年生实生苗平均高可达 0.72m，平均地径 0.54cm；2 年生平均高 1.56m，平均地径 2.3cm；3 年生平均高 2.37m，平均胸径 1.5cm；5 年生苗平均高 4.64m，平均胸径 3.4cm。对其苗期进行生长测定：秤锤树年生长规律表现为速生期持续时间长，从 5 月至 8 月，一直生长较快，与郑州的高温多雨季节同季，没有春秋梢之分。秤锤树实生苗的开花结实年龄在第 5～6 年；从成年树上采枝扦插繁育的幼苗在 3～4 年后即可开花结果，在苗龄达 5 年生的秤锤树苗圃地里，已是春季繁花似锦，冬季落果满地的景象了。

【栽培技术】

1. 苗木繁育

（1）种子育苗：

①种子采集及贮藏：9～10 月，当秤锤树果实变红褐色，果柄逐渐萎缩，已有少量果实开始脱落时应进行采种。可直接摘果或用长棍打落拣拾。种子采集后，应堆放于屋内阴凉处让其自然后熟 5～7 天，然后将种子与干净湿河沙按 1∶3 的比例拌匀，在室外背阴干燥处沙藏，其间应经常检查种子的湿度及透气情况，并防止鼠害。秤锤树种子具深休眠特性，需隔年，甚至两年后萌发，属“两年种子”范畴。秤锤树种子具有结实的木栓质中果皮及坚硬的骨质内果皮，阻断了种仁对水分和空气的需求，可能是种子萌发的主要障碍。因此需一直沙藏到第 3 年 3 月，方可取出播种。据测定，秤锤树果实长度 1.8～3.0cm，粒径 0.7～1.5cm，风干千粒重 350～460g。

②播种：采用起垄种植，垄高 15～20cm，垄面宽 50～60cm，一垄双行，行距 30～40cm，开沟点播，株距 5～8cm，播后覆土厚 3～4cm，轻轻镇压，覆地膜。播后 25～30 天已有苗子陆续出土，可经常观察出苗情况及时破膜。由于秤锤树种子发芽极不整齐，在播种后的 2～3 月内或下年春季都会有种子出土，故在松土除草时应在行

间进行，避免伤到种芽。

③苗期管理：秤锤树在出苗期，正是小地老虎和华北蝼蛄的春季活动盛期，应提前加以预防，当苗木逐渐木质化后，未发现其他病虫危害。在苗木速生的6～8月，施氮肥或含氮复合肥2～3次，每次10kg/667m^2。

秤锤树1年生苗即有较强的抗性。从幼苗出土期一直到落叶即在全光条件下生长旺盛，没有任何对光的不适应。1年生苗在郑州黄河滩区冬季极端温度达－18℃的寒冷条件下，未受任何冻害。

（2）扦插育苗：

①嫩枝扦插：嫩枝扦插一般于6月下旬至8月上、中旬进行。选取3～5年生健壮母树上当年生半木质化枝条作插穗，剪成长10～12cm，粗度中等，剪去梢端幼嫩部分，每插穗要求3～4节，保留上部2片叶子，每片叶子剪除2/3。插穗剪好后，每100根扎成1捆，放在250mg/L的吲哚丁酸或a－萘乙酸中浸泡1～2h后扦插。浸泡深度2～3cm，插床基质以珍珠岩、泥炭土和粗河沙按1∶1∶1的比例配制，插床要有良好的透水性。采用直插方式，插入深度3～5cm，插条间距4～5cm，密度400～625株/m^2。嫩枝扦插要做到随剪穗，随处理，随扦插。扦插后采用全光照自动间歇式喷雾装置来保证插穗的水分平衡，以插条及保留叶片不失水为度。插穗约经25～30天后即可形成愈伤组织，50天左右开始生根。在插穗正常成活后，可以结合浇水，施入稀薄氮肥1～2次，秋末冬初可以在插床上加盖拱棚，以延长幼苗的生长期。约经过2～3个月的后期生长，到落叶时扦插苗高度可达30～50cm，地径可达0.3～0.6cm，第2年开春即可移入大田进行正常培育。操作得当，嫩枝扦插成活率可达80%以上。

②硬枝扦插：秤锤树硬枝扦插一般于秋末冬初的10～11月或早春2～3月进行。圃地选深厚肥沃，排水良好的砂壤土，扦插前要细致整地，施足底肥，并结合整地对圃地进行杀虫和消毒处理。整地后作成平畦，畦宽80～100cm，埂宽40～50cm，选择3～5年生健壮幼树上的1年生枝条作插穗，插穗长15～18cm，粗度适中。插穗剪好后用100mg/kg的ABT生根粉1号溶液浸泡2～3h，然后立即扦

插。采用直插方式，株行距 5 ~ 10cm，每 667m^2 扦插 8 万 ~ 9 万株，插入深度为插穗长度的 2/3 为宜，插后浇水，待水下渗后支小拱棚，保持土壤温湿度。插后应经常检查床面，适时补充水分，冬季阴天或雨雪天应加盖草苫保温，约经过 2 ~ 3 个月，插穗开始生根。春季 4 ~ 5 月，插穗充分成活后，可选在阴雨天移入大田培养，这样培养的扦插苗当年高可达 1m，地径达 0.6 ~ 0.8cm。

（3）组织培养：组织培养是现代植物快繁技术。浙江省林科院已经采用秤锤树当年生枝条的腋芽或茎尖，培育出了幼苗，这为秤锤树这种濒危树种的繁殖和推广开辟了新的途径。

2. 种植技术

（1）栽植时间：秤锤树栽植以春季 2 ~ 3 月为最好。冬前移栽由于受冬季干冷气候影响，容易抽干，不易成活。

（2）栽植方法：1 ~ 3 年生的秤锤树苗木可裸根移栽，但要随起随栽，长途运输要蘸泥浆以保护根系。正常栽植成活率可达 90% 以上。4 年生以上或胸径 3cm 以上的苗木应带土球移植。

（3）配置方式：秤锤树在园林应用上孤植、3 ~ 5 株群植或片植均可，也可培育成胸径 3 ~ 5cm，高 3 ~ 5m 的小乔木，植为庭园或景区内的行道树，则更为雅致。但必须注意种植地光照充足，才能保证其花繁叶茂，果实累累。

【适生范围】

秤锤树是河南的乡土珍稀树种，从近几年的引种驯化情况来看，对河南山区及平原低海拔地区的气候及土壤条件有着较强的适应性。因此，建议在河南伏牛山、桐柏山及大别山海拔 800m 以下的中低山区，选择立地条件较好的地段进行造林，以扩大这一珍稀树种的种群数量，解除其濒危状态。同时，要大量繁育苗木，尽快在河南全省各地城乡的园林绿化中推广应用。相信不远的将来，这种典雅独特的观赏树种会把中州大地装扮得更加美丽。

四八、水曲柳

〖别名〗挡河槐、满洲白蜡

〖学名〗*Fraxinus mandshurica* Rupr.

〖科属〗木犀科，白蜡属

水曲柳为我国珍贵用材树种，是东北“三大硬阔叶”树种之一。河南为其自然分布的南界，仅在河南各山区的中、高山沟谷地带有少量分布，资源稀少。在1992年国家林业部公布的《国家珍贵树种名录》中，被列为国家二级珍贵树种；在1999年国务院公布的《国家重点保护野生植物名录》（第一批）中，被列为国家Ⅱ级重点保护野生植物。

【引种与开发价值】

水曲柳是我国著名的珍贵用材树种之一。其树干通直高大，材质致密，花纹美观，富有弹性，耐湿耐腐，是建筑、造船、航空、车辆、枕木、仪器、枪托及运动器材等用材，更是室内装修、机械制造、家具、地板、工具及制胶合板的好材料。

水曲柳树干端直，枝叶茂密，秋叶橙黄，是优良的行道树及庭荫树，因其较耐水湿，对烟尘抗性强，也是工矿区绿化和河渠、湖岸绿化的优良树种。

水曲柳种子含油脂24.38%，可供制肥皂；树皮含鞣质3.09%。

【形态特征】

落叶乔木，高达35m，胸径达1.2m。树干通直。树皮灰褐色，浅纵裂。小枝略呈四棱形，无毛，有皮孔。奇数羽状复叶，叶轴具窄翅，密被锈色绒毛；小叶7~11，无柄或近无柄，长圆状披针形或卵状披针形，长6~16cm，宽2~5cm，先端长渐尖，基部楔形，不对称，边缘具细尖齿，上面无毛或疏生硬毛，下面沿脉或小叶基部密生黄褐色绒毛。圆锥花序生于去年生小枝上，花序轴有窄翅；花单性异株，无花萼和花冠。翅果长圆形或长圆状披针形，长2.5~4cm，扭曲，无宿萼，顶端钝圆或微凹。花期5月，果熟期8~9月。

【地理分布与生境】

水曲柳在我国主要分布于东北、西北、华北等北方地区，包括黑龙江、吉林、辽宁、内蒙古、河北、河南、山西、陕西、甘肃、宁夏等省（自治区），东北地区分布最为集中，多生长于海拔700m以下山区。日本北部、俄罗斯远东、朝鲜半岛也产。

在河南，水曲柳主要分布于太行山、伏牛山和大别山区，多生长于海拔1000~1700m的山沟及山谷杂木林中。以伏牛山的西峡、南召、内乡、嵩县、栾川、鲁山、洛宁等县分布最为集中，多形成片林。据在嵩县龙池曼石棺材沟海拔1600m处的调查，在沟谷400m^{2}的样地内有水曲柳11株，胸径18.2~99cm，树高22~36m；位于林冠上层，为群落的优势种。伴生乔木有五角枫、山核桃、水青冈、穗子榆、泡花树等；伴生灌木有下江忍冬、卫矛、茶藨子、尖叶绣线菊、接骨木；伴生草本植物有野菊、火焰草、蟹甲草、七叶鬼灯檠、荨麻、白蒿、卵叶三脉紫苑等；层间植物有南蛇藤。在大别山商城金岗台海拔900~1000m处，也发现有少量水曲柳分布，伴生树种有杈叶槭、稠李、青钱柳、灯台、野樱桃等；伴生灌木以野珠兰为主，还有香荚蒾、省沽油、金银忍冬等；伴生草本有蜈蚣草、紫花碎米荠、萱草等。

【生物学与生态学特性】

水曲柳为寒温带树种，主要生长于东北地区，耐寒性强，能耐-40℃的严寒。较喜冷凉湿润气候及深厚、肥沃且排水良好的微酸性土壤。在河南伏牛山分布区，年均温4~8℃，年降水量1000mm左右，绝对低温可达-20℃，相对湿度在70%以上。喜光，幼树稍耐荫；喜湿润土壤，但又不耐水渍，在季节性积水或排水不畅地方生长不良或死亡；不耐干旱瘠薄，较耐盐碱，在土壤含盐量0.1%~0.15%的盐碱地上也能生长。水曲柳为深根性树种，侧根发达，抗风力较强。

水曲柳萌蘖性较强，在林分内常可见到萌芽更新的幼树。天然分布的水曲柳雌株较少，大树多不结实，且结实量少，天然下种更新苗极少。自然状态下，水曲柳约 15~20 龄时开始结实，结实大小年明显，间隔期 1~2 年。水曲柳寿命较长，可达 200~250 年。

水曲柳在东北地区是生长速度较快的阔叶树种，而在河南分布区却生长较慢。据内乡县自然保护区扫帚场林区 119 年生水曲柳解析木资料：树高 15.5m，胸径 19.5cm，材积 0.2297m^3。树高生长 60 年前较快，平均年生长量为 0.20m，以后迅速下降；胸径生长前期较快，15~40 年为生长高峰期，年平均生长量达 0.28cm，以后骤然下降；材积连年生长量在 80 年前处于不断增加趋势，80~90 年时达最大值，生长量为 0.0031m^3，90 年生后迅速下降。约在 115 年生时达数量成熟龄。在人工栽培条件下，水曲柳 1~2 年生苗生长较慢，3 年后生长速度明显加快。如据我们在郑州黄河滩引种试验地测定：水曲柳 1 年生播种苗平均高可达 35cm，地径达 0.75cm；2 年生苗平均高达 115cm，平均地径 1.8cm；3 年生苗平均高达 252cm，平均胸径达 1.6cm；5 年生苗平均高达 483cm，平均胸径达 4.43cm。

【栽培技术】

1. 苗木培育

(1) 种子育苗：

①采种与种子处理：9~10 月当种子由青绿变为黄色时要及时采种。应选择树干通直，生长健壮，无病虫害的 30~50 年生结果树为采种母树。采种时连同果序一同摘取。采摘后放在通风干燥处晾干，除去果序及杂物得纯净种子。种子千粒重 64.5g，每千克约有种子 1.55 万粒。水曲柳种子为深休眠种子，不经过处理，播种后隔年才能发芽。处理方法是：10~11 月，先将种子用 0.2%~0.3% 的高锰酸钾溶液浸种消毒 2~3min，用清水冲洗干净，再放入 20℃ 左右的温水中浸泡 24h，捞出晾干，将种子与粗河沙按 1∶3 的比例混匀，在背阴高燥处挖坑沙藏。春季播种前，将种子挖出，用 30℃ 温水浸种 48h，捞出控水后堆放向阳温暖处或日光温室内催芽，堆放厚度以 20cm 为宜，上盖塑料薄膜，当有部分种子裂口露白时即可播种。

②整地与播种：选择地势平坦，土层深厚肥沃、排灌良好的壤土或砂壤土作育苗地。在河南，最好选海拔300～1000m的山地作育苗地。冬季结冰前深翻冻垡，以降低越冬虫口密度；开春浅耕细耙，施足底肥。作成高床，床高15cm，床面宽70～80cm，床沟宽30～40cm。结合作床，每667m^2施入硫酸亚铁20～30kg进行床面土壤消毒。条播，行距50～60cm，播幅宽5～8cm，覆土厚1～2cm，每667m^2播种量15kg左右。

③苗期管理：经过催芽的种子播后15～20天可以出苗。水曲柳幼苗易感立枯病，应在苗木第1对真叶出现后，及时喷洒0.8%的等量式波尔多液，以后每间隔7～10天喷洒1次，连喷3次。6～8月苗木生长旺盛期，可追施2～3次化肥，前期以氮肥为主，后期以磷钾肥为主。出苗后应及时松土除草，保持圃地清洁、疏松、无杂草，每年应至少松土除草3～4次。每667m^2可出苗1万～1.5万株。

（2）扦插育苗：采用嫩枝扦插和硬枝扦插均可。

①嫩枝扦插：扦插应于5～7月进行。插床基质用水洗河沙，粒径2～4mm。插床配备全自动间隙式喷雾装置。选取5年生以下幼树的当年生枝条或大树伐根上的当年生半木质化枝条作插穗，去掉梢端幼嫩部分，剪成长10～15cm的插穗，上部平剪，下部斜剪，上部剪留1～2片复叶，每复叶剪留2～3片小叶即可，下部叶片全部去掉。用多菌灵或百菌清等对基质和插穗进行严格消毒。插穗剪好后，随即用200mg/kg的浓度的ABT生根粉1号溶液浸泡3～4h，取出后立即扦插。扦插后开启自动喷雾系统，插床空气相对湿度保持在90%以上，插床基质内温度控制在20～25℃最为适宜。约40天后开始愈合生根。管理得当，生根率可至80%以上。

②硬枝扦插：可于秋季10～11月或春季2～3月进行。选取幼龄树上的1～2年生枝条作插穗，剪成8～12cm长，每穗必须带2～4个腋芽。剪后先用0.05%的高锰酸钾溶液消毒，然后用ABT生根粉100mg/kg与萘乙酸（NAA）50mg/kg的混合溶液浸泡插穗下端8h，取出后随即扦插。插床基质用园土或河沙均可，扦插后随即支拱棚和扣膜，周围密封。期间经常检查插床温度和湿度，适时补充水分。

约2个月后生根，生根率可至70%以上。当年苗高可达30cm。

2. 造林技术

（1）造林地选择：要选择山脚、缓坡、河溪冲积土等土层深厚、肥沃、湿润的壤土或砂壤土地作造林地，以背风湿润的沟谷和缓坡中下部为最佳造林地，应避免排水不良、干旱瘠薄之处。

（2）整地：整地应于造林前一年秋季进行。采用穴状整地方式，穴的规格为60cm×60cm×40cm。穴内表土和心土挖出后要分开堆放。

（3）栽植：春季2~3月用1~2年生优质壮苗栽植。可裸根进行，但应随起随栽或蘸泥浆。栽植时要求根系舒展，要先填表土，后填心土，然后踏实，浇足定根水。栽植株行距以1.5m×1.5m或2m×1.5m为宜。每667m^{2}植苗约222~296株。水曲柳人工林不宜营造纯林，而宜与落叶松混交营造针阔混交林，可采用3行落叶松和6行水曲柳的条带状混交方式。

（4）抚育管理：水曲柳造林初期生长较慢，树冠窄小，杂草及杂灌易侵入，应加强抚育管理。每年应至少抚育2次，抚育内容包括扩穴、培土、除草、割灌等。连续抚育4~5年即可。林分郁闭后，林木出现1~2轮枯死枝时应进行第1次修枝，修枝高度不宜超过树高的1/3，修枝间隔期一般为5~8年。

【适生范围】

水曲柳可以作为太行山、伏牛山区海拔800m以上的山谷造林树种，可以营造珍贵用材林、生态林、风景林等，也可以培育大苗在黄、淮沿岸营造护堤、护渠、护岸林，或用于城市园林绿化。

四九、流苏

〖别名〗茶叶树、乌金子、四月雪

〖学名〗*Chionanthus retusus* Lindl. et Paxt.

〖科属〗木犀科，流苏树属

流苏树是我国的一种乡土观赏树种，虽自然分布较广，但在过去全国各地的城市园林绿化中却很少应用。非常有必要就其种植技术及园林应用技术上加大推广力度，使这种美丽的野生树木资源更好地造福人类。

【引种与开发价值】

流苏树形优美，枝繁叶茂；盛花时节，满树白花，远观似白雪压树，蔚为壮观；近看花瓣纤细如丝，状若流苏，气味芳香，清雅宜人，秀丽可爱，是优美的观赏树种。流苏木材坚硬致密，材质优良，可供制器具，细木工用；嫩叶可作茶叶，煎泡后清香扑鼻，饮之更是甜润提神；种子可榨油，供工业用。

流苏历来是嫁接桂花的良好砧木，嫁接后表现为亲和力强，成活率高，矮化效果显著，枝条健壮，不易徒长，成花容易，抗逆性、适应性增强，寿命也较长。

【形态特征】

落叶乔木，高达10（20）m，胸径达20cm。树皮灰色，常呈纸片状剥裂。枝灰褐色，开展，幼枝被短柔毛。单叶对生，薄革质至革质，椭圆形或倒卵状椭圆形，长3～12cm，宽2.5～6cm，全缘，幼树及萌枝之叶具细锯齿，先端圆钝，微凹，基部楔形或圆形，老叶上面沿脉被柔毛，下面沿脉密被长柔毛；上面中脉凹下，侧脉3～5对，网脉凸起；叶柄长0.5～2cm，密被黄色卷曲毛。聚伞状圆锥花序顶生，长3～12cm，近无毛；花单性，雌雄异株或为两性花；

花冠白色，4 深裂，裂片条状倒披针形或带状，长 1 ~ 2.5cm，宽 1.5 ~ 3mm。核果椭圆形，被白粉，成熟时蓝黑色，长 1 ~ 1.5cm。种子 1，种皮灰白色。花期 5 ~ 6 月，果熟期 9 ~ 10 月。

【地理分布与生境】

流苏在我国分布较广，北起辽宁南部，南至广东、海南，东起宝岛台湾、东南沿海，西至云南、四川，涵盖了我国大部分地区，以河南、河北、山东、陕西等省分布较为集中。流苏多生于海拔 200 ~ 3300m 之间的林缘、灌丛、河边、石缝中、砾石地等。在北京、河南、云南、河北等地常有数百年以上的古树存在。朝鲜、日本也有分布。

在河南，流苏在太行山、伏牛山、大别山和桐柏山各山区均有分布，多生长于海拔 500 ~ 1600m 的向阳山谷、悬崖陡坡等杂木林中，或零星散生，或形成优势群落。

【生物学与生态学特性】

流苏树生态适应性极强。喜光性树种，但也较耐荫，幼苗及幼树在林下郁闭状态下能更新生长；喜温暖湿润气候，但也耐寒，能忍耐 -20℃的低温。对土壤要求不严，在酸性、中性、微碱性及石灰性土壤上均能生长，甚至在河南沿黄两岸轻度盐碱土上也生长良好；既喜欢深厚、肥沃的土壤条件，也能耐干旱瘠薄，常生长于山脊、悬崖及岩石缝中等较差立地，不耐水湿。流苏抗空气污染能力也较强。

流苏为慢生树种，寿命较长。据我们在郑州黄河滩区引种观察，幼树生长尤慢，种子播种苗当年常仅扎根而萌芽不出土，有出土的生长量也只有 5 ~ 10cm，地径达 0.3 ~ 0.4cm；2 年生苗高 15 ~ 20cm，地径 0.6 ~ 0.8cm；3 年生苗高 80 ~ 100cm，地径可达 1.5cm；5 年生苗高可达 2.5 ~ 3m，胸径可达 1.5 ~ 2cm；5 年生后，胸径生长速度明显加快，如要培育胸径 6 ~ 8cm 大苗，至少要 8 ~ 10 年才能完成。从流苏幼龄期的年生长节律看，5 ~ 7 月为树高速生期，7 月下旬后高生长显著下降，多数植株则封顶停长；7 ~ 9 月为胸径速生期，10 月后胸径生长显著下降。

【栽培技术】

1. 苗木繁育

流苏可以用种子、嫁接、扦插、压条等方法繁殖，其中，最常用的是种子育苗和扦插育苗两种方法。

（1）种子育苗：

①采种与种子处理：选择树干端直，生长健壮，无病虫害的20~50年生结果树作采种母树。8~9月当果实由青白色渐变为蓝黑色时要及时采种。种子采回后浸水1天，或直接摊入室内后熟2~3天，然后揉搓、水洗，淘出纯净种子，置通风阴凉处晾干，忌阳光曝晒。流苏种子为深休眠种子，常于秋季直播，也可沙藏过冬待翌年春季播种。沙藏应在室外进行，应经常检查沙坑湿度，并注意防止鼠害。

②整地与播种：选择深厚肥沃、排灌方便的砂土和砂壤土地作育苗地。冬前深翻不耙，开春浅耕细耙，施足底肥。作成高床，床面宽50~60cm，床高15~20cm，垄沟宽30cm左右。春播于3~4月进行，当沙藏种子有20%~30%破肚露白时即可播种。采用条播，一床双行，行距30~40cm，播种沟深2~3cm，将沙藏过的种子均匀地撒在播种沟内，然后盖细土1~2cm，再覆草或覆地膜。每667m^2播种量15~20kg。流苏种子出苗期长，保持土壤湿润非常重要，如遇天气干旱，可以从垄沟内透浇，忌大水漫过床面。造成土壤板结而影响出苗。秋播一般于10~11月进行。播种沟深4~5cm为宜，播种量也宜适当加大至20~25kg。冬季上大冻前应浇1次封冻水，以保护种子安全过冬；出苗前要扒去一层过厚的覆土，以利出苗。

③苗期管理：流苏种子播种后发芽非常缓慢，一般情况下，需经过1~2（3）年才出土发芽。种子沙藏6个月后可出现胚根，但长度仅有0.2~0.5cm；胚根伸出120天后，可出现三级侧根，主根长达10cm以上，但多数种子仍不见胚芽或子叶出现。针对流苏苗木的生长特性，在管理上应注意中耕除草，除草宜铲草不宜锄草，松土宜浅不易深，以免切断苗木根而影响苗木成活。流苏1年生苗木喜阴湿环境，应在苗木出土后的6~8月用50%透光率的遮阳网遮荫，

8 月底至 9 月上旬可逐步撤去遮阳网。流苏为喜水肥树种，在苗木旺盛生长的 5 ~ 7 月应加强水肥管理，应每间隔半月施 1 次氮肥，每 $667m^2$ 可施入尿素 10kg/次，施肥后应浇 1 次透水。流苏 1 年生苗高大多只有 5 ~ 10cm，个别苗高可达 30 ~ 50cm。

（2）扦插繁殖：流苏扦插分硬枝扦插或嫩枝扦插。

①硬枝扦插：硬枝扦插一般于秋季 10 ~ 11 月或春季 2 ~ 3 月进行。选幼龄树上的 1 年生健壮枝作插穗，插穗长 10 ~ 12cm，粗0. 5 ~ 1. 5cm，上口平剪，下口斜剪。插穗剪好后，每 100 根扎成 1 捆，将下端放入 ABT 生根粉 1 号 100mg/kg 溶液中浸泡 12h，浸泡深度 3 ~ 5cm，然后扦插。扦插可于日光温室或小拱棚内进行。如在日光温室内可于插床上另支一小拱棚，基质可以用肥沃园土、泥炭土或园土与泥炭、蛭石等的混合物。直插，株行距 4cm × 5cm，插入深度约为插穗的 2/3，插后按实，并淋透水，水分下渗后随即支拱棚，插穗生根期间，应及时补充插床水分，并通过加盖草苫、通风透气等办法，使插床温度控制在 15 ~ 30℃之间，前期宜低，后期宜高。当插穗生根发芽后，应逐渐揭除棚膜，并经常喷雾保持苗床湿润。扦插成活率可达 70% 以上，当年生扦插苗高可达 30 ~ 80cm，下一年开春即可分植培养大苗。

②嫩枝扦插：一般于 6 ~ 8 月进行。选当年生半木质化枝条作插穗，剪成 15 ~ 20cm 长，上部留 2 ~ 3 叶片，用 100mg/kg 浓度的 ABT 生根粉 1 号溶液浸泡插穗下部 0. 5 ~ 1h，随即扦插于沙床。扦插在全光照下进行，插床配备全自动间歇式喷雾设备。插后 30 ~ 40 天可生根。生根后，每间隔 10 天左右叶面喷施 1 次 0. 2% ~ 0. 3% 的尿素溶液。至秋后，苗高可达 10 ~ 30cm，翌春可分植圃地继续培养。

2. 栽培技术

流苏树虽对土壤适应性强，但在肥沃深厚且排水良好的土壤上生长快，开花多。流苏一般于 2 ~ 3 月移植，幼苗及 3cm 以下中等苗需带宿土移植，大苗或大树需带土球。大穴种植，施足底肥，每穴可施腐熟有机肥 10 ~ 15kg。栽后浇透水，随后可视天气干旱情况，再浇水 1 ~ 2 次可保成活。

定植后每年应在发芽前、开花前各浇 1 次水，夏秋季根据具体情况适时浇水，雨季还应注意排涝。每年秋末冬初，应在苗木周围开环状沟施肥，每株施腐熟有机肥 10～15kg，覆土后浇透水。

每年的冬春季节应对定植苗木进行适度的整形修剪。修除过密枝、病虫枝和细弱枝，对主干形成影响的竞争枝也应短截或疏除。流苏苗期主干细长柔软，易弯曲，必要时应绑棍支撑，以培养端直树干。

【适生范围】

流苏为河南的乡土树种，河南各山区是流苏的集中分布区。因此，流苏对河南全省各地的土壤和气候条件均有很好的适应性，可以作为园林观赏树种，在全省城镇生态建设中广泛应用，可选作行道树、庭院树、风景树等种植。

五十、金丝楸

〖别名〗楸、楸树

〖学名〗*Catalpa bungei* C. A. Mey.

〖科属〗紫葳科、梓树属

楸树是我国特有的名贵树木，素有“木王”之称，只有近代才引入日本、美国及欧洲各国。楸树在我国已有3000多年的栽培历史，尤其在西汉时期，楸树在我国中原、华北、西北的广大区域栽培状况已盛极。至20世纪中期，由于过度采伐利用和缺乏科学的发展规划，使楸树资源极度匮乏，跌入珍稀，许多地区濒临灭绝。

【引种与开发价值】

楸树是我国传统的珍贵用材树种之一。其木材为环孔材，深灰色带黄色；质地坚韧细密，纹理通直美观，有光泽；易干燥，收缩率低，不翘不裂；耐水湿，耐腐性强，不易虫蛀；抗压，抗弯，抗拉强度大，抗冲击，韧性强，力学性质好；切面光滑，钉着力适中，不劈裂，油漆、胶粘性良好，加工性能佳。楸树木材用途广泛，历来是建筑、模具、车船、乐器、雕刻工艺、室内装修等方面的优良用材。

楸树树姿优美，高耸挺拔，花色紫白相间，繁花锦簇，花香溢人，具有很高的观赏价值；楸树对城镇厂矿有害气体还具有较强抗性，所以，是城乡生态建设中重要的观赏树种和园林绿化树种。楸树干高、冠窄、根深、寿命长、抗风力强，是华北平原地区农林间作和农田防护林的优良树种，豫西一带农民历来乐于把楸树植于田埂地边，是一种自然和谐的农林复合系统。

楸树花可炒食，叶可作饮料，树皮、叶和种子药用，可以治疗皮肤病，能除脓血，生肌肤，长筋骨，还能消食，止咳等；果清热利尿，可治尿路感染、尿路结石、疮疖等。

从宏观上看，发展楸树生产可以有效缓解我国速生用材树种单一，珍贵用材树种比例失调的矛盾，可以相对满足工农业生产和人民生活对珍贵高档材日益增长的需求，还可以从根本上拯救楸树这一珍贵濒危树种资源，保护我们的生物多样生。

【形态特征】

落叶乔木，高达30m，胸径达60cm。树干通直，树冠窄长。树皮灰褐色，浅而细纵裂，老年树干上具瘤状突起。小枝灰绿色，无毛。叶三角状卵形或卵状长圆形，长6~15cm，宽6~12cm，先端长渐尖，基部截形、宽楔形或心形，全缘或幼树之叶常浅裂，有时近基部有3~5对尖齿，两面无毛，背面脉腋有紫色腺斑；叶柄长2~8cm。顶生伞房状圆锥花序，有花2~12，被毛。花冠钟状二唇形，白色至淡粉红色，长2~3.5cm，内面具紫红色斑点。蒴果长25~50cm，径5~6mm。种子窄长椭圆形，具长毛，连毛长3.5~5cm。花期4月，果熟期7~8月。

【地理分布与生境】

金丝楸广泛分布于华北、华东、西南和西北南部地区，但以河南、陕西、山东、江苏等地分布最为普遍。多分布于海拔1000m以下的中低山区及浅山丘陵地区，在陕西淳安县最高分布海拔1000m，在河南卢氏、西峡县分布海拔最高达1400m，在江苏、山东分布海拔多在500m以下。在黄土高原及其沟壑、盆地及平原也有分布，在山沟、山坡中下部、山麓、沿河两岸、梯田地埂及平原四旁最为常见。

自20世纪80年代末期，随着市场经济的发展和城乡生态建设的推动，金丝楸迎来了高速发展时期，继河南省林科院培育出豫楸1号（速生光皮楸）以后，河南省以周口、洛阳、郑州等为中心的金丝楸苗木繁育和推广工作全面开展，面积达数万亩之多，推广种植范围达华东、华北、西北、华中等地区，几乎涵盖大半个中国。

【生物学与生态学特性】

金丝楸喜温暖湿润气候，不耐严寒，不耐干旱和水湿，在平均气温 10～15℃，年降水量 700～1200mm 环境条件下，生长良好，以黄河以南、长江流域及华东沿海地区金丝楸生长最为适宜。在我国北部及西部气候寒凉且干旱的地区，金丝楸虽能生存，但生长发育迟缓。金丝楸系深根性树种，主根明显，喜深厚、肥沃、湿润、疏松的微酸性土、中性土、微碱性土和钙质土，能耐轻度盐碱，在河南黄河沿岸土壤含盐量达 1%，pH 值达 8.4 的盐碱土上生长良好。金丝楸在干旱瘠薄的砂土，结构不良的黏土及土层薄、砾石多，保水保肥性差的土壤上生长不良，且易形成小老树；在重盐碱地及地下水位高于 0.5～1m 的低洼地均生长不良，甚至不能成活。金丝楸为喜光树种，1 年生幼苗稍耐庇荫，2 年生以后则需要充足光照。在自然状态下，金丝楸多呈散生，单行或小片状分布，与其他树种混生时，则常位于林冠上层。金丝楸对二氧化硫、氯气等有毒气体具有较强抗性，还有较高的吸滞灰尘、粉尘能力。

在河南，金丝楸于 3 月中旬进入芽子膨大期，3 月下旬至 4 月上旬为发芽期，4 月上旬至 4 月底为金丝楸抽枝展叶期，4 月下旬至 5 月上旬为始花期，花期共 18～20 天，单朵花开约 4～5 天，10 月下旬开始落叶，历时 1 月余，至 11 月下旬落叶完毕，金丝楸在河南地区年生长期约 250 天。金丝楸从萌芽到落叶，树高年生长特点是：开始早，持续时间长，从 4 月下旬开始，一直持续到 9 月中旬，以高温高湿的 6～8 月生长最快，没有春秋梢现象。直径生长以 7～9 月为最快。

金丝楸具有自花不孕特性，为异花（或异株）授粉植物，单株或同一无性系种植在一起，虽繁花似锦，但常常不能结实或很少结实。

金丝楸在阔叶树种中为生长速度中庸偏慢的树种，但在幼龄期或某些优良类型的生长速度却较快，如自然生长的 30 年生金丝楸，一般树高可达 15m，最高可达 20m，年平均生长量达 62cm；树高生长较快时期在 8～24 年间，28 年后显著下降。一般胸径可达 30cm，最大可达 50cm，年平均生长量达 1～1.5cm，胸径生长较快时期出现在 10 年以后，且一直持续很长时间。经过人工选育的优良金丝楸单株和类型大多具有早期速生的特点，如据我们对豫楸1号的栽培及测定：圃地1年生嫁接苗平均高生长可达3m，平均地径可达3.5cm；4年生嫁接苗平均树高7.5m，平均胸径达11.3cm；18年生市区行道树平均树高14.6m，平均胸径26.7cm，最大胸径达38cm。

【栽培技术】

1. 苗木繁育

金丝楸苗木培育主要有种子育苗、嫁接育苗和埋根育苗等几种。

（1）种子育苗：一般采用塑料拱棚播种后移栽的方法进行。主要包括：采种、种子处理、催芽、播种、大田移栽培养等几个环节。

①采种：选择15～40年生生长健壮的中龄树作为采种母树，当金丝楸果实由黄绿色变为灰褐色，顶端微裂时，要及时采种，忌早采或迟采。果实采摘后，置通风阴凉处晾干，敲打使果荚裂开，收集干净种子，放入布袋内于通风干燥的室内保存。金丝楸每蒴果有种子80～100粒，种子千粒重3.33～3.57g，1kg种子粒数约28万～30万粒。

②种子处理：播种前，将干藏的种子取出，用筛选及手工拣除等方法净种，清除秕粒、坏粒及杂物。然后将干净种子放入容器内，用0.1%的高锰酸钾溶液浸泡1～2h，捞出用清水冲净后待用。

③催芽：将处理过的种子与干净细湿河沙按1∶2～3的比例充分拌匀后，置于温暖处催芽。种堆下要垫一层砖块以利透水透气，种堆上应覆盖1层塑料薄膜，夜间可加盖草苫，种堆厚度以20cm为宜。每天可上下翻动1次，以利受热均匀，发芽整齐。约经5～7天，当有30%左右的种子露白时即可播种。

④播种：选地势平坦，排水良好的地方建塑料拱棚，棚高50cm，床面宽80～100cm，长度不限，床面铺10～15cm厚过筛的营养土，床土铺填好后，用1%的多菌灵溶液消毒。播种期以3月上中旬为宜，采用横行条播，行距8～10cm，播幅宽5～7cm，开沟深1cm左右，沟底要平。1次性喷透水后，将种子均匀撒播于沟内，播量800～1000粒/m^2，播后用过筛的细土覆盖，厚度0.2～0.3cm，随即覆盖塑料薄膜，用土将四周封闭严实。播后7天左右可见苗，13

天左右出齐苗，场圃发芽率可达95%。小苗期不需浇水，至3月底4月初温度升高后，要于中午前后放风，以通风散热。

⑤大田移栽培养：当小苗培养至4月中下旬，约长出4~6片真叶时，可揭开薄膜炼苗数日，即可进行大田移植。大田采用平畦或高垄种植均可，株行距50cm×45cm，每667m^{2}移栽密度约2960株。移苗时要做到随喷透水、随起苗、随移栽、随浇定根水，移苗最好在阴天进行，晴天则必须在下午进行，做到这几点，移苗成活率可达95%以上，且返苗快，生长整齐。

（2）嫁接育苗：嫁接育苗是现代金丝楸繁育的主要方法，它既可以克服金丝楸自花不孕，种源稀少的困难，又可以保护优良品种或类型的性状，达到优质丰产的目的。

金丝楸嫁接最常用的方法是木质芽接或劈接两种。选择生长健壮的1年生梓树苗作砧木，要求地径1~1.5cm；选择金丝楸实生苗或优选品种营养苗上1年生枝作接穗。嫁接时间一般在春季3月下旬至4月上旬金丝楸发芽前进行，也可于秋季8月下旬至9月进行。金丝楸是嫁接易成活的树种，操作得当，成活率一般可达95%以上。

（3）埋根育苗：由于金丝楸根蘖性强，所以埋根也是其常用繁育方法之一。

①种根采集及沙藏：种根宜选自1~2年生幼树的肉质根，径粗以0.5~1cm为宜，根穗长以10~15cm为好。采根时间可于秋末冬初进行，也可结合起苗时采根，剪截后按50~100根1捆扎好进行沙藏。沙藏方法是：在排水良好的地方挖深、宽各1m的沙藏坑，长度视种根而定，坑底铺20cm厚的细河沙，上面将成捆的种根大头朝上码放整齐，一层种根覆一层细沙，种根之间空隙也要填充细沙，最上面覆一层30cm厚的细河沙，中间插上草把，以利透气。沙子含水量以18%左右为好。

②温床催根：采用温床催根可以克服楸根发芽迟缓且出苗不整齐的缺点。方法是：在背风向阳、排水良好的地方建催根温床，床宽100cm，长度视种根多少而定，床内下挖20cm深，床四周筑25cm高的围墙，整体呈南低北高，倾角约15°左右。先在床底铺5cm厚的

麦糠、牛粪和人粪尿的混合物，其上再铺5cm厚的营养土，灌透水，踏实后排放种根。种根要大头朝上，间隙用营养土填充，种根上再覆营养土3～5cm，大水浇透。待水下渗后覆盖塑料薄膜。催芽一般于2月中、下旬进行，约经过30～40天，即到3月下旬前后，当种根刚萌发幼根时，即可移入大田。

③大田埋根：采用高垄整地作床，垄高15～20cm，垄面宽60～70cm，一垄双行，按株行距40cm×55cm将催好根的金丝楸根穗直埋土中，顶端与地面平，上封1个5～8cm高的小土丘，然后覆盖地膜。当苗木发芽时，破膜露芽，培土压实，以后转入正常管理。每667m^{2}育苗3000株左右。

2. 造林技术

（1）造林地选择：造林地的选择是造林成败的关键。就大的地貌而言，金丝楸宜选择平原、黄土丘陵及海拔800m以下的中低山地作为造林地；就小地形而言，金丝楸适宜于耕地、四旁、山谷、山脚、低山缓坡、高原沟壑、梯田地埂、溪旁河岸等，同时，要注意选择温暖湿润的小气候环境。

（2）造林方法：首先是整地，对农林间作、四旁植树等一般采用穴状整地，栽植穴呈圆形或方形，深50cm，穴径50～60cm；在山区或丘陵区造林，可采用鱼鳞坑、反坡梯田、水平沟等整地方法。造林一般采用植苗造林，苗木一般用1～3年生苗木；造林季节以春季2～3月或秋季10～11月均可；造林密度因林种而异，生态林2m×3m至3m×4m为宜，用材林以3m×3m至6m×6m为宜，间作林以3m×5m至5m×8m为宜，密度大的可间伐1～2次。

（3）抚育管理：

①接干：为了培育优良的高大干材，金丝楸造林后进行接干是必要的。接干的方法一般有剪梢、抹芽和打边梢三道程序。

②施肥：于春季2～3月施一次有机肥；于树木生长前期的4～5月和生长高峰期的6～8月分别施尿素1次和2次，施肥量视树龄大小而定，3～5年生树以全年100～500g/株为宜，以穴施为主。

③灌溉与排水：在有浇水条件的造林地，应于每年春季浇1次

发芽水，春夏之交浇1次抽枝发叶水，冬季树木落叶后浇1次封冻水，在夏秋两季，应做好防涝排水工作，以免引起金丝楸烂根或死亡。

（4）病虫害防治：金丝楸的病虫害主要有楸螟、楸根瘤线虫、大袋蛾、泡桐叶甲、泡桐灰天蛾等几种，以楸螟和根瘤线虫危害最为严重。

楸螟为广布性害虫，以幼虫钻蛀嫩梢，使被害部位呈瘤状突起，严重时被害株率达90%～100%，尤以幼树和苗木受害最重。在防治措施上，首选对新发展地区要加强检验检疫，严格控制带虫苗木进入；其次，在冬春季彻底剪除虫枝烧毁，并在第1代和第2代幼虫发生盛期，每隔3～5天检查一次，剪除被害梢；第三，在4月下旬至5月上旬，每隔7～10天喷洒1次40%氧化乐果2000～3000倍液、50%杀螟松或90%敌百虫1000倍液，以杀灭成虫或初孵幼虫，连续防治2～3遍，效果很好。

楸根瘤线虫是一种广寄主病害，危害多种林木或果树，严重时被害株率往往达80%以上，常形成“小老树”林，损失严重。表现症状是：根上单生或伴生许多小瘤状突起，瘤内有1至数个白色颗粒状雌线虫，植株地上部分生长停滞、矮小甚至枯死。在防治措施上，以预防为主，尤其要加强检疫，禁止带病苗木进入无病区；对已发生苗圃，可于育苗前采用80%二溴氯丙烷乳剂对苗圃进行熏杀，或在苗木生长期，于苗木行间开沟，用二溴氯丙烷200～300倍液浇沟后封实，也有一定效果。

【适生范围】

河南是金丝楸的中心分布区、适生区和现代种植中心区，除豫南的低洼易涝地，豫东黄河沿岸的重度盐碱地及豫西、豫西北山区的干旱瘠薄土地外，全省大部分地区均可种植。可作为城乡园林绿化、农田防护林、四旁林、速生丰产林等的优良树种推广应用。

五一、香果树

〖别名〗丁木、大叶水桐子

〖学名〗*Emmenopterys henryi* Oliv.

〖科属〗茜草科，香果树属

【简介】

香果树是我国特产的单种属植物。起源于距今约1亿年的中生代白垩纪，历经沧桑，幸存至今，有“活化石”之称。香果树最初发现于湖北宜昌地区海拔670～1340m的森林中。英国植物学家威尔逊（E. H. Wilson）在他的“华西植物志”中，把香果树描述为“中国森林中最美丽动人的树”。香果树也是我国的珍稀濒危树种之一，在《中国植物红皮书》中被定为稀有种；在1992年国家林业部公布的《国家珍贵树种名录》中，被列为国家一级珍贵树种；在1999年国务院公布的《国家重点保护野生植物名录》（第一批）中，被列为国家Ⅱ级重点保护野生植物，

【引种与开发价值】

香果树是优良的用材树种。其木材为散孔材，黄白色至黄褐色，有光泽，纹理通直，结构细密均匀，重量轻，气干容重0.513g/cm^3；质轻软，弹性好，干缩小，易干燥，不翘裂，切削容易，切面光滑，油漆及胶粘性能良好，唯钉着力较差。是建筑、家具、细木工艺、雕刻、模型及室内装修、胶合板的良好用材，被产区木工师傅誉为“独一无二，寸木寸用，无半点浪费”的上好用材。

香果树还是一种珍奇的园林景观树种。其树体通直高大，树姿雄伟壮观；冠大荫浓，枝叶茂密，叶片大型，叶色浓绿，叶面光亮；花黄萼白，形成“玉叶金花”一般奇观；果形奇特，红褐色纺锤形蒴果尾部托1宿存的大苞片，似尾似翅。夏秋时节，翠绿的树叶与

奇特的花果交相辉映，令人叹为观止。

【形态特征】

落叶大乔木，高达30m，胸径达1m余。树皮灰褐色，鳞片状剥落。小枝淡黄色，无毛或近无毛。单叶对生，近革质，宽椭圆形、宽卵形或卵状椭圆形，长6~30cm，宽6~10cm，先端急尖至渐尖，基部圆形或宽楔形，上面无毛或微被糙伏毛，下面淡绿色，被柔毛或无毛，脉腋有簇生毛；叶柄长2~6cm，被柔毛，常红色。聚伞圆锥花序顶生，长7~17cm；花大形，黄色，芳香；花萼钟状，其中扩大的1萼片宿存于果上。蒴果长椭圆状卵形或窄椭圆形，长3~5cm，直径1~1.5cm，有细棱，成熟时红色，呈2瓣状裂。种子多数，具宽翅，种皮海绵质，种仁细小。花期8~9月，果熟期9~10月。

【地理分布与生境】

香果树自然分布于河南、陕西、甘肃、四川、云南、贵州、湖北、湖南、江西、安徽、江苏、浙江、福建等省，通常分布在海拔500~1500m的深山、沟谷的落叶阔叶林或常绿落叶阔叶混交林内，香果树分布最低海拔在河南桐柏山300m左右，在云南最高海拔可达1600m。香果树是亚热带树种，河南是其分布的北界，在大别山、桐柏山和伏牛山南坡均有零星分布，多生长于海拔300~1000m的中低山区的阴坡或半阴坡的山谷、溪流两旁及乱石堆中，以桐柏山区分布较为集中。据我们实地调查，香果树在桐柏山主要分布于沟谷溪流两侧30~50m内，或无长年流水的沟谷坦地，海拔高度在300~900m之间。在区内数十条大型沟谷及上百条小沟谷内大多都有香果树分布，或成片分布形成优势群落，或零星散生于落叶阔叶林内。群落调查可知，在400m^2样地内，分布有各规格香果树75株，为群落的优势种。伴生乔木有北枳椇、盐肤木、君迁子、大叶朴、山樱桃、黄檀、臭椿、野胡桃等；伴生灌木有大叶朴、山胡椒、钓樟、野珠兰、稠李、棣棠、大叶铁线莲等；伴生草本有普通凤丫蕨、贯众、悬铃木叶苎麻、金线草、太子参、糙苏、韩信草等；层间植物有三叶木通、华中五味子、葛等。

【生物学与生态学特性】

香果树的生态适应性较强。喜温暖湿润气候，天然分布区为湿润和半湿润气候类型，年平均温度为 14～22℃，年降水量为 800～2000mm，一般集中于5～8 月，相对湿度约70%～85%。喜深厚、肥沃、湿润的砂壤土，但对土壤要求不严，在微酸性、中性至微碱性土上均能正常生长，在岩石裸露、土层浅薄的山涧石缝或乱石堆的冲积滩上均能扎根生长。香果树为中性偏阳性树种，幼苗耐庇荫，成年大树较喜光，自然分布的香果树常生长于阴坡和半阴坡，喜生于空气湿度大，日照短，地形切割深的山腰、沟谷及溪旁等。

香果树为浅根性树种，幼苗有主根或无主根，大树主根不明显，但侧根发达，呈水平状分布，侧根大多分布于 20～50cm 土层中。香果树根及根茎部分具有较强的萌芽力和成枝力，在大树被砍伐后，根茎部萌条丛生；当侧根裸露或较浅时，常萌生许多根蘖苗，形成“独木成林”的独特现象，这也是其无性更新的主要方式。天然下种更新困难，在郁闭度大的林分内未见种子更新小苗，只有在疏林内或有光照的沙石滩、林缘偶能见到实生苗。

天然林中香果树生长速度中等，寿命较长。据新县连康山 27 年生香果树解析木资料：树高 13.3m，胸径 15.2m，材积 0.1240m^3。树高连年生长量 10 年生时达最大值，达0.68m；胸径连年生长量 20 年生时达最大值，为 0.72cm。香果树一般幼龄（10～20 年）生长快，以后逐渐减缓。而材积生长可以长期保持快速增长，故可以培育大径级用材。

【栽培技术】

1. 苗木繁育

（1）种子育苗：

①种子采集与贮藏：于 9～10 月，当果实逐渐由绿变红褐色时应及时采收，采集最好用高枝剪连果序一并采回。然后置通风干燥处阴干，再用小棍轻轻敲打使种子散出，拣除残存果皮、苞片等杂质，将净种装布袋置通风干燥处保存。据测定，香果树种子千粒重为 0.76g，每千克有种子 131.58 万粒。

②圃地选择与整地：选择地势平坦，土层深厚、肥沃，排灌方便的砂壤土作育苗地。冬前要深翻冻垡，每 667m^2 施入腐熟有机肥 3000kg。播种前半月结合整地，每 667m^2 再施入复合肥 50kg，并用呋喃丹、退菌特和硫酸亚铁对圃地进行杀虫和消毒。育苗床整成平畦，畦面宽 80～100cm，畦埂宽 30～40cm，畦埂比畦面高出 10～15cm，土壤细碎，畦面整平。

③催芽与播种：播种于 3 月上中旬进行。播种前 7～10 天，将干藏种子取出用 30～40℃的温水浸泡 12h，捞出，放入 0.5%的高锰酸钾溶液中浸泡 1h 进行消毒，消毒后用清水冲洗干净，控水备用。将种子与干净细河沙按 1∶2 的比例充分混匀，置背风向阳处催芽，可建北高南低的阳畦，也可置朝阳的南墙根处；种子厚度以 10～15cm 为宜，种子下垫砖或稻草苫，以利排水透气，上覆塑料薄膜，晚上或阴雨天膜上要加盖草苫保温。每天上下翻动 1～2 次，并适时补充水分。约 7～10 天，当有少量种子露白时即可播种。播种采用平畦撒播。播前将畦面灌透水，待水下渗后及时撒播，每 667m^2 播种量 0.5～1kg，播后用过筛细土覆盖到不见种子为度，然后在畦面支小拱棚。

④苗期管理：播后 15～20 天苗木陆续出土。苗木出土后，应随即搭荫棚遮荫。香果树幼苗生长十分缓慢，两片子叶期长达 3 个月之久。苗子细小，肉眼难辨，整个圃地地面像长了一层苔藓，这一时期漫长而艰难。在管理上要及时拔除杂草；要适时喷水灌溉，忌大水漫灌；每间隔 10～15 天喷洒 1 次多菌灵、甲基托布津或退菌特等杀菌剂，以预防病害的发生；要经常观察地老虎和蝼蛄的发生情况，如发生可用 90%敌百虫拌麦麸撒入苗床进行毒杀。7～9 月是香果树苗木的速生期，要适时间苗、定苗，每平方米留苗 100～130 株为宜；要及时松土除草，松土宜浅；加强水肥管理，7～8 月以氮肥为主，进入 9 月要控制氮肥，多施磷钾肥，促使苗木木质化。

当年生苗木平均高度可达 15cm，平均地径达 0.6cm，每 667m^2 可出苗 4 万～5 万株。在河南沿黄地区 1 年生香果树苗虽自然封顶良好，但仍需扣棚保护方可安全越冬。

（2）扦插育苗：香果树扦插育苗主要有硬枝扦插和插根（埋根）两种方法。

①硬枝扦插：硬枝扦插可于冬初10～11月或春季2月上中旬进行。选择2～3年生实生苗或自然林中萌蘖苗的1年生枝条作插穗，插穗长8～12cm，粗0.5～1cm，上部平剪，下部剪成马耳形。插穗剪好后，每50根或100根扎成1捆，将基部对齐放入浓度200mg/kg的ABT生根粉1号溶液内浸泡0.5h，随即扦插。采用直插法，入土深度约占穗条的2/3左右，插后浇1次透水，株行距以10cm×20cm为宜，每平方米插穗50根。插后随即支小拱棚，棚上架遮阳网。扦插后至苗木发芽前这段时间不能过多浇水，只要土壤湿润即可，以防烂穗；苗木发芽后至生根前，应保证水分供应，以早晚喷水为宜，以维持苗木的水分平衡。冬前扦插的于春季3月底至4月初即可发芽生根，早春2月扦插的要到4月底至5月初才能发芽生根。管理得当，当年生苗高可达30～40cm，地径可达0.6cm。扦插成活率可至70%以上。

②插根（埋根）育苗：由于香果树根蘖性强，根蘖苗是其自然更新的主要方式，故插根繁殖也是其主要的繁殖方法。选择20年生以下的健壮幼龄树作采根母树，于春季2月上、中旬在母树外围采挖根穗，根穗粗度0.5～1.5cm，长度10～15cm为宜。剪好后用100mg/kg浓度的ABT生根粉浸泡根穗下部24h，随即扦插。扦插在日光温室内进行，采用斜插，扦插深度为根穗的2/3至3/4，株行距5cm×10cm，插后浇透水，加小拱棚保湿增温。扦插后约50～60天根穗开始发芽、生新根。正常管理，当年生苗高可达50cm以上，地径可达0.5cm，在圃地培育1年，第2年可移出培育大苗。扦插成活率至80%以上。

2. 栽植技术

（1）造林技术：香果树造林一般用2～3年生苗栽植，采用穴状整地，栽植穴规格为50cm×50cm×40cm，种植时间可于秋末冬初的10～11月或春季2～3月均可，种植密度以2m×2m为宜，每667m^2种植167株。山区造林最好与枫香、湖北枫杨、青檀等速生树种混交，但伴生树种比例不能超过30%，当林分郁闭后，逐年伐去伴生树种。抚育管理除松土除草外，应经常修剪，维持主干的优势地位。

（2）病虫害防治：病虫害防治是香果树引种栽培成败的关键。尤其是病害，一旦发生，则蔓延迅速，常引起成片死亡或造成全军覆没。据我们多年观察，在郑州地区对香果树危害最重的是根腐病和疫霉病，主要病原菌有镰孢菌属的腐霉菌和丝核菌等，属于土传病菌，种类多，分布广泛，用药物防治非常困难，应以育苗技术措施预防为主。如搞好立地选择，细致整地，消毒土壤，适时播种，合理施肥，及时排水，中耕除草等，使苗木生长健壮，增强抵抗力。药物防治，可于5月中下旬开始，每间隔7天左右，用70%多菌灵500~750倍液，70%托布津800~1000倍液喷洒1次，连续预防4~5次，可取得较好的效果。

【适生范围】

香果树可作为河南省伏牛山主脊－淮河一线以南海拔1000m以下的中低山区的速生造林树种，也可培育大苗，广泛应用于全省各地的城市绿化中。在造林及绿化配置时，应充分考虑立地条件的选择，应选择背风向阳、温暖湿润、土层深厚肥沃的小环境。

五二、猬　实

〖别名〗千层皮

〖学名〗*Kolkwitzia amabilis* Graebn.

〖科属〗忍冬科，猥实属

猬实是我国特有的单种属植物，因果实密被刺刚毛，状如刺猬而得名。由于自然界分布范围狭窄，野生资源稀少，分类地位特殊，在2005年1月4日河南省人民政府公布的《河南省重点保护植物名录》中，猬实被列为河南省级重点保护植物。

【引种与开发价值】

猬实系我国特有的单种属植物，又属于我国西北至秦岭山地植物区系的古老残遗成分，起源于古北大陆南部，远在第三纪以前，即已形成和发展，成为分类上孤立、形态上特殊的种类，对于研究我国古代植物区系有一定的科学价值。

猬实花色娇艳，开花繁密，花团锦簇，是一种具有很高开发价值的观赏花灌木。20世纪初即被美国引种栽培，被誉为“美丽的灌木”，现在世界上许多国家广泛引种用于庭院美化，但我国应用尚少，应加速培育和发展。

同时其茎干通直，材质坚硬细密，去皮后光滑洁白，适宜雕刻美丽图案，是开发高级手杖的优等原料。

【形态特征】

落叶灌木，高达3m。老枝外皮呈薄纸状层层剥落，故俗称其为“千层皮”；幼枝显红褐色，被柔毛。单叶对生，叶片椭圆形至卵状矩圆形，长3~7cm，宽1.5~3cm，先端渐尖，基部近圆形，边缘具疏浅齿或近全缘，两面散生短柔毛，脉上和边缘密被长柔毛和睫毛，叶柄长1~2mm，无托叶。伞房状聚伞花序生于侧枝顶端；每两花的萼筒下部合生，萼筒被短柔毛；花冠钟状，长1.5～2.5cm，粉红色至紫色，喉部黄色，先端5裂，其中2片较宽短；雄蕊4，2强；两枚瘦果状核果合生，外被刺状刚毛，各冠以宿存而伸长如角的萼裂片，有时其中1个不发育；子房3室，常1室发育。果梗及果皮均密被刺刚毛，状如刺猬。花期4～5月，8～9月果熟。

【地理分布与生境】

猬实为暖温带植物。主要分布于我国中部及西北部的河南、甘肃、陕西、山西、河北和湖北等省。河南省的济源、灵宝、栾川、嵩县等山区有零星分布，以济源市黄楝树林场为最多，有成片生长。生于海拔300～1200m的林缘、疏林地或灌木丛中。由于猬实多分布于低山区，人为活动频繁，樵薪砍柴，过度放牧，植被破坏严重，群落生态环境严重退化，再加上更新困难，致使植株逐渐稀少，成为濒危植物。

近20年来，河南、河北、山西及北京等地都对猥实进行了引种栽培，并已在华北中南部的城市园林绿化中推广应用，生长表现和景观效果良好。

【生物学与生态学特性】

猬实为旱生至中生性植物，较耐寒。中心分布区气候属冬春干燥寒冷，夏秋炎热多雨的半湿润半干旱区。年降水量500～900mm，极端低温可达－30℃。猬实为喜光植物，在林冠遮荫下不能正常开花结实，生长衰弱以至自然枯死。猬实具耐干旱瘠薄土壤的特性，在相对湿度过大，雾期长的地方常生长不良，易遭病害。土壤多为富含钙质的褐土，在土层瘠薄、岩石裸露的山坡亦可正常生长发育；水湿地则根系容易腐烂。多在半阳坡地成片状分布，常与绣线菊、胡枝子、荆条、连翘、白鹃梅、荚蒾、太平花、溲疏等灌木混生。猬实果具刺毛，可随动物传播，但因种皮坚硬，空粒多，又常悬挂灌木草丛之上难以入土，或虽能落地但因表土干燥，不能满足其发芽所需条件，致使不易发芽成苗，因而天然下种更新苗很少，主要靠萌蘖更新，从而限制了其扩大和发展。

【栽培技术】

1. 育　苗

（1）种子育苗：

①采种与种子处理：8～9 月，待种子坚硬，完全变黄后及时采集，以防种子过度成熟脱落而难以采集。种子有仁率低，一般仅 20%～30%，分布的孤立木或单株则多为空粒。种子处理方法：一是采后直接播种；二是曝晒 2～3 天，放于干净麻袋中置于干燥通风处干藏，次年 3 月上、中旬播种前 20 天用 45℃温水浸种 5～7 天，然后用生豆芽法催芽；三是干藏种子冬季混雪冷冻 20～30 天，而后常规沙藏。于播前 15 天取出催芽。

②整地：选用浇水容易又不会积水的中性砂壤土地，上冻前，每 667m^2 施入有机肥 2000kg，加氮磷钾 2∶1∶2 的复合肥 100kg，进行深翻。于次年 3 月上、中旬播种前整成 1m×30m 的平畦待播，整畦时，可加入地虫净，防治地下病虫。

③播种：播前浇足水，待水渗下及时将沙藏或温水浸好的种子，均匀撒播于畦内，用种量 80g/㎡，播后覆盖过筛细土 0.5cm，而后扎拱棚盖膜，以增温保湿。

④苗期管理：因猬实种子出苗期长，且不整齐，进入 4 月中旬以后，还要在拱棚上用遮阳网遮荫。如土壤干燥，可适当喷细水。约一个月才能齐苗，而后于阴雨天去膜，再用遮阳网继续遮荫 2～3 周，待幼苗长至 3～5cm 高时去掉遮阳网，转入正常管理。去膜 30 天后，可用 0.2% 尿素水加 0.1% 磷酸二氢钾随浇水进行灌施或喷施。每月 1 次，至 9 月停止施肥。

如果管理得当，当年苗高可达 30～50cm，可发 3～10 个侧枝。

（2）扦插育苗：硬枝扦插于 10 月底落叶后进行。剪取当年生枝条，截成 20cm 长的枝段，每 100 根捆成一把，进行正规沙藏，第 2 年 3 月下旬进行荫棚扦插。适时浇水管理，成活率可达 80% 以上。嫩枝扦插于 5～8 月进行。剪取半木质化枝条，截成 12～15cm 的枝段，去掉下部叶片，插于精心整地的苗床上，用塑料拱棚加遮阳网，经常喷水保持苗床湿润，一个月即可生根，成活率可达 60% 左右，但生长速度和生长势远不如种子育苗，也不及硬枝扦插。

（3）大苗培育：2～3月，土壤解冻后，可用1年生小苗进行定植。栽前要整好地，施足底肥，打好畦，按株行距60cm进行移栽。从6月开始，每月施1次追肥，连施3次，并加强中耕除草。如管理得当，当年苗高可达1m，发头10～20枝，即可用于绿化。

3. 栽培技术

在城市及公园绿化中，宜按2m株行距成片栽植，可达到整体观赏效果。道路绿化可按2～3m株距种植，单行或双行均可，如能与月季、百日红、桧柏等花灌木有机搭配，使花季相互错开，更可达到常年观赏效果。

（1）整形修剪：猬实为丛生灌木，一般每丛留健壮枝条6～10个，其余疏除，逐步培养成总高1.5～2m，干高1.2m的灌丛。每年秋冬季疏除细弱和过密的侧枝，并回缩部分多年生枝，以保持健壮生长，达到最佳观赏效果。

（2）平茬利用：5～6年后于冬季进行平茬，将干形通直，粗度达到2～3cm、高度达到1.2m的枝干加工成各种工艺手杖，以取得最佳经济效益。平茬后的树墩次年萌芽可达1m，第2年即可开花结果，进入新的观赏期。

【适生范围】

猬实观赏效果好，生态适应性强，可以适应干旱瘠薄土壤和城市干热的气候条件，是一种应用广泛、发展潜力巨大的园林花木。可以在我国长江以北、北京以南广大地区的城市园林绿化中推广应用。

附录一　国家珍贵树种名录

(1992年10月发布)

一　级

中文名	拉丁学名	分　布
海南粗榧	*Cephalotaxus mannii* Hook. f.	海南、广东、广西、西藏
巨柏	*Cupressus gigantea* Cheng et L. K. Fu	西藏
银杏(原生种)	*Ginkgo biloba* L.	浙江
百山祖冷杉	*Abies beshanzuensis* M. H. Wu	浙江(仅存4株)
梵净山冷杉	*Abies fanjingshanensis* W. L. Huang, Y. L. Tu et S. Z. Fang	贵州
元宝山冷杉	*Abies yuanbaoshanensis* Y. J. Lu et L. K. Fu	广西
资源冷杉	*Abies ziyuanensis* L. K. Fu et S. L. Mo	广西
银杉	*Cathaya argyrophylla* Chun et Kuang	广西、湖南、四川、贵州
白皮云杉	*Picea aurantiaca* Mast.	四川
康定云杉	*Picea montigena* Mast.	四川
南方红豆杉	*Taxus chinensis* var. *mairei* (Lemmée et Lévl.)Cheng et L. K. Fu	华南、西南、及陕西
喜马拉雅红豆杉	*Taxus wallichiana* Zucc.	西藏
水松	*Glyptostrobus pensilis* (Staunt) Koch	广东、广西、福建、云南
水杉(原生种)	*Metasequoia glyptostroboides* Hu et Cheng	湖北、四川、湖南
秃杉	*Taiwania cryptomerioides* Hayata	云南、湖北、贵州
普陀鹅耳枥	*Carpinus putoensis* Cheng	浙江(仅存1株)
天目铁木	*Ostrya rehderiana* Chun	浙江(仅存5株)
伯乐树(钟萼木)	*Bretschneidera sinensis* Hemst.	浙江、江西、湖南、湖北等
膝柄木	*Bhesa sinensis* (H. T. Chang et S. Y. Liang) H. T. Chang et S. Y. Lrang	广西(仅存1株)
狭叶坡垒	*Hopea chinensis* Hand. Mazz.	广西
坡垒	*Hopea hainanensis* Merr. et Chun	海南
毛叶坡垒	*Hopea mollissima* C. Y. Wu	云南
望天树	*Parashorea chinensis* Wang Hsie	云南、广西
铁力木	*Mesua ferrea* L.	云南
大树杜鹃	*Rhododendron protistum* var. *glganteum* (Forrest ex Tagg) Chamberlain	云南
金丝李	*Garcinia paucinervis* Chun et How	广西、云南

（续）

中文名	拉丁学名	分　布
银叶桂	*Cinnamomum mairei* Levl.	四川、云南
降香黄檀	*Dalbergia odorifera* T. Chen	海南
格木	*Erythrophleum fordii* Oliv.	广西、广东、台湾
绒毛皂荚	*Gleditsia veatita* Chun et Wils.	湖南(仅存2株)
珙桐	*Davidia involucrate* Baillon	四川、湖北、湖南、贵州等
光叶珙桐	*Davidia involucrate* var. *vilmoriniana*(Dode) Wanger	(同上)
香果树	*Emmenopterys henryi* Oliv.	东南、华中、华南及陕西等
黄波罗(黄檗)	*Phellodendron amurense* Ruor.	大小兴安岭、长白山等
海南紫荆木	*Madhuca hainanensis* Chnn et How	海南
猪血木	*Euryodendron excelsum* H. T. Cheng	广西(仅存2株)
蚬木	*Burretiodendron hsienmu* Chun et How	广西、云南

二　级

中文名	分　布	中文名	分　布
篦子三尖杉	江西、广东、广西、湖南等	樟子松	大小兴安岭、内蒙古
岷江柏木	四川、甘肃	长白松	吉林
福建柏	浙江、福建、江西、广西等	兴凯湖松	黑龙江
秦岭冷杉	河南、湖北、陕西、甘肃	毛枝五针松	云南
大院冷杉	湖南	澜沧黄杉	云南、西藏
长苞冷杉	四川、云南、西藏	黄杉	湖南、湖北、四川、云南等
西伯利亚冷杉	新疆	长苞铁杉	福建、广东、广西、湖南等
黄枝油杉	广西、湖南、贵州	陆均松	海南
海南油杉	海南	海南罗汉松	海南
矩鳞油杉	广西	台湾穗花杉	台湾
柔毛油杉	广西	云南穗花杉	云南
太白红杉	陕西	白豆杉	浙江、江西、湖南、广东等
四川红杉	四川	东北红豆杉	黑龙江、吉林、辽宁
麦吊云杉	河南、湖北、四川、甘肃	长叶榧树	浙江、福建
大果青杄	河南、湖北、陕西、甘肃	羊角槭	浙江
西伯利亚云杉	新疆	云南金钱槭	云南
长叶云杉	西藏	蕉木	海南、广西
大别山五针松	安徽、河南	刺楸	东北、华北、华中、华南等
红松(原生种)	黑龙江、吉林	连香树	华北、西北、中南、西南
雅加松	海南	榆绿木	云南
喜马拉雅长叶松	西藏	四数木	云南
西伯利亚红松	新疆	青皮	海南

（续）

中文名	分　布	中文名	分　布
广西青梅	广西	大果木莲	云南
版纳青梅	云南	大叶木莲	云南
缙云猴欢喜	四川	巴东木莲	湖北、湖南、四川
杜仲	河南、陕西、甘肃、四川等	华盖木	云南
东京桐	云南	香籽含笑	广西、云南
台湾水青冈	台湾	水青树	华中、西北、西南
华南锥	广西、广东	观光木	华南、西南
蒙古栎	河北、山西、内蒙古、东北	麻楝	广东、广西、云南、贵州
长柄双花木	湖南、江西、浙江	红椿	华南、西南
喙核桃	广西、贵州、云南	见血封喉	云南、广东、广西、海南
核桃楸	东北、华北	云南肉豆蔻	云南
云南樟木	华中、华南、西南	水曲柳(原生种)	东北、华北
思茅木姜子	云南	锯叶竹节树	广西
闽楠	华东、华南、贵州	马尾树	贵州、广西、云南
浙江楠	浙江、江西、福建	钻天柳(原生种)	东北
滇楠	云南、西藏	野荔枝	海南、广东
楠木	四川、贵州、湖南、湖北	紫荆木	广东、广西、云南
版纳黑檀	云南	蝴蝶树	海南
花榈木	华东、华中、西南	野茶树	海南、贵州、广西、福建等
山槐(原生种)	东北、河北、内蒙古、山东	土沉香	广东、海南、广西、云南
红豆树	华东、华中、西南、陕西	滇桐	云南、贵州
长蕊木兰	云南、西藏	椴木(原生种)	四川、湖北、贵州、广西等
鹅掌楸	江南各省	榉木(原生种)	秦岭、黄河流域至华南、西南
厚朴	甘肃、陕西、湖北、四川等	云南石梓	云南
长喙厚朴	云南、西藏	石梓	云南、海南
香木莲	云南		

附录二　国家重点保护野生植物名录

（1999 年 8 月 4 日公布）

植物名称	保护级别
蕨类植物 Pteridophytes	
观音座莲科 Angiopteridaceae	
法斗观音座莲花 *Angiopteris sparsisora*	Ⅱ
二回原始观音座莲 *Archangiopteris bipinnata*	Ⅱ
亨利原始观音座莲 *Archangiopteris henryi*	Ⅱ
铁角蕨科 Aspleniaceae	
对开蕨 *Phyllitis japonica*	Ⅱ
蹄盖蕨科 Athyriaceae	
光叶蕨 *Cystoathyrium chinense*	Ⅰ
乌毛蕨科 Blechnaceae	
苏铁蕨 *Brainea insignis*	Ⅱ
天星蕨科 Christenseniaceae	
天星蕨 *Christensenia assamica*	Ⅱ
桫椤科（所有种）Cyatheaceaes spp.	Ⅱ
蚌壳蕨科（所有种）Dicksoniaceaes spp.	Ⅱ
鳞毛蕨科 Dryopteridaceae	
单叶贯众 *Cyrtomium hemionitis*	Ⅱ
玉龙蕨 *Sorolepidium glaciale*	Ⅰ
七指蕨科 Helminthostachyaceae	
七指蕨 *Helminthostachys zeylanica*	Ⅱ
水韭科 Isoetaceae	
水韭属（所有种）*Isoetes* spp.	Ⅰ
水蕨科 Parkeriaceae	
水蕨属（所有种）*Ceratopteris* spp.	Ⅱ
鹿角蕨科 Platyceriaceae	
鹿角蕨 *Platycerium wallichii*	Ⅱ

（续）

植物名称	保护级别
水龙骨科 Polypodiaceae	
扇蕨 *Neocheiropteris palmatopedata*	Ⅱ
中国蕨科 Sinopteridaceae	
中国蕨 *Sinopteris grevilleoides*	Ⅱ
裸子植物 Gymnospermae	
三尖杉科 Cephalotaxaceae	
贡山三尖杉 *Cephalotaxus lanceolata*	Ⅱ
篦子三尖杉 *Cephalotaxus oliveri*	Ⅱ
柏科 Cupressaceae	
翠柏 *Calocedrus macrolepis*	Ⅱ
红桧 *Chamaecyparis formosensis*	Ⅱ
岷江柏木 *Cupressus chengiana*	Ⅱ
巨柏 *Cupressus gigantean*	Ⅰ
福建柏 *Fokienia hodginsii*	Ⅱ
朝鲜崖柏 *Thuja koraiensis*	Ⅱ
苏铁科 Cycadaceae	
苏铁属（所有种） *Cycas* spp.	Ⅰ
银杏科 Ginkgoaceae	
银杏 *Ginkgo biloba*	Ⅰ
松科 Pinaceae	
百山祖冷杉 *Abies beshanzuensis*	Ⅰ
秦岭冷杉 *Abies chensiensis*	Ⅱ
梵净山冷杉 *Abies fanjingshanensis*	Ⅰ
元宝山冷杉 *Abies yuanbaoshanensis*	Ⅰ
资源冷杉（大院冷杉） *Abies ziyuanensis*	Ⅰ
银杉 *Cathaya argyrophylla*	Ⅰ
台湾油杉 *Keteleeria davidiana* var. *formosana*	Ⅱ
海南油杉 *Keteleeria hainanensis*	Ⅱ
柔毛油杉 *Keteleeria pubescens*	Ⅱ
太白红杉 *Larix chinensis*	Ⅱ
四川红杉 *Larix mastersiana*	Ⅱ
油麦吊云杉 *Picea brachytyla* var. *complanata*	Ⅱ
大果青杆 *Picea neoveitchii*	Ⅱ
兴凯赤松 *Pinus densiflora* var. *ussuriensis*	Ⅱ
大别山五针松 *Pinus fenzeliana* var. *dabeshanensis*	Ⅱ

（续）

植物名称	保护级别
红松 *Pinus koraiensis*	Ⅱ
华南五针松（广东松）*Pinus kwangtungensis*	Ⅱ
巧家五针松 *Pinus squamata*	Ⅰ
长白松 *Pinus sylvestris* var. *sylvestriformis*	Ⅰ
毛枝五针松 *Pinus wangii*	Ⅱ
金钱松 *Pseudolarix amabilis*	Ⅱ
黄杉属（所有种）*Pseudotsuga* spp.	Ⅱ
红豆杉科 Taxaceae	
台湾穗花杉 *Amentotaxus formosana*	Ⅰ
云南穗花杉 *Amentotaxus yunnanensis*	Ⅰ
白豆杉 *Pseudotaxus chienii*	Ⅱ
红豆杉属（所有种）*Taxus* spp.	Ⅰ
榧属（所有种）*Torreya* spp.	Ⅱ
杉科 Taxodiaceae	
水松 *Glyptostrobus pensilis*	Ⅰ
水杉 *Metasequoia glyptostroboides*	Ⅰ
台湾杉（秃杉）*Taiwania cryptomerioides*	Ⅱ
被子植物 Angiospermae	
芒苞草科 Acanthochlamydaceae	
芒苞草 *Acanthochlamys bracteata*	Ⅱ
槭树科 Aceraceae	
梓叶槭 *Acer catalpifolium*	Ⅱ
羊角槭 *Acer yangjuechi*	Ⅱ
云南金钱槭 *Dipteronia dyerana*	Ⅱ
泽泻科 Alismataceae	
长喙毛茛泽泻 *Ranalisma rostratum*	Ⅰ
浮叶慈菇 *Sagittaria natans*	Ⅱ
夹竹桃科 Apocynaceae	
富宁藤 *Parepigynum funingense*	Ⅱ
蛇根木 *Rauvolfia serpentina*	Ⅱ
萝摩科 Asclepiadaceae	
驼峰藤 *Merrillanthus hainanensis*	Ⅱ
桦木科 Betulaceae	
盐桦 *Betula halophila*	Ⅱ
金平桦 *Betula jinpingensis*	Ⅱ

（续）

植物名称	保护级别
普陀鹅耳枥 *Carpinus putoensis*	Ⅰ
天台鹅耳枥 *Carpinus tientaiensis*	Ⅱ
天目铁木 *Ostrya rehderiana*	Ⅰ
伯乐树科 Bretschneideraceae	
伯乐树（钟萼木） *Bretschneidera sinensis*	Ⅰ
花蔺科 Butomaceae	
拟花蔺 *Butomopsis latifolia*	Ⅱ
忍冬科 Caprifoliaceae	
七子花 *Heptacodium miconioides*	Ⅱ
石竹科 Caryophyllaceae	
金铁锁 *Psammosileni tunicoides*	Ⅱ
卫矛科 Celastraceae	
膝柄木 *Bhesa sinensis*	Ⅰ
十齿花 *Dipentodon sinicus*	Ⅱ
永瓣藤 *Monimopetalum chinense*	Ⅱ
连香树科 Cercidiphyllaceae	
连香树 *Cercidiphyllum japonicum*	Ⅱ
使君子科 Combretaceae	
萼翅藤 *Calycopteris floribunda*	Ⅰ
千果榄仁 *Terminalia myriocarpa*	Ⅱ
菊科 Compositae	
画笔菊 *Ajaniopsis penicilliformis*	Ⅱ
革苞菊 *Tugarinovia mongolica*	Ⅰ
四数木科 Datiscaeae	
四数木 *Tetrameles nudiflora*	Ⅱ
龙脑香科 Dipterocarpaceae	
东京龙脑香 *Dipterocarpus retusus*	Ⅰ
狭叶坡垒 *Hopea chinensis*	Ⅰ
无翼坡垒（铁凌）*Hopea exalata*	Ⅱ
坡垒 *Hopea hainanensis*	Ⅰ
多毛坡垒 *Hopea mollissima*	Ⅰ
望天树 *Parashorea chinensis*	Ⅰ
广西青梅 *Vatica guangxiensis*	Ⅱ
青皮（青梅） *Vatica mangachapoi*	Ⅱ
茅膏菜科 Droseraceae	

（续）

植物名称	保护级别
貉藻 *Aldrovanda vesiculosa*	Ⅰ
胡颓子科 Elaeagnaceae	
翅果油树 *Elaeagnus mollis*	Ⅱ
大戟科 Euphorbiaceae	
东京桐 *Deutzianthus tonkinensis*	Ⅱ
壳斗科 Fagaceae	
华南锥 *Castanopsis concinna*	Ⅱ
台湾水青冈 *Fagus hayatae*	Ⅱ
三棱栎 *Formanodendron doichangensis*	Ⅱ
瓣鳞花科 Frankeniaceae	
瓣鳞花 *Frankenia pulverulenta*	Ⅱ
龙胆科 Gentianaceae	
辐花 *Lomatogoniopsis alpina*	Ⅱ
苦苣苔科 Gesneriaceae	
瑶山苣苔 *Dayaoshania cotinifolia*	Ⅰ
单座苣苔 *Metabriggsia ovalifolia*	Ⅰ
秦岭石蝴蝶 *Petrocosmea qinlingensis*	Ⅱ
报春苣苔 *Primulina tabacum*	Ⅰ
辐花苣苔 *Thamnocharis esquirolii*	Ⅰ
禾本科 Gramineae	
酸竹 *Acidosasa chinensis*	Ⅱ
沙芦草 *Agropyron mongolicum*	Ⅱ
异颖草 *Anisachne gracilis*	Ⅱ
短芒披碱草 *Elymus breviaristatus*	Ⅱ
无芒披碱草 *Elymus submuticus*	Ⅱ
毛披碱草 *Elymus villifer*	Ⅱ
内蒙古大麦 *Hordeum innermongolicum*	Ⅱ
药用野生稻 *Oryza officinalis*	Ⅱ
普通野生稻 *Oryza rufipogon*	Ⅱ
四川狼尾草 *Pennisetum sichuanense*	Ⅱ
华山新麦草 *Psathyrostachys huashanica*	Ⅰ
三蕊草 *Sinochasea trigyna*	Ⅱ
拟高粱 *Sorghum propinquum*	Ⅱ
箭叶大油芒 *Spodiopogon sagittifolius*	Ⅱ
中华结缕草 *Zoysia sinica*	Ⅱ

（续）

植物名称	保护级别
小二仙草科 Haloragidaceae	
乌苏里狐尾藻 *Myriophylum ussuriense*	Ⅱ
金缕梅科 Hamamelidaceae	
山铜材 *Chunia bucklandioides*	Ⅱ
长柄双花木 *Disanthus cercidifolius* var. *longipes*	Ⅱ
半枫荷 *Semiliquidambar cathayensis*	Ⅱ
银缕梅 *Shaniodendron subaequalum*	Ⅰ
四药门花 *Tetrathyrium subcordatum*	Ⅱ
水鳖科 Hydrocharitaceae	
水菜花 *Ottelia cordata*	Ⅱ
唇形科 Labiatae	
子宫草 *Skapanthus oreophilus*	Ⅱ
樟科 Lauraceae	
油丹 *Alseodaphne hainanensis*	Ⅱ
樟树（香樟） *Cinnamomum camphora*	Ⅱ
普陀樟 *Cinnamomum japonicum*	Ⅱ
油樟 *Cinnamomum longepaniculatum*	Ⅱ
卵叶桂 *Cinnamomum rigidissimum*	Ⅱ
润楠 *Machilus nanmu*	Ⅱ
舟山新木姜子 *Neolitsea sericea*	Ⅱ
闽楠 *Phoebe bournei*	Ⅱ
浙江楠 *Phoebe chekiangensis*	Ⅱ
楠木 *Phoebe zhennan*	Ⅱ
豆科 Leguminosae	
线苞两型豆 *Amphicarpaea linearis*	Ⅱ
黑黄檀（版纳黑檀） *Dalbergia fusca*	Ⅱ
降香（降香檀） *Dalbergia odorifera*	Ⅱ
格木 *Erythrophleeum fordii*	Ⅱ
山豆根（胡豆莲） *Euchresta japonica*	Ⅱ
绒毛皂荚 *Gleditsia japonica* var. *velutina*	Ⅱ
野大豆 *Glycine soja*	Ⅱ
烟豆 *Glycine tabacina*	Ⅱ
短绒野大豆 *Glycine tomentella*	Ⅱ
花榈木（花梨木） *Ormosia henryi*	Ⅱ
红豆树 *Ormosia hosiei*	Ⅱ

（续）

植物名称	保护级别
缘毛红豆 *Ormosia howii*	Ⅱ
紫檀(青龙木) *Pterocarpus indicus*	Ⅱ
油楠(蚌壳树) *Sindora glabra*	Ⅱ
任豆(任木) *Zenia insignis*	Ⅱ
狸藻科 Lentibulariaceae	
盾鳞狸藻 *Utricularia punctata*	Ⅱ
木兰科 Magnoliaceae	
长蕊木兰 *Alcimandra cathcardii*	Ⅰ
地枫皮 *Llicium difengpi*	Ⅱ
单性木兰 *Kmeria septentrionalis*	Ⅰ
鹅掌楸 *Liriodendron chinense*	Ⅱ
大叶木兰 *Magnolia henryi*	Ⅱ
馨香玉兰 *Magnolia odoratissima*	Ⅱ
厚朴 *Magnolia officinalis*	Ⅱ
凹叶厚朴 *Magnolia officinalis* subsp. *Biloba*	Ⅱ
长喙厚朴 *Magnolia rostrata*	Ⅱ
圆叶玉兰 *Magnolia sinensis*	Ⅱ
西康玉兰 *Magnolia wilsonii*	Ⅱ
宝华玉兰 *Magnolia zenii*	Ⅱ
香木莲 *Manglietia aromatica*	Ⅱ
落叶木莲 *Manglietia decidua*	Ⅰ
大果木莲 *Manglietia grandis*	Ⅱ
毛果木莲 *Manglietia hebecarpa*	Ⅱ
大叶木莲 *Manglietia megaphylla*	Ⅱ
厚叶木莲 *Manglietia pachyphylla*	Ⅱ
华盖木 *Manglietiastrum sinicum*	Ⅰ
石碌含笑 *Michelia shiluensis*	Ⅱ
峨眉含笑 *Michelia wilsonii*	Ⅱ
峨眉拟单性木兰 *Parakmeria omeiensis*	Ⅰ
云南拟单性木兰 *Parakmeria yunnanensis*	Ⅱ
合果木 *Paramichelia baillonii*	Ⅱ
水青树 *Tetracentron sinense*	Ⅱ
楝科 Meliaceae	
粗枝崖摩 *Amoora dasyclada*	Ⅱ
红椿 *Toona ciliata*	Ⅱ

（续）

植物名称	保护级别
毛红椿 *Toona ciliata* var. *pubescens*	Ⅱ
防己科 Menispermaceae	
藤枣 *Eleutharrhena macrocarpa*	Ⅰ
肉豆蔻科 Myristicaceae	
海南风吹楠 *Horsfieldia hainanensis*	Ⅱ
滇南风吹楠 *Horsfieldia tetratepala*	Ⅱ
云南肉豆蔻 *Myristica yunnanensis*	Ⅱ
茨藻科 Najadaceae	
高雄茨藻 *Najas browniana*	Ⅱ
拟纤维茨藻 *Najas pseudogracillima*	Ⅱ
睡莲科 Nymphaeaceae	
莼菜 *Brasenia schreberi*	Ⅰ
莲 *Nelumbo nucifera*	Ⅱ
贵州萍逢草 *Nuphar bornetii*	Ⅱ
雪白睡莲 *Nymphaea candida*	Ⅱ
蓝果树科 Nyssaceae	
喜树（旱莲木）*Camptotheca acuminata*	Ⅱ
珙桐 *Davidia involucrata*	Ⅰ
光叶珙桐 *Davidia involucrate* var. *vilmoriniana*	Ⅰ
云南蓝果树 *Nyssa yunnanensis*	Ⅰ
金莲木科 Ochnaceae	
合柱金莲木 *Sinia rhodoleuca*	Ⅰ
铁青树科 Olacaceae	
蒜头果 *Malania oleifera*	Ⅱ
木犀科 Oleaceae	
水曲柳 *Fraxinus mandshurica*	Ⅱ
棕榈科 Palmae	
董棕 *Caryota urens*	Ⅱ
小钩叶藤 *Plectocomia microstachys*	Ⅱ
龙棕 *Trachycarpus nana*	Ⅱ
罂粟科 Papaveraceae	
红花绿绒蒿 *Meconopsis punicea*	Ⅱ
斜翼科 Plagiopteraceae	
斜翼 *Plagiopteron suaveolens*	Ⅱ
川苔草科 Podostemaceae	

（续）

植物名称	保护级别
川藻（石蔓）*Terniopsis sessilis*	Ⅱ
蓼科 Polygonaceae	
金荞麦 *Fagopyrum dibotrys*	Ⅱ
报春花科 Primulaceae	
羽叶点地梅 *Pomatosace filicula*	Ⅱ
毛茛科 Ranunculaceae	
粉背叶人字果 *Dichocarpum hypoglaucum*	Ⅱ
独叶草 *Kingdonia uniflora*	Ⅰ
马尾树科 Rhoipteleaceae	
马尾树 *Rhoiptelea chiliantha*	Ⅱ
茜草科 Rubiaceae	
绣球茜 *Dunnia sinensis*	
香果树 *Emmenopterys henryi*	Ⅱ
异形玉叶金花 *Mussaenda anomala*	Ⅰ
丁茜 *Trailliaedoxa gracilis*	Ⅱ
芸香科 Rutaceae	
黄檗（黄波罗）*Phellodendron amurense*	Ⅱ
川黄檗（黄皮树）*Phellodendron chinense*	Ⅱ
杨柳科 Salicaceae	
钻天柳 *Chosenia arbutifolia*	Ⅱ
无患子科 Sapindaceae	
伞花木 *Eurycorymbus cavaleriei*	Ⅱ
掌叶木 *Handeliodendron bodinieri*	Ⅰ
山榄科 Sapotaceae	
海南紫荆木 *Madhuca hainanensis*	Ⅱ
紫荆木 *Madhuca pasquieri*	Ⅱ
虎耳草科 Saxifragaceae	
黄山梅 *Kirengeshoma palmata*	Ⅱ
蛛网萼 *Platycrater arguta*	Ⅱ
冰沼草科 Schuchzeriaceae	
冰沼草 *Scheuchzeria palustris*	Ⅱ
玄参科 Scrophulariaceae	
胡黄连 *Neopicrorhiza scrophulariiflora*	Ⅱ
呆白菜（崖白菜）*Triaenophora rupestris*	Ⅱ
茄科 Solanaceae	

（续）

植物名称	保护级别
山莨菪 *Anisodus tanguticus*	Ⅱ
黑三棱科 Sparganiaceae	
北方黑三棱 *Sparganium hyperboreum*	Ⅱ
梧桐科 Sterculiaceae	
广西火桐 *Erythropsis kwangsiensis*	Ⅱ
丹霞梧桐 *Firmiana danxiaensis*	Ⅱ
海南梧桐 *Firmiana hainanensis*	Ⅱ
蝴蝶树 *Heritiera parvifolia*	Ⅱ
平当树 *Paradombeya sinensis*	Ⅱ
景东翅子树 *Pterospermum kingtungense*	Ⅱ
勐仑翅子树 *Ptrospermum menglungense*	Ⅱ
安息香科 Styracaceae	
长果安息香 *Changiostyrax solichocarpc*	Ⅱ
秤锤树 *Sinojackia xylocarpa*	Ⅱ
瑞香科 Thymelaeaceae	
土沉香 *Aquilaria sinensis*	Ⅱ
椴树科 Tiliaceae	
柄翅果 *Burretiodendron esquirolii*	Ⅱ
蚬木 *Burretiodendron hsienmu*	Ⅱ
滇桐 *Craigia yunnanensis*	Ⅱ
海南椴 *Hainania trichosperma*	Ⅱ
紫椴 *Tilia amurensis*	Ⅱ
菱科 Trapaceae	
野菱 *Trapa incisa*	Ⅱ
榆科 Ulmaceae	
长序榆 *Ulmus elongata*	Ⅱ
榉树 *Zelkova schneideriana*	Ⅱ
伞形科 Umbelliferae	
珊瑚菜（北沙参）*Glehnia littoralis*	Ⅱ
马鞭草科 Verbenaceae	
海南石梓（苦梓）*Gmelina hainanensis*	Ⅱ
姜科 Zingiberaceae	
茴香砂仁 *Etlingera yunnanense*	Ⅱ
拟豆蔻 *Paramomum petaloideum*	Ⅱ
长果姜 *Siliquamomum tonkinense*	Ⅱ

（续）

植物名称	保护级别
蓝藻 Cyonophyta	
念珠藻科 Nostocaceae	
发菜 *Nostoc flagelliforme*	Ⅱ
真菌 Eumycophyta	
麦角菌科 Clavicipitaceae	
虫草（冬虫夏草） *Cordyceps sinensis*	Ⅱ
口蘑科（白蘑科） Tricholomataceae	Ⅱ
松口蘑（松茸） *Tricholoma matsutake*	Ⅱ

附录三　河南省重点保护植物名录

（豫政[2005]1号）

代码	中文名	学　名
	蕨类植物	Pteridophytes
	铁线蕨科	Adiantaceae
1	团羽铁线蕨	*Adiantum capillus－junonis* Rupr.
	蹄盖蕨科	Athyriaceae
2	蛾眉蕨	*Lunathyrium acrostichoides* Ching
	铁角蕨科	Aspleniaceae
3	过山蕨	*Camptosorus sibiricus* Rupr.
	球子蕨科	Onocleaceae
4	荚果蕨	*Matteuccia struthiopteris* Todaro
5	东方荚果蕨	*Matteuccia orientalis* Trev.
	裸子植物	Gymnospermae
	松科	Pinaceae
6	巴山冷杉	*Abies fargesii* franch.
7	铁杉	*Tsuga chinensis* Pritz.
8	白皮松	*Pinus bungeana* Zucc.
	柏科	Cupressaceae
9	高山柏	*Sabina squamata* Ant.
	粗榧科	Cephalotaxaceae
10	三尖杉	*Cephalotaxus fortunei* Hook. f.
11	中国粗榧	*Cephalotaxus sinensis* Li
	被子植物	Angiospermae
	桦木科	Betulaceae
12	河南鹅耳枥	*Carpinus funiushanensis* P. C. Kuo
13	铁木	*Ostrya japonica* Sarg.
14	华榛	*Corylus chinensis* Franch.
	壳斗科	Fagaceae
15	米心水青冈	*Fagus enleriana* Seem.
	蔷薇科	Rosaceae
16	石栎	*Lithocarpus glaber* Nakai
	胡桃科	Juglandaceae
17	胡桃楸	*Juglans mandshurica* Maxim.
18	青钱柳	*Cyclocarya paliurus* Iljinsk.
	榆科	Ulmaceae
19	大果榉	*Zelkova sinica* Schneid.
20	青檀	*Pteroceltis tatarinowii* Maxim.
21	太行榆	*Ulmus taihangshanensis* S. Y. Wang
	昆栏树科	Trochodendraceae
22	领春木	*Euptelea pleiospermum* Hook. f. et Thoms.
	蓼科	Polygonaceae
23	河南蓼	*Polygonum honanense* Kung
	毛茛科	Ranunculaceae
24	紫斑牡丹	*Paeonia papaveracea* Andr.
25	杨山牡丹	*Paeonia ostii* T. Hong et J. X. Zhang
26	矮牡丹	*Paeonia jishanensis* T. Hong et W. Z. Zhao
27	金莲花	*Trollius chinensis* Bunge
28	铁筷子	*Helleborus thibetanus* Franch.
29	灵宝翠雀	*Delphinium lingbaoensis*
30	河南翠雀	*Delphinium honanensie* W. T. Wang
31	黄莲	*Coptis chinensis* Franch.
	木兰科	Magnoliaceae

（续）

代码	中文名	学 名	代码	中文名	学 名
32	黄山木兰	*Magnolia cylindrical* Wils	57	杈叶槭	*Acer robustum* Pax
33	望春花	*Magnolia biondii* Pamp.	58	重齿槭	*Acer maximowiczii* Pax
34	朱砂玉兰	*Magnolia diva* Stapf.	59	飞蛾槭	*Acer oblongum* Wall
35	野八角	*Illicium lanceolatum* A. C. Smith.		七叶树科	Hippocastanaceae
36	黄心夜合	*Michelia bodinieri* Finet et Gagnep.	60	七叶树	*Aesculus chinensis* Bunge
	樟科	Lauraceae	61	天师栗	*Aesculus wilsonii* Rehd.
37	猴樟	*Cinnamomum bodinieri* Levl.		清风藤科	Sabiaceae
38	川桂	*Cinnamomum wilsonii* Gamble	62	柯楠树	*Meliosma beaniana* Rehd. et Wils
39	天竺桂	*Cinnamomum japonicum* Sieb.	63	暖木	*M. veitchiorum* Hemsl.
40	大叶楠	*Machilus ichangensis* Rehd. et Wils		鼠李科	Rhamnaceae
41	紫楠	*Phoebe sheari* Gamble	64	铜钱树	*Paliurus hemsleyanus* Rehd.
42	竹叶楠	*Phoebe faberi* Chun		猕猴桃科	Actinidiaceae
43	山楠	*Phoebe chinensis* Chun	65	河南猕猴桃	*Actinidia henanensis* C. F. Liang
44	天目木姜子	*Litsea auriculata* Chien et Cheng		山茶科	Theacaea
45	黄丹木姜子	*Litsea elongta* Benth. et Hook. f.	66	紫茎	*Stewartia sinensis* Rehd. et Wils
46	豹皮樟	*Litsea coreana* Levl. var. *sinensis* Yang et P. H. Huang	67	陕西紫茎	*Stewartia shanxiensis* Chang
47	黑壳楠	*Lindera megaphylla* Hemsl.		省沽油科	Staphyleaceae
48	河南山胡椒	*Lindera henanensis* Tsui	68	银鹊树	*Tapiscia sinensis* Oliv.
	金缕梅科	Hamamelidaceae		五加科	Araliaceae
49	枫香	*Liquidambar taiwaniana* Hance	69	刺楸	*Kalopanax septemlobus* Koidz.
50	山白树	*Sinowilsonia henryi* Hamsl.	70	大叶三七	*Panax japonica* C. A. Mey
	杜仲科	Eucommiaceae		杜鹃花科	Ericaceae
51	杜仲	*Eucommia ulmoides* Oliv.	71	河南杜鹃	*Rhododendron micranthum* Thurcz.
	蔷薇科	Rosaceae	72	太白杜鹃	*Rhododendron. purdomii* Rehd. et Wils
52	红果树	*Stranvaesia davidiana* Dcne.	73	灵宝杜鹃	*Rhododendron. henanense* Fang ssp. Lingbaoense Fang
53	椤木石楠	*Photintia davidsonae* Rehd.		野茉莉科	Styraceae
54	太行花	*Taihangia repestris* Yu et Li	74	玉铃花	*Styrax obassia* Sieb et Zucc
55	河南海棠	*Malus honanensis* Rehd.	75	郁香野茉莉	*Styrax odoratissima* Champ.
	槭树科	Aceraceae		忍冬科	Caprifoliaceae
56	金钱槭	*Dipteronia sinensis* Oliv.	76	猬实	*Kolkwitzia amabilis* Graebn.

（续）

代码	中文名	学　名	代码	中文名	学　名
	菊科	Compositae	88	细叶石斛	*Dendrobium. hancockii* Rolfe
77	太行菊	*Opisthopapus taihangensis* Shih.	89	曲茎石斛	*Dendrobium. flexicaule* Z. H. Tsi, S. C. Sun et L. G. Xu
	百合科	Liliaceae	90	河南石斛	*Dendrobium. henanense* J. L. Lu et L. X. Gao
78	万年青	*Rohden japonica* Roth.	91	黑节草	*Dendrobium. candicum* Wall. Ex Lindl.
79	七叶一枝花	*Paris polyphylla* Sm.	92	河南卷瓣兰	*Bulbophyllum henanense* J. L. Lu
80	延龄草	*Trillium tschonoskii* Maxim.	93	建兰	*Cymbidium ensifolium* Sw.
	兰科	Orchidaceae	94	多花兰	*Cymbibium floribundum* Lindl.
81	扇叶杓兰	*Cypripedium japonicum* Thunb.		葫芦科	Cucurbitaceae
82	毛杓兰	*Cypripedium franchetii* Wilson	95	绞股蓝	*Gynostemma. pentaphyllun* Makino
83	大花杓兰	*Cypripedium macranthum* Sw.		冬青科	Aquifoliaceae
84	天麻	*Gastrodia elata* Blume	96	大果冬青	*Ilex macrocarpa* Oliv.
85	独花兰	*Changnienia amoena* Chiea	97	小叶冬青	*Ilex purpurea* Hassk.
86	霍山石斛	*Dendrobium huoshanense* C. Z. Tanget S. J. Cheng		虎耳草科	Saxifragaceae
87	细茎石斛	*Dendrobium. moniliforma* Sw.	98	独根草	*Oresitrophe rupifraga* Bunge

参考文献

1. 王遂义．河南树木志．郑州：河南科学技术出版社，1994.

2. 郑万钧．中国树木志(第1～4卷)．北京：中国林业出版社，1985～2004.

3. 国家林业局国有林场和林木种苗工作总站．中国木本植物种子．北京：中国林业出版社，2001.

4. 罗仲春，罗毅波．城镇绿化树种引种指南．北京：中国林业出版社，2006.

5. 汪传佳，方腾．珍稀濒危树种繁育技术．北京：中国农业出版社，2002.

6. 郭玉生，杜广云．中原地区主要树种育苗技术．北京：中国林业出版社，2006.

7. 卢炯林，王磐基．河南省珍稀濒危保护植物．开封：河南大学出版社，1990.

8. 卢炯林．河南古树志．郑州：河南科学技术出版社，1988.

9. 彭镇华，江泽慧．大别山五针松及起源．北京：中国林业出版社，1999

10. 潘志刚，游应天，等．中国主要外来树种引种栽培．北京：北京科学技术出版社，1994

11. 河南植被协作组．河南植被(资料)．1984.

12. 贵州省林业厅．贵州野生珍稀植物资源．北京：中国林业出版社，2000

13. 张卜阳．活化石水杉．北京：中国林业出版社，2000

14. 余本付．安徽省乡土树种造林技术．北京：中国林业出版社，2007

15. 黄致远，宗世贤，朱小毅．秤锤树生态地理分布、生物学特性与繁殖的初步研究．江苏林业科技．1998，25(2)：15～18.

16. 郭从俭，钱士金，王连卿，等．楸树栽培．北京：中国林业出版社，1988.

17. 李国庆，刘君慧．树木引种技术．北京：中国林业出版社，1982.

18. 汪洋，阎秀峰．喜树幼株的喜树碱研究．哈尔滨：东北林业大学出版社．2006.

19. 张宗勤，撒文清，张睿，等．喜树药用林营造．中药材．2002，25(2)：85～86.

20. 刘元本．河南森林．北京：中国林业出版社．2000.

21. 陶金川，宗世贤，杨志斌．银鹊树的地理分布与引种．南京林业大学学报．1990，14(2)：34～40.

22. 宋开秀，王罗荣．银鹊树在武汉引种及其形态、适应性研究．湖北林业科技．2001，2：11～14.

23. 王展，周改玲，范军科．新优树种巨紫荆速成培育．林业实用技术．2005，12：23～24.

24. 陈浩峰，殷荣华．武当山湖北枫杨林的群落学研究，华中师范大学学报，1994，28(2)：243～248.

25. 河南省枫杨研究协作组．河南省枫杨栽培区区划及立地类型划分．信阳师范学院学报(自然科学版)1989，2(4)：375～382.

26. 赵天榜，傅大立，田国行，等．厚朴生长规律的研究．中南林学院学报．1993，13(1)：34～43.

27. 王承南，何方，杨志铃，等．厚朴丰产栽培技术的研究．经济林研究．1998，76(1)：1～5.

28. 郭新弧，周树德，陈仁钧，等．安徽泾县毛红椿林的群落调查．安徽师大学报(自然科学版)1983，(2)：63～71.

29. 宗世贤，陶金川，杨志斌，等．毛红椿的生态地理分布及其南京引种的初步观察．植物生态学与地植物学学报．1988，12(3)：227～231.

30. 朱毅．流苏树的苗木繁育及栽培技术．林业实用技术．2006，(4)：46～47.

31. 岳志宗，张运占．金钱槭．陕西林业科技．1988，(1)：70～71.

33. 张文澄．中国特有植物金钱槭种子化学成分的研究．西北植物学报．1994，14(5)：142～148.

33. 王海亮，姚冠忠，韩军旺等．河南小秦岭国家级自然保护区秦岭冷杉生长调查与分析．河南林业科技．2006，26(3)：24～25.

34. 刘西俊．常绿观赏树种黑壳楠的北移．林业科技通讯．1996，(12)：34.

35. 卢小根，邹达明．普陀鹅耳枥濒危原因的调查研究．浙江林业科技．1990，10(5)：61～64.

36. 冯玉宝，文林．庐山普陀鹅耳枥移地保存试验．林业科技通讯．1996，(5)：23～25.

37. 韩维栋．四照花类群种质资源及开发利用．中国野生植物资源．1993，11(2)：37～40

38. 陈西仓，张振纲．四照花的利用和繁育技术．林业科技开发．2003，17(3)：50～51

39. 高龙肖，岳彩伟，谢启章，等．濮阳野生观赏型乔木引种驯化试验．中国城市林业．2006，4(3)：42~47

40. 秦岭林区速生用材林树种研究课题组．秦岭林区新发现的经济用材树种——朵椒．陕西林业科技．1989，(4)：82~85

41. 杜丽雁，张春涛，高强，等．血皮槭播种育苗技术．林业实用技术．2005，(3)：24

42. 陈继团，汪祖潭，俞彩珠．香果树苗木湿腐病的研究．浙江林学院学报．1991，8(1)：85~92

43. 李中岳，班青．香果树的生物学特性与繁殖方法．林业科技开发．1995，(4)：37~38

44. 周红菊，张可银，黄华，等．豫南大别山中国马褂木生长规律研究．林业实用技术．2006，(2)：3~5

45. 张晶，李慧萍，弓晓杰，等．枳椇属化学成分及生物活性研究进展．天然产物研究与开发．2006，(18)：674~680

46. 王艳林，韩钰，樊玉谷．拐枣的实用价值研究 Ⅰ：营养成分分析．天然产物研究与开发．1994，6(1)：89~92

47. 吕玉华，沙珩．三尖杉育苗技术．云南林业科技．2000，(2)：12~14

48. 吴达武，李春华，龙家磅，等．三尖杉种子育苗试验．贵州林业科技．1999，27(4)：25~27

49. 魏学智，胡玉熹，林金星，等．中国特有植物金钱松的生物学特性及其保护．武汉植物学研究．1999，17(增刊)：73~77

50. 孔维鹤，夏宗应．河南省大别山区引种金钱松生长调查．河南林业科技．1991，(1)：34~35

51. 乔卿梅，程茂高，许天运，等．南召宝天曼自然保护区青钱柳生长环境及土壤养分状况研究．安徽农业科学．2007，35(31)：9927~9928

52. 方升佐，香香．青钱柳资源培育与开发利用的研究进展．南京林业大学学报(自然科学版)．2007，31(1)：95~99

53. 裴海潮．河南省青檀树种资源分布及采种育苗技术研究．河南林业科技．2007，27(3)：39~40

54. 杨得坡，张晋豫，张铭哲，等．珍稀濒危保护植物领春木(*Euptelea pleiospermum*)的生态调查研究．河南科学．1999，17(2)：174~177

55. 汪灵丹，张日清．榉树的研究进展．广西林业科学．2005，34(4)：188~191

56. 李正侠．豫南山区枫香良种基地建设探讨．河南林业科技．2006，26(1)：

46～48

57. 周光裕．中国的枫香林．宁波大学学报．1995，8(2)：34～41

58. 叶萌，徐义君，秦朝东．黄柏规范化种植技术．四川林业科技．2006，27(1)：89～92

59. 吴晓玲．黄波罗在山西省的引种驯化．山西林业科技．2001，(1)：21～22

60. 张家勋，李俊清，廉秀荣．珙桐的形态和生物学特性．北京林业大学学报．1994，16(4)：33～37

61. 张家勋，李俊清，周宝顺．珙桐的繁殖栽培技术研究．北京林业大学学报．1995，17(3)：24～29

62. 孟庆法，高红莉，王洪友，等．河南省珍稀树种资源保护及开发利用对策．地域研究与开发．2009，28(4)：134～138

63. 孟庆法，高红莉，郭春长，等．棕子木引种栽培初探．安徽农业科学．2009，37(15)：7267～7268

64. 孟庆法，高红莉，王保胜．刺楸苗木繁育及栽培技术．中国林副特产．2009，(2)：36～37

65. 孟庆法，王民庚，高红莉，等．河南桐柏山香果树资源分布与群落结构研究．河南科学．2009，27(1)：51～54

66. 孟庆法，田朝阳，高红莉，等．河南省槭树科植物资源及开发利用研究．河南农业大学学报．2009，43(1)：65～69

67. 孟庆法，王洪友，高红莉．朵椒的引种栽培试验初级报．中国野生植物资源．2009，28(3)：68～69

68. 中华人民共和国国务院．国家重点保护野生植物名录(第一批)．植物杂志．1999，(5)：4～11

69. 河南省人民政府．河南省人民政府关于公布河南省重点保护植物名录的通知．河南省人民政府公报．2005，(3)：7～10

后　记

珍稀树种的引种驯化是一项艰苦且漫长的工作，尤其是对一些从未涉足过的树种，引种驯化的每一个关键环节往往都要经过多次的失败和不断探索才能成功。本书作者及其课题组自选定珍稀植物引种驯化方向以来，长期奔波于原产地、试验基地和实验室之间，锲而不舍，潜心实践，多方位研究，积累了大量第一手资料，取得了较系统的引种驯化成果。

陈俊愉先生十分关注这项有意义的研究，2003~2005 年间曾多次指导。本书成稿后，我们于 2009 年 10 月 24 日到北京向陈先生求教，向陈先生介绍了珍稀树种的引种驯化进展情况和本书的成书过程，陈先生兴致勃勃地听取了汇报，从头至尾逐页翻阅书稿，询问了一些细节，提出了几点中肯的指导意见，对作者勉励有加。陈先生批评了目前学术上存在的作风浮躁、急功近利现象，希望植物界重视中国传统研究领域，发挥我国丰富的植物资源优势，为世界作出贡献，为国家争光，为民族争光。

我们看到陈先生虽然著作等身，且已 93 岁高龄，仍在撰写专著，笔耕不辍，努力把自己积累的宝贵的科学成果记述下来，这种为祖国的植物科学殚精竭虑、不遗余力的精神令人感动。我们要继承和发扬先生这种无私的奉献精神，不辜负先生的期望和教诲。

陈先生抱憾自己所欠文债太多，无暇为本书作序，但欣然命笔，为本书题写书名。这是先生对我们的鼓励和肯定，也是我们莫大的一笔精神财富，将永远激励我们前行。

编　者

2009 年 10 月 25 日